# F L U I D M E C H A N I K

Rheinisch-Westfälische Technische Hochschule

Aachen

Aerodynamisches Institut
und
Lehrstuhl für Strömungslehre

Prof. Dr. Wolfgang Schröder

**AACHENER BEITRÄGE ZUR STRÖMUNGSMECHANIK**

Herausgeber:

Univ.-Prof. Dr.-Ing. Wolfgang Schröder

**BIBLIOGRAFISCHE INFORMATION DER DEUTSCHEN BIBLIOTHEK**
Die Deutsche Bibliothek verzeichnet diese Publikation in der Deutschen Nationalbibliografie; detaillierte bibliografische Daten sind im Internet über http://dnb.ddb.de abrufbar.

Wissenschaftsverlag Mainz in Aachen, 2022
(Aachener Beiträge zur Strömungsmechanik, Band 16)
ISBN 978-3-95886-221-0


Wissenschaftsverlag Mainz in Aachen
Süsterfeldstr. 83, 52072 Aachen
Telefon: 02 41 / 87 34 34 00
www.Verlag-Mainz.de

Herstellung: Druckerei Mainz GmbH Aachen
Süsterfeldstr. 83, 52072 Aachen
Telefon 02 41 / 87 34 34 00
www.druckereimainz.de

Gedruckt auf chlorfrei gebleichtem Papier

# Inhaltsverzeichnis

# 1 Einleitung

Die Fluidmechanik befaßt sich mit dem Verhalten von Flüssigkeiten oder Gasen, die entweder in Ruhe oder in Bewegung sind. Sie erstreckt sich demnach auf einen extrem breiten Problembereich, der auf der einen Seite die Analyse der Blutströmung in den Kapillaren, deren Durchmesser in Mikrometer ($10^{-6}$ )m angegeben werden, beinhaltet, auf der anderen Seite die Untersuchung der Strömung durch eine kilometerlange Ölpipeline mit einem Durchmesser im Meterbereich umfasst. Kenntnisse der Fluidmechanik sind u. a. erforderlich, um zu erklären, warum stromlinienförmig gebaute Flugzeuge die günstigsten wirtschaftlichsten Flugeigenschaften aufweisen und Golfbälle zur Steigerung ihres aerodynamischen Verhaltens eine rauhe Oberfläche besitzen.

Zahlreiche alltägliche Fragestellungen können mit Hilfe verhältnismäßig einfacher Grundgesetze der Fluidmechanik beantwortet werden. Wie stark kann der Benzinverbrauch bzw. Dieselverbrauch von PKW's bzw. LKW's aufgrund eines verbesserten aerodynamischen Designs reduziert werden? Wie ist es möglich, Ergebnisse, die für Modellflugzeuge bestimmt worden sind, auf Realausführungen zu übertragen? Warum kann die Strömung eines Flusses eine deutliche Geschwindigkeit aufweisen, obwohl die Oberflächenneigung so gering ist, dass sie mit einer gewöhnlichen Wasserwaage kaum festgestellt werden kann? Warum kann ein Beobachter ein mit Überschallgeschwindigkeit fliegendes Flugzeug erst hören, wenn es ihn bereits überflogen hat? Wie wird der Schub einer Rakete erzeugt? Inwieweit müssen Windströmungen bei der Konstruktion von Gebäuden, Brücken, Schornsteinen etc. berücksichtigt werden? Diese wenigen Fragen, die beliebig erweitert werden können, zeigen bereits, dass Ingenieure unabhängig von ihrer Fachrichtung mit großer Wahrscheinlichkeit mit der Analyse und dem Design von Systemen konfrontiert werden, die ein gewisses fluidmechanisches Verständnis voraussetzen. Das Interesse an der Untersuchung derartiger Probleme soll in diesem Text vermittelt werden.

Nach Einführung einiger wesentlicher Begriffe der Fluidmechanik werden zunächst die Erhaltungsgleichungen am infinitesimalen Fluidelement abgeleitet. Dieser sehr umfassenden mathematischen Darstellung folgt die vereinfachte Betrachtung der Hydrostatik und der Hydrodynamik für den endlichen Kontrollraum. Aufbauend auf der Energiegleichung der Fluidmechanik und dem Impulssatz wird detailliert auf die laminare und turbulente Rohrströmung eingegangen.

Die anschließenden Diskussionen beziehen sich auf das infinitesimale Kontrollvolumen, d. h. es wird auf die Erhaltungsgleichungen in differentieller Form zurückgegriffen. Dies ist notwendig, wenn Aussagen über das Verhalten fluidmechanischer Größen in einem Punkt bzw. in einem infinitesimalen Volumen getroffen werden sollen. Zum Beispiel ist die Frage zu beantworten, wie sich die Wandschubspannung auf einer Tragfläche ändert.

Leider können bis auf wenige Ausnahmen keine geschlossenen Lösungen für die partiellen Differentialgleichungen angegeben werden. Jedoch ist es möglich, nach Einführung vereinfachender Annahmen analytische Lösungen zu bestimmen. So ist es in manchen Problemen gerechtfertigt, die Reibungskräfte gegenüber den Druck- und Trägheitskräften zu vernachlässigen. Diese Annahme führt u. a. zur wichtigen Klasse der Potentialströmungen, deren Lösungen ein bedeutend besseres Verständnis der Strömungsmechanik ergeben.

Gewisse Strömungsfelder können in zwei Bereiche aufgeteilt werden - einen wandnahen Bereich, in dem Reibungseffekte eine wesentliche Rolle spielen, und einen Außenbereich, der überwiegend als reibungsfreies Strömungsgebiet anzusehen ist. Unter Verwendung angemessener Voraussetzungen bezüglich des Verhaltens des Fluids in unmittelbarer Wandnähe können die Erhaltungsgleichungen derart vereinfacht werden, dass für einige dieser Grenzschichtströmungen im laminaren Fall Lösungen angegeben werden können. Ansätze zur Analyse der turbulenten Grenzschichtströmungen werden in Anlehnung an die turbulente Rohrströmung formuliert. Darauf aufbauend wird das Phänomen der Strömungsablösung diskutiert, bevor auf die fundamentalen Konzepte der Mehrphasenströmung eingegangen wird.

Anschließend werden Strömungen, in denen Dichteänderungen von Bedeutung sind, kurz betrachtet. Diese kompressiblen Strömungen sind Gegenstand der Gasdynamik, zu deren Anwendungsgebiet zahlreiche interne und externe Strömungen mit großer Fluidgeschwindigkeit gehören. Die grundlegenden Phänomene solcher Strömungen werden vorgestellt, wobei die Diskussion auf reibungsfreie Strömungen beschränkt bleibt.

# 2 Festkörper, Flüssigkeiten, Gase

*Die Herkunft des Begriffs Cocktail ist wissenschaftlich nicht eindeutig geklärt, weshalb die Definition durch Phantasie und Kreativität geprägt ist. Eine Variante wird von vielen Barkeeper erzählt und berichtet von verbotenen Hahnenkämpfen in den Südstaaten der USA und Mexiko, bei denen man als Trophäe die Schwanzfeder des toten Hahns behalten durfte und auf den Siegerhahn trank. Mit den Worten "Let's have a drink on the cock's tail" spendierte der Besitzer des unterlegenen Hahns nach dem Kampf eine Runde alkoholischer Mixgetränke. Das Vereinssymbol der Deutschen Barkeeper Union (DBU) ist ein Hahn mit bunten Schwanzfedern. Eine weitere Version berichtet von Betsy Flanagan, die 1776 eine Gaststätte in Elmsford, New York betrieb. Französische Offiziere nervten Sie permanent mit einem Engländer, der in der Nachbarschaft eine Hühnerfarm betrieb. Um das Gerede zu beenden, ging sie zur Farm des Engländers, riss den Hähnen die Schwanzfedern aus und übergab sie den erstaunten Franzosen zusammen mit einem alkoholischen Mixgetränk, was einer der Offiziere mit dem Trinkspruch "Vive le cock's tail feierte". Eine andere Geschichte basiert auf den Friedensgesprächen zwischen Mexiko und Amerika. Die Tochter des mexikanischen Königs Azelot bot dem amerikanischen Abgesandten ein Getränk in einem prächtigen Glas an. Der Amerikaner fand nicht nur den Drink, sondern auch die Tochter extrem attraktiv, weshalb er den Drink nach der Dame Coktel benannte.(Quelle: http://www.goruma.de/Service/Cocktails/Was_sind_Cocktails.html)*

Zunächst wird auf die Frage eingegangen: Was ist ein Fluid? Oder gegenüberstellend formuliert: Was ist der Unterschied zwischen einem Festkörper und einem Fluid? Oberflächlich betrachtet lautet die Antwort auf diese Frage, ein Festkörper ist „hart“ und schwer verformbar, während ein Fluid „weich“ und leichter deformierbar ist. Bei genauerer Untersuchung kommt man zu der Feststellung, dass die Moleküle eines Festkörpers, wie Stahl oder Beton, extrem dicht gepackt sind, mit großen intermolekularen Kräften, so dass der Festkörper unter Krafteinwirkung seine ursprüngliche Form behält oder nach Aufhebung der Kraft diese wieder einnimmt. Im Falle von Flüssigkeiten, wie Öl oder Wasser, sind die Moleküle weiter voneinander entfernt angeordnet, die intermolekularen Kräfte sind geringer und die Moleküle weisen eine größere Bewegungsfreiheit auf. Sie können leicht verformt, jedoch nicht komprimiert werden. Bei Gasen liegen die Moleküle noch weiter auseinander und besitzen eine größere Bewegungsfreiheit. Dadurch sind gasförmige Medien leicht verformbar und komprimierbar. Bei normalen Drücken und Temperaturen liegt die Anzahl der Moleküle pro Kubikmillimeter für Flüssigkeiten in der Ordnung von $10^{21}$, für Gase in der Ordnung von $10^{18}$.

Ein spezieller Unterschied zwischen Festkörpern und Fluiden wird deutlich, wenn man ihre Verformbarkeit unter Einwirkung einer äußeren Kraft betrachtet. Ein Fluid ist als ein Stoff definiert, der sich kontinuierlich verformt, sofern eine Schubkraft von beliebig kleiner Größe auf ihn ausgeübt wird. Wirkt eine derartige Schubkraft auf einen Festkörper wie Stahl, wird sich zunächst eine geringe Verformung einstellen, jedoch wird er sich nicht kontinuierlich deformieren. Im Gegensatz zum Fluid wird er nicht fließen.

Einige Materialien können nicht leicht klassifiziert werden. Substanzen wie Teer, Zahnpasta, polymere Lösungen etc. weisen Charakteristika sowohl der Festkörper als auch der Fluide auf. Sofern die Schubkräfte sehr klein sind, verhalten sich diese Stoffe als Festkörper, wird ein kritischer Wert überschritten, treten Fließerscheinungen auf. Das Gebiet, das sich mit dem Studium derartiger Materialien auseinandersetzt, wird Rheologie genannt. Es ist nicht Teil der klassischen Fluidmechanik. Somit werden die Strömungseigenschaften solcher Stoffe in diesem Text nicht behandelt.

Fluide, die auch unter sehr hohem Druck nahezu keine Volumenänderung aufweisen, werden als dichtebeständig bezeichnet. Im Gegensatz dazu stehen die dichteveränderlichen Fluide, deren Volumenänderung vom Druck und von der Temperatur abhängig ist. Strömungen dichtebeständiger bzw. dichteveränderlicher Fluide werden auch als inkompressible bzw. kompressible Strömungen bezeichnet. Im Folgenden liegt zwar der Schwerpunkt auf der Betrachtung von Strömungen inkompressibler Fluide, jedoch werden auch die fundamentalen Zusammenhänge kompressibler Strömungen erläutert.

Prinzipiell ist es möglich, die Mechanik der Fluide anhand der Analyse der Bewegung der Moleküle zu studieren. Jedoch sind wir i. a. lediglich am durchschnittlichen Verhalten bzw. am makroskopischen Wert der Variablen, die zur Beschreibung des Strömungsfeldes herangezogen wird, interessiert. Dabei wird der Durchschnitt über ein im Vergleich zu den physikalischen Dimensionen des Problems kleines Volumen gebildet. Bezogen auf den Abstand zwischen den Molekülen ist das Volumen jedoch groß. Das bedeutet, wenn wir einem gewissen Punkt im Strömungsfeld z. B. eine Geschwindigkeit zuordnen, sprechen wir in Wirklichkeit von einer durchschnittlichen Geschwindigkeit der Moleküle in einem kleinen, den Punkt umgebenden Volumen. Da der Abstand der Moleküle jedoch typischerweise sehr klein ist, sind extrem viele Moleküle auch in sehr kleinen Volumina vorhanden, so dass der Ansatz, volumengemittelte Größen zur Beschreibung strömungsphysikalischer Zusammenhänge zu verwenden, sicherlich geeignet ist. Wir gehen somit von der Annahme aus, dass sämtliche interessierenden Charakteristika des Fluids kontinuierlich in der gesamten Strömung verteilt sind. Das heißt wir betrachten das Fluid als ein Kontinuum. Sofern die Abstände zwischen den Molekülen sehr groß werden, dies ist z. B. bei verdünnten Gasen der Fall, verliert das Konzept der Kontinuumsmechanik seine Gültigkeit.

# 3 Kinematik der Fluide

*Transonische Umströmung eines Profils. Der Verdichtungsstoß bewirkt eine Ablösung der Grenzschicht, die sich stromab des Profils einrollt.(Das Urheberrecht des mit dem QR Code verbundenen Films liegt beim Aerodynamischen Institut der RWTH Aachen. Der QR Code ist ein eingetragenes Handelszeichen von DENSO WAVE INCORPORATED.)*

Im Folgenden werden wir den Ablauf – das Wie – der Bewegung untersuchen, ohne dabei deren Ursachen – das Warum – zu hinterfragen. Später werden wir im Rahmen der Dynamik auf die Ursache der Bewegung eingehen, genauer gesagt nach der Ursache der Änderung des Bewegungszustandes fragen. Verbindet man Kinematik und Dynamik, spricht man von der Kinetik. Zunächst erläutern wir zwei allgemeine Darstellungen, die zur Analyse strömungsmechanischer Probleme verwendet werden.

## 3.1 Eulersche und Lagrangesche Strömungsbeschreibung

In der Lagrangeschen Darstellung verfolgt man die Bewegung der einzelnen Fluidpartikel und bestimmt daraus die Änderungen der Fluideigenschaften, die mit diesen

Teilchen verbunden sind. Das heißt die Fluidpartikel sind „markiert" und ihre Eigenschaften werden während ihrer Bewegung bestimmt.

Zur Beschreibung werden als unabhängige Variable die Zeit $t$ und der Ortsvektor zum Zeitpunkt $t = 0$ herangezogen.

$$\vec{r}_0 = x_0\,\vec{i} + y_0\,\vec{j} + z_0\,\vec{k}$$

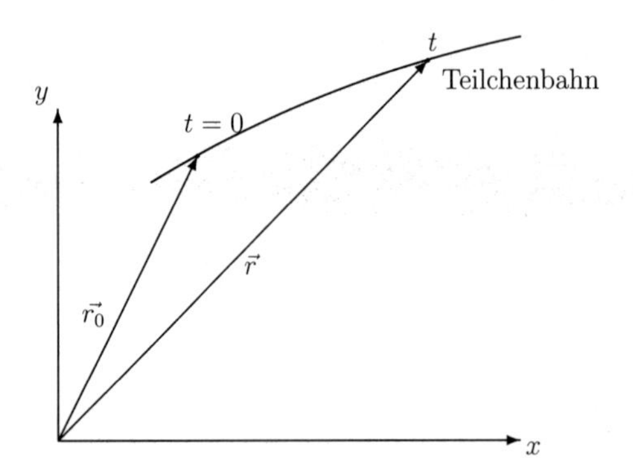


Damit kann jede Strömungsvariable $F$ als $F(\vec{r}_0,\ t)$ ausgedrückt werden, wobei die Lage des Teilchens, das zum Zeitpunkt $t = 0$ bei $\vec{r}_0$ war, durch $\vec{r}(\vec{r}_0, t)$ ausgedrückt wird.

In der Eulerschen Beschreibung wird das Feldkonzept verwendet. Zu einem gewissen Zeitpunkt kann jede Fluideigenschaft wie Dichte, Druck, Geschwindigkeit oder Beschleunigung als Funktion der räumlichen Koordinaten $x$, $y$, $z$ dargestellt werden. Da sich diese Größen nicht nur mit dem Ort, sondern auch mit der Zeit ändern, ist eine Strömungsvariable vollständig durch $F(\vec{r}, t)$, wobei $\vec{r} = x\,\vec{i} + y\,\vec{j} + z\,\vec{k}$ ist, beschrieben. Das bedeutet zum Beispiel, dass das Geschwindigkeitsfeld $\vec{v}$ bekannt ist, wenn die Komponentfunktionen $u(x, y, z, t)$, $v(x, y, z, t)$ und $w(x, y, z, t)$ von $\vec{v}$

$$\vec{v} = u\vec{i} + v\vec{j} + w\vec{k}$$

ermittelt worden sind.

Der Unterschied zwischen der Eulerschen Darstellung und der Lagrangeschen Darstellung wird anhand der Betrachtung aufsteigenden Kaminrauches verdeutlicht.

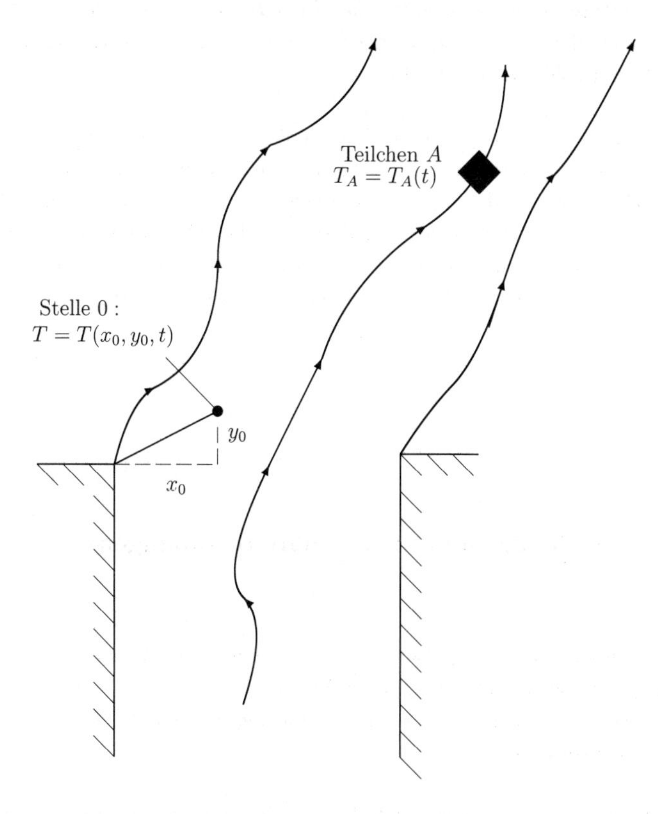


Bei der Eulerschen Methode wird ein Temperaturmessgerät im Punkte 0 angebracht, um an dieser Stelle in Abhängigkeit von der Zeit die Temperatur aufzunehmen. Zu verschiedenen Zeiten strömen unterschiedliche Partikel an dem Messgerät vorbei, so dass lediglich die Temperatur $T(x_0, y_0, z_0, t)$ bei $x_0, y_0, z_0$ als Funktion der Zeit $t$ bestimmt wird. Um das Temperaturfeld $T = T(x, y, z, t)$ zu ermitteln, müssten viele Messgeräte an verschiedenen Punkten installiert werden. Die Temperatur eines Teilchens in Abhängigkeit von der Zeit ist nicht bekannt, da die Lage des Teilchens zu verschiedenen Zeiten unbekannt ist.

Im Falle der Lagrange–Methode würde das Temperaturmessgerät mit einem bestimmten Fluidpartikel $A$ verbunden, um dessen Temperatur während der Bewegung aufzuzeichnen. Somit wäre zwar $T_A = T_A(t)$ bekannt, jedoch die Temperatur als Funktion des Ortes solange unbekannt bis die Lage des Teilchens $A$ in Abhängigkeit von der Zeit bestimmt wäre.

Im Allgemeinen wird in der Fluidmechanik sowohl in experimentellen als auch in numerischen und analytischen Untersuchungen die Eulersche Beschreibung angewendet. Die Lagrange–Methode ist vorwiegend von Interesse, wenn Eigenschaften bestimmter einzelner Fluidteilchen analysiert werden sollen. Im Rahmen der Mehrphasenströmungen werden bei numerischen Untersuchungen häufig Lagrange–Ansätze oder Kombinationen der Euler– und Lagrange–Methode verwendet.

## 3.2 Stationäre und instationäre Strömungen

Strömungen können u. a. in stationäre und instationäre Strömungen eingeteilt werden. Ist die Geschwindigkeit in festen Punkten des Strömungsfeldes unabhängig von der Zeit, spricht man von stationärer Strömung, ist sie zeitlich veränderlich, nennt man sie instationär.

Start- und Anfahrvorgänge sind Beispiele für instationäre Strömungen. Sind die Randbedingungen unabhängig von der Zeit, stellt sich nach längerer Zeit asymptotisch eine stationäre Strömung ein. Für die meisten technischen Anwendungen ist die Betrachtung stationärer Strömungen ausreichend. In vielen Strömungen laufen Änderungen zeitlich so langsam ab, dass sie als quasistationär – „wie stationär“ – angesehen werden können. Aufgrund von Formänderungen können auch in stationären Strömungen Beschleunigungen auftreten, d. h. lediglich die lokale – zeitlich bedingte – Beschleunigung entfällt, während die durch geometrische Änderungen hervorgerufene Beschleunigung erhalten bleibt.

## 3.3 Stromlinie, Bahnlinie, Rauchlinie

Zu einer bestimmten Zeit existiert in jedem Punkt des Strömungsfeldes ein Geschwindigkeitsvektor mit einer definierten Richtung. Die Kurven, die im gesamten Strömungsfeld tangential zu diesem Richtungsfeld verlaufen, werden Stromlinien genannt. Dieses Stromlinienmuster ändert sich mit der Zeit, sofern die Strömung instationär ist. Es sei $d\vec{s} = dx\,\vec{i} + dy\,\vec{j} + dz\,\vec{k}$ ein Bogenlängenelement einer Stromlinie und $\vec{v} = u\,\vec{i} + v\,\vec{j} + w\,\vec{k}$ der lokale Geschwindigkeitsvektor. Dann gilt nach Definition entlang einer Stromlinie

$$\frac{dx}{u} = \frac{dy}{v} = \frac{dz}{w} \quad . \qquad (*)$$

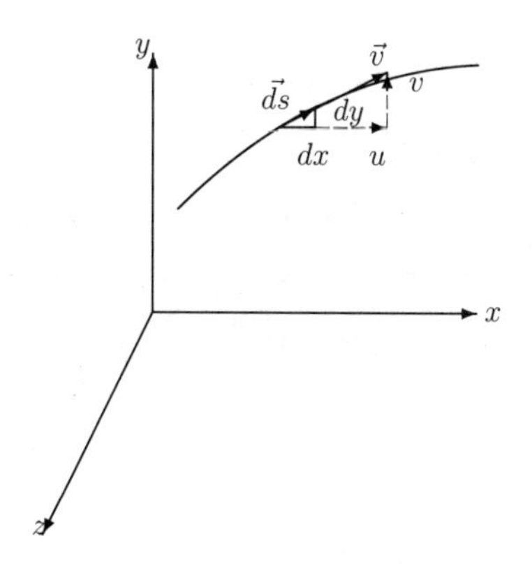


Sind die Geschwindigkeitskomponenten in Abhängigkeit von der Zeit bekannt, kann man durch Integration obiger Gleichung die Gleichung der Stromlinie berechnen. Gleichung $(*)$ kann auch als Kreuzprodukt $\vec{v} \times d\vec{s} = \vec{0}$ geschrieben werden. Alle Stromlinien, die zu einer gewissen Zeit durch eine geschlossene Kurve $C$ gehen, bilden eine Stromröhre. Da der Geschwindigkeitsvektor immer tangential zur Mantelfläche der Stromröhre liegt, kann kein Fluid über die Oberfläche der Stromröhre treten. Eine Stromröhre mit infinitesimal kleinem Querschnitt wird Stromfaden genannt.

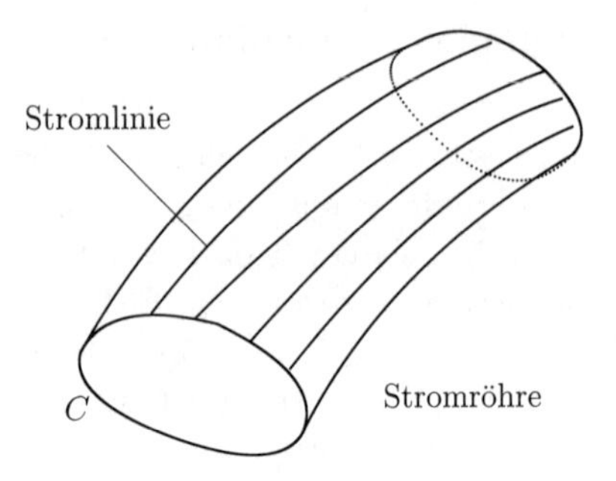


Die Bahnlinie ist die Trajektorie eines speziellen individuellen Fluidpartikels in einem gewissen Zeitintervall. In stationärer Strömung sind Bahnlinie und Stromlinie identisch, das gilt jedoch nicht in instationärer Strömung.

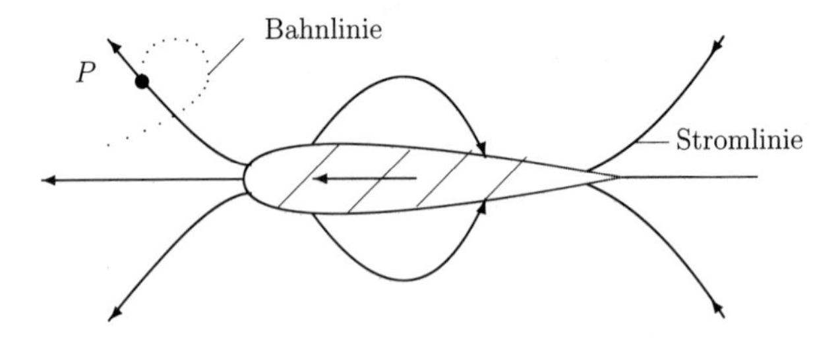


Dazu betrachten wir die Bewegung eines Objektes durch ein ruhendes Fluid. Für einen festen – nicht mitbewegten – Beobachter ändert sich das Muster des Strömungsfeldes mit der Zeit, so dass er eine instationäre Strömung wahrnimmt. Die Stromlinien vor und hinter dem Körper sind im Wesentlichen nach vorne gerichtet, solange sich der Körper in diese Richtung bewegt. Die Stromlinien auf den Seiten verlaufen mit einer lateralen Orientierung. Somit ist die Bahnlinie zunächst nach außen gerichtet und orientiert sich, nachdem der Körper vorbeigeströmt ist, wieder nach vorne.

Stromlinien und Bahnlinien können experimentell sichtbar gemacht werden, indem Aluminiumspäne oder ein anderes reflektierendes Material auf die Fluidoberfläche gestreut wird und während des Strömungsvorgangs angestrahlt wird. Ist die gesamte Oberfläche des Fluids mit reflektierenden Partikeln bedeckt, wird eine Photographie mit sehr kurzer Belichtungszeit gemacht, auf der viele kurze „Blitzstreifen“ zu erkennen sind. Verbindet man diese Streifen durch glatte Kurven, erhält man das momentane Stromlinienbild. Gibt man dagegen nur wenige Partikel zur Strömungsvisualisierung auf die Fluidoberfläche und macht eine Aufnahme der Strömung mit einer langen Belichtungszeit, verdeutlicht die Photographie die Bahnlinien der wenigen Teilchen auf der Oberfläche. Stromlinien haben keinen Knick und schneiden sich niemals, da anderenfalls verschiedene Geschwindigkeiten in einem Punkt herrschen müssten. Eine Ausnahme bildet der Staupunkt eines umströmten Körpers, in dem die Geschwindigkeit den Wert null aufweist.

Die Rauchlinie ist eine weitere Methode, die Strömung zu visualisieren. Sie ist als der momentane Ort der Fluidpartikel definiert, die zu einer vorigen Zeit denselben festen räumlichen Punkt passiert haben. Wird an einer bestimmten Stelle des Strömungsfeldes über ein gewisses Zeitintervall z. B. Farbe eingegeben, entsteht eine derartige Rauchlinie.

In stationären Strömungen fallen Stromlinien, Bahnlinien und Rauchlinien zusammen.

## 3.4 Bezugssystem

Abhängig vom Bezugssystem kann eine Strömung stationär oder instationär sein. Dies wird anhand der folgenden Betrachtung deutlich. Ein Körper bewegt sich mit einer konstanten Geschwindigkeit $\vec{v}_\infty$ durch ein ruhendes Fluid von rechts nach links.

Für einen festen Beobachter strömt der Körper vorbei, die lokalen Strömungscharakteristika ändern sich für diesen Beobachter mit der Zeit, so dass er eine instationäre Strömung wahrnimmt. Ist der Beobachter jedoch mit dem Körper verbunden, d. h. bewegt er sich mit diesem mit, sieht er permanent das gleiche Strömungsmuster; für ihn ist die Strömung stationär.

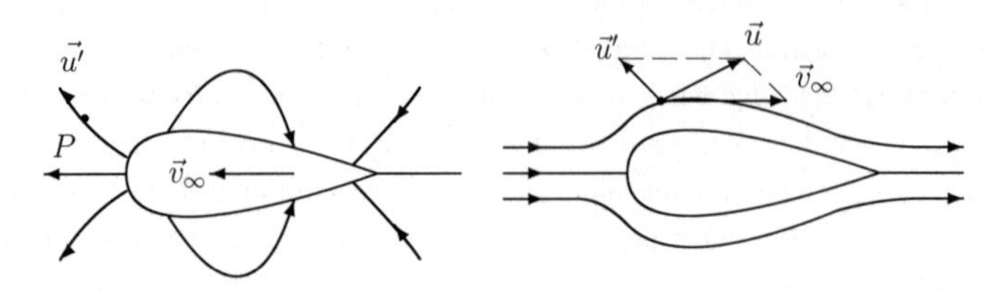


Das stationäre Strömungsfeld ergibt sich aus dem instationären, indem man dem letzteren die negative Geschwindigkeit des Körpers $-\vec{v}_\infty$ überlagert. Dadurch hält der Körper an, während das den Körper umgebende Fluid mit einer Geschwindigkeit $\vec{v}_\infty$ im Unendlichen nach rechts strömt. Somit kann jeder Geschwindigkeitsvektor $\vec{u}$ des mitbewegten Bezugssystems bestimmt werden, indem zu dem zugehörigen Geschwindigkeitsvektor $\vec{u}$ im festen Bezugssystem der Geschwindigkeitsvektor $\vec{v}_\infty$ addiert wird.

# 4 Grundgleichungen strömender Fluide

*Subsonische Umströmung eines Profils. Der Film visualisiert die Strömung als Funktion des Anstellwinkels. (Das Urheberrecht des mit dem QR Code verbundenen Films liegt beim Aerodynamischen Institut der RWTH Aachen. Der QR Code ist ein eingetragenes Handelszeichen von DENSO WAVE INCORPORATED.)*

Es werden die Erhaltungsgleichungen der Mechanik strömender Fluide vorgestellt. Dies sind im Wesentlichen die Bilanzgleichungen für die Masse, den Impuls und die Energie. Bevor wir uns jedoch mit deren Herleitung befassen, gehen wir auf die Begriffe Kontrollvolumen und Kontrollsystem ein, die im Reynoldsschen Transporttheorem in Zusammenhang gebracht werden, das wiederum für die integrale Darstellung der Erhaltungsgleichungen wesentlich ist. Anschließend wird die Erhaltungsgleichung der Masse, die Kontinuitätsgleichung, hergeleitet. Aufbauend auf der Kinematik des Fluidelements wird der Impulssatz betrachtet und darauffolgend wird auf den Energiesatz eingegangen, um die Auswirkungen unterschiedlicher Energieformen und Arbeiten zu analysieren.

## 4.1 Kontrollvolumen und Kontrollsystem

Die fundamentalen physikalischen Gesetze wie die Erhaltung der Masse, die Newtonschen Bewegungsgleichungen und die Gesetze der Thermodynamik, die das Verhalten eines Fluids beschreiben, können auf verschiedene Arten zur Analyse eines Strömungsvorgangs herangezogen werden. Sie können u. a. auf ein Kontrollsystem oder ein Kontrollvolumen angewendet werden.

Ein Kontrollsystem ist eine Sammlung eines Stoffes bestimmter, gleichbleibender Identität, d. h. es werden immer dieselben Fluidteilchen oder Atome, die sich bewegen und mit der Umgebung in Wechselwirkung treten, betrachtet. Im Gegensatz dazu ist ein Kontrollvolumen ein festgelegtes Volumen im Raum, das vom Fluid durchströmt wird. Es ist eine geometrische Größe, sie ist unabhängig von der Masse.

Ein Kontrollsystem ist eine spezifische, identifizierbare Größe einer Substanz. Es kann eine relativ große Masse aufweisen, wie z. B. die gesamte Luft der Erdatmosphäre, oder es kann infinitesimal klein sein, ein einziges Fluidteilchen. In jedem Fall sind die Elemente des Kontrollsystems markiert - tatsächlich oder gedanklich -, so dass sie permanent zu identifizieren sind.

In der Fluidmechanik ist es häufig äußerst schwierig, eine bestimmte gekennzeichnete Substanz kontinuierlich zu verfolgen. Darüber hinaus ist man stärker daran interessiert, die Kräfte, die von der Strömung auf einen Propeller, ein Flugzeug oder ein Auto ausgeübt werden, zu bestimmen, als Informationen bezüglich der Veränderungen des Systems zu gewinnen, während es vorbeiströmt. Deshalb wendet man meistens die Analyse auf der Basis des Kontrollvolumens an. Man definiert ein Volumen, das das Objekt umfasst, welches mit der Strömung in Wechselwirkung steht, und analysiert die Strömung innerhalb, außerhalb und durch das Volumen. Das Kontrollvolumen kann ruhen oder sich bewegen, deformierbare oder feste Grenzen aufweisen. Das Kontrollvolumen ist eine rein geometrische Größe, es ist unabhängig vom strömenden Fluid. Im Folgenden sind einige typische Kontrollvolumina angegeben. Ein ruhendes, festes Volumen zur Analyse einer Rohrströmung, ein ruhendes oder bewegtes Kontrollvolumen – abhängig vom Bezugssystem – um ein Triebwerk sowie ein sich verformendes Volumen, welches mit einer Ballonhülle übereinstimmt.

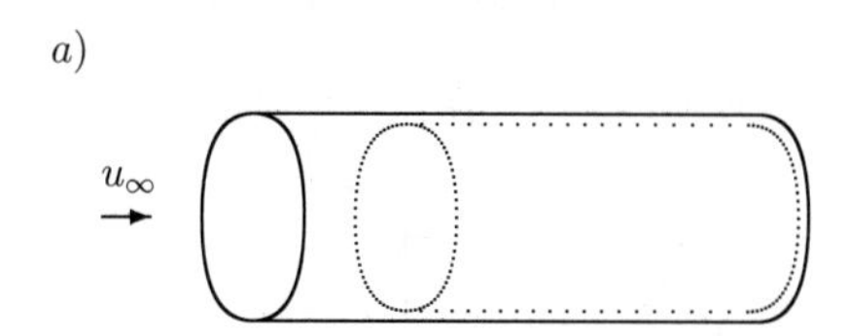


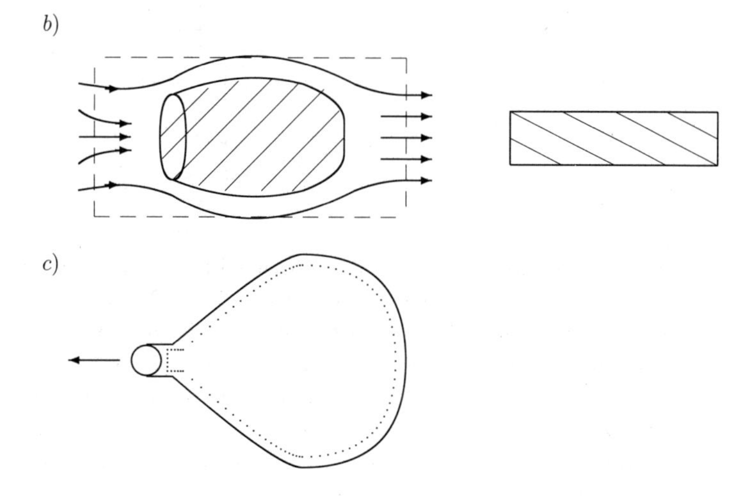


– – Grenze des Kontrollvolumens, Kontrollfläche

▨ Kontrollsystem zur Zeit $t_1$

▧ Kontrollsystem zur Zeit $t_2 > t_1$

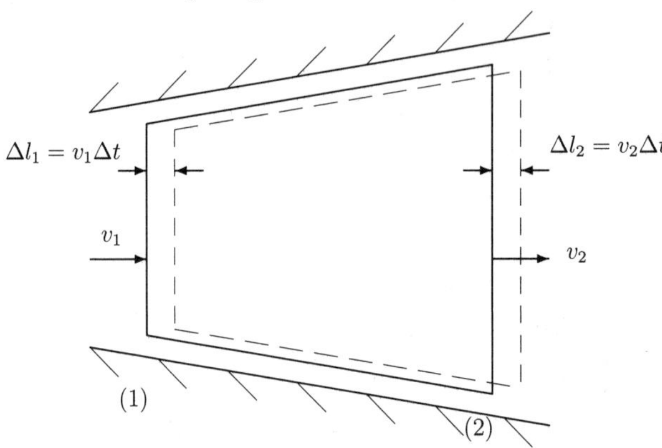


Sämtliche Grundgesetze der Strömungsmechanik beziehen sich in ihrer ursprünglichen Form auf ein Kontrollsystem. So lauten z. B. die Gesetze der Erhaltung der Masse und des Impulses, die Masse eines Systems bleibt konstant, die zeitliche Änderung des Impulses eines Systems ist gleich der Summe aller Kräfte auf das System. In diesen Aussagen tritt das Kontrollsystem, nicht das Kontrollvolumen auf. Um die Erhaltungsgleichungen auf ein Kontrollvolumen anzuwenden, sind die Gesetze geeignet umzuformulieren. Dazu wird auf das Reynoldssche Transporttheorem zurückgegriffen, welches einen Zusammenhang zwischen der System- und der Volumenbetrachtung herstellt.

## 4.2 Das Reynoldssche Transporttheorem

Gegeben sei folgendes Kontrollvolumen in einem Rohr. Es wird angenommen, dass $v_1$ und $v_2$ normal zu den Oberflächen stehen und konstant über den Querschnitt verteilt sind. Das Volumen $II$ tritt in der Zeit von $t$ nach $\Delta t$ aus dem Kontrollvolumen aus, das Volumen $I$ strömt ein und $KV$ bezeichnet das ursprüngliche Kontrollvolumen.

Zum Zeitpunkt $t$ besteht das System aus dem Fluid in $KV$, bei $t + \Delta t$ besteht das System aus $(KV - I) + II$, wobei das Kontrollvolumen konstant bleibt.

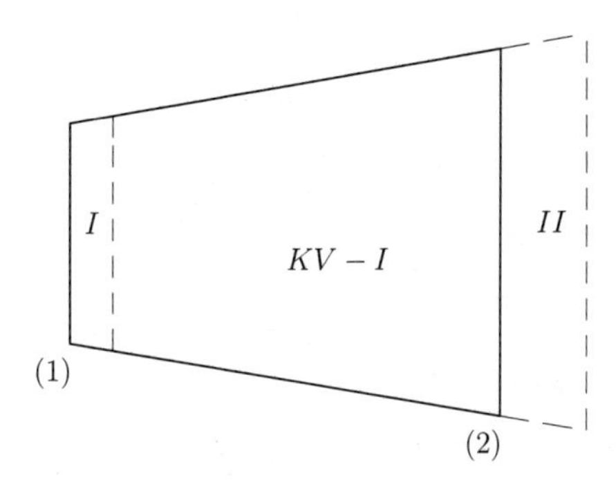


$B$ sei eine beliebige Größe des Systems (z. B. die Masse $m$). Dann gilt

$$B_{sys}(t) = B_{KV}(t) \quad ,$$

da System und Fluid im Kontrollvolumen übereinstimmen. Weiterhin ist

$$B_{sys}(t + \Delta t) = B_{KV}(t + \Delta t) - B_I(t + \Delta t) + B_{II}(t + \Delta t) \quad ,$$

bzw. die zeitliche Änderung von $B$ ist

$$\begin{aligned}\frac{\Delta B_{sys}}{\Delta t} &= \frac{B_{sys}(t + \Delta t) - B_{sys}(t)}{\Delta t} \\ &= \frac{B_{KV}(t + \Delta t) - B_{KV}(t)}{\Delta t} - \frac{B_I(t + \Delta t)}{\Delta t} + \frac{B_{II}(t + \Delta t)}{\Delta t} \quad .\end{aligned}$$

Für $\Delta t \to 0$ erhält man die zeitliche Änderungsrate der Größe $B$ für das System $dB_{sys}/dt$; sie stellt die zeitliche Änderungsrate der sich mit dem System bewegenden Größe $B$ dar.

$$\begin{aligned}\frac{dB_{sys}}{dt} &= \lim_{\Delta t \to 0} \left( \frac{\Delta B_{sys}}{\Delta t} \right) \\ &= \frac{\partial B_{KV}}{\partial t} + \dot{B}_{out} - \dot{B}_{in} \qquad (*)\end{aligned}$$

Gleichung $(*)$ gibt einen Zusammenhang zwischen der zeitlichen Änderungsrate von $B$ für das System und der für das Kontrollvolumen an. Diese Betrachtung werden wir im Folgenden verallgemeinern.

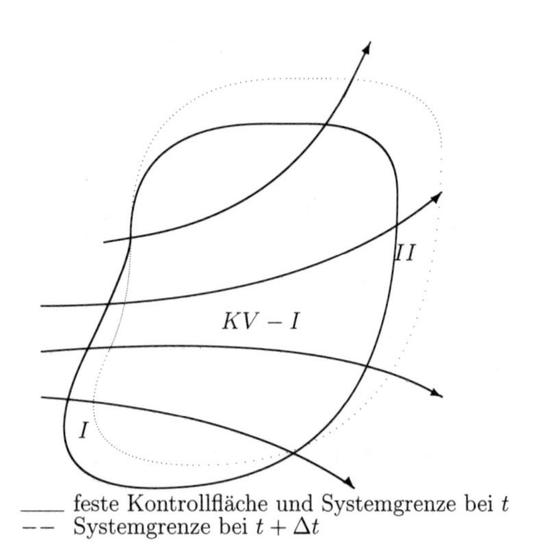


Das System entspricht dem Fluid innerhalb des Kontrollvolumens zum Zeitpunkt $t$; bei $t + \Delta t$ ist ein Teil des Fluids ausgetreten ($II$) und ein anderer eingetreten ($I$). Wiederum soll die Änderungsrate von $B$ des Systems mit der Änderungsrate von $B$ innerhalb des Kontrollvolumens in Zusammenhang gebracht werden.

Der Term $\dot{B}_{out}$ in Gleichung $(*)$ entspricht dem Fluss der Größe $B$ aus dem Kontrollvolumen, der sich aus der Integration über die infinitesimalen Flächenelemente $\Delta A$ des Teils der Kontrollfläche ergibt, der Gebiet $II$ und das Kontrollvolumen trennt ($KF_{out}$).

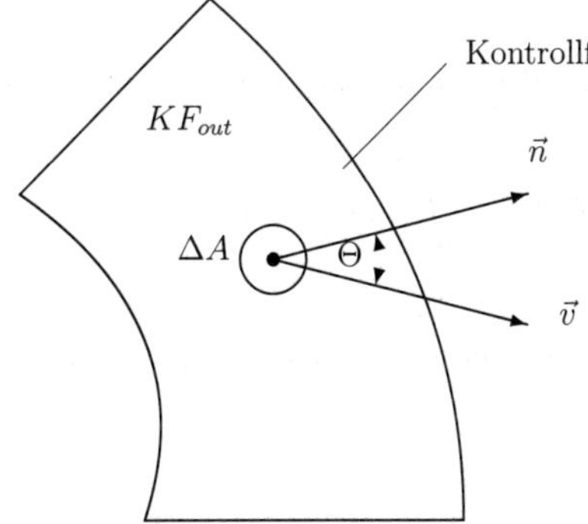


$\vec{n}$: nach außen gerichtete Normale zur Oberfläche.

$\Theta$ : Winkel zwischen $\vec{v}$ und $\vec{n}$

In $\Delta t$ tritt das Fluidvolumen $\Delta V = \Delta l_n \, \Delta A = \Delta l \, \cos\Theta \, \Delta A$ über $\Delta A$. Somit ergibt sich für die Größe $B = mb$ folgender Betrag über $\Delta A$ in $\Delta t$

$$\Delta B_{out} = b \, \rho \, \Delta V = b \, \rho \, (\| \vec{v} \| \, \cos\Theta \, \Delta t) \, \Delta A \quad .$$

Als Strom erhält man

$$\Delta \dot{B}_{out} = \lim_{\Delta t \to 0} \left(\frac{\rho \, b \, \Delta V}{\Delta t}\right) = \rho \, b \, \| \vec{v} \| \, \cos\Theta \, \Delta A \quad ,$$

bzw. nach Integration über $KF_{out}$

$$\dot{B}_{out} = \int_{KF_{out}} d\dot{B}_{out} = \int_{KF_{out}} \rho \, b \, \| \vec{v} \| \, \cos\Theta \, dA$$

$$\dot{B}_{out} = \int_{KF_{out}} \rho \, b \, \vec{v} \cdot \vec{n} \, dA \quad .$$

Für die Einströmung über die Kontrollfläche $KF_{in}$ errechnet sich

$$\dot{B}_{in} = -\int_{KF_{in}} \rho \, b \, \vec{v} \cdot \vec{n} \, dA \quad .$$

Somit erhält man für den Nettofluss von $B$ über die gesamte Kontrollfläche

$$\dot{B}_{out} - \dot{B}_{in} = \int_{KF_{out}} \rho \, b \, \vec{v} \cdot \vec{n} \, dA - \left[-\int_{KF_{in}} \rho \, b \, \vec{v} \cdot \vec{n} \, dA\right] = \int_{KF} \rho \, b \, \vec{v} \cdot \vec{n} \, dA \quad .$$

Allgemein bestimmt man mit $B_{KV} = \int_{KV} \rho\ b\ dV$ die zeitliche Änderungsrate $dB_{sys}/dt$ zu

$$\frac{dB_{sys}}{dt} = \frac{\partial}{\partial t} \int_{KV} \rho\, b\, dV + \int_{KF} \rho\, b\, \vec{v} \cdot \vec{n}\, dA\,.$$

Dies ist das Reynoldssche Transporttheorem für ein ruhendes Kontrollvolumen.

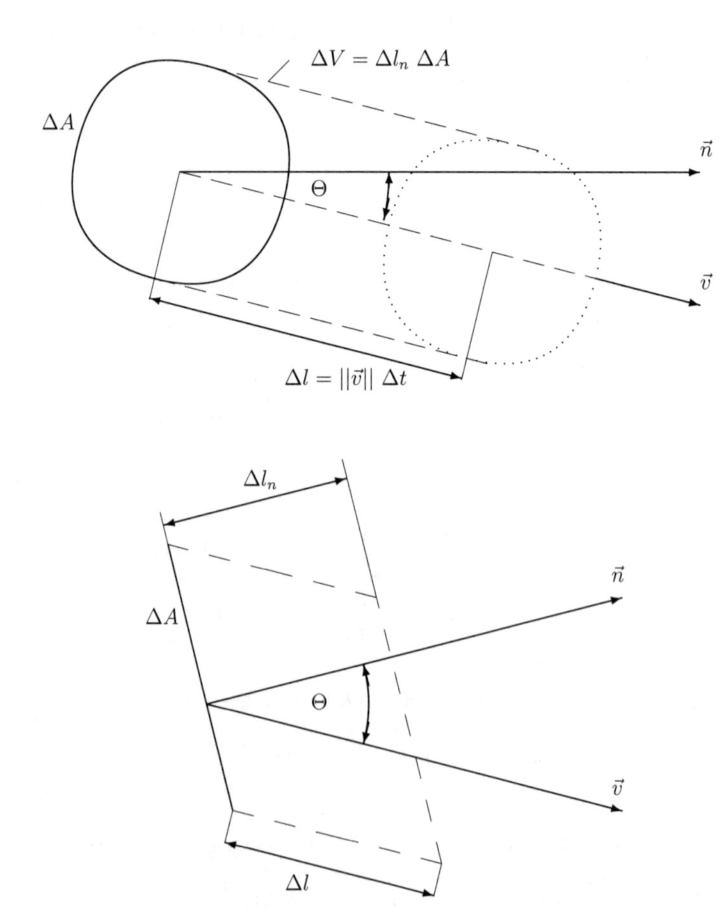

## 4.3 Erhaltung der Masse

Die Erhaltung der Masse, d. h. die Masse des Systems bleibt bei Bewegung durch das Strömungsfeld konstant, kann in integraler Form anhand des Reynoldsschen Transporttheorems mit $b = 1$, $B = m$ unmittelbar angegeben werden.

$$\frac{dm_{Sys}}{dt} = \frac{\partial}{\partial t} \int\limits_{KV} \rho \, dV + \int\limits_{KF} \rho \, \vec{v} \cdot \vec{n} \, dA = 0 \qquad .$$

Zur Herleitung der differentiellen Form betrachten wir ein würfelförmiges Fluidelement mit der Fluiddichte $\rho$ und den Geschwindigkeitskomponenten $u, v, w$, die im Zentrum angenommen werden.

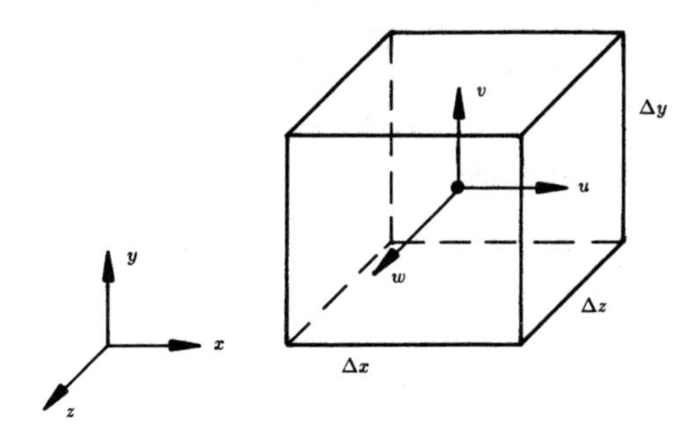


Das Volumenintegral kann näherungsweise

$$\frac{\partial}{\partial t} \int\limits_{KV} \rho \, dV \approx \frac{\partial \rho}{\partial t} \, \Delta x \, \Delta y \, \Delta z$$

geschrieben werden. Der Massenfluss über die Oberfläche des Elements wird in $x, y$ und $z$-Richtung separat formuliert.

Für die Massenflussrate pro Einheitsfläche ergibt sich auf der rechten und linken

Seite

$$\begin{aligned}(\rho\, u)_{x+\frac{\Delta x}{2}} &= \rho\, u + \frac{\partial(\rho\, u)}{\partial x}\,\frac{\Delta x}{2}\\ (\rho\, u)_{x-\frac{\Delta x}{2}} &= \rho\, u - \frac{\partial(\rho\, u)}{\partial x}\,\frac{\Delta x}{2}\end{aligned} \quad .$$

Der Nettomassenfluss in $x$-Richtung ist

$$\left(\rho\, u + \frac{\partial(\rho\, u)}{\partial x}\,\frac{\Delta x}{2}\right)\Delta y\,\Delta z - \left(\rho\, u - \frac{\partial(\rho\, u)}{\partial x}\,\frac{\Delta x}{2}\right)\Delta y\,\Delta z = \frac{\partial(\rho\, u)}{\partial x}\,\Delta x\,\Delta y\,\Delta z \quad .$$

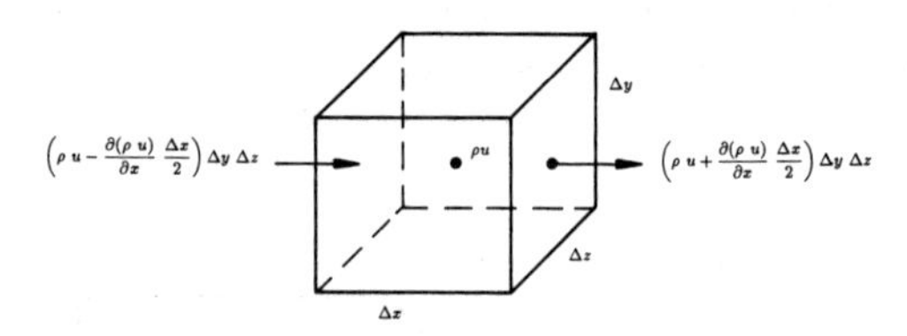


In $y$- und $z$-Richtung erhält man

$$\frac{\partial(\rho\, v)}{\partial y}\,\Delta x\,\Delta y\,\Delta z \quad , \quad \frac{\partial(\rho\, w)}{\partial z}\,\Delta x\,\Delta y\,\Delta z \quad .$$

Insgesamt stellt

$$\left[\frac{\partial(\rho\, u)}{\partial x} + \frac{\partial(\rho\, v)}{\partial y} + \frac{\partial(\rho\, w)}{\partial z}\right]\Delta x\,\Delta y\,\Delta z$$

den Nettomassenfluss über die Oberfläche des Kontrollvolumens dar.

Die differentielle Form der Gleichung der Erhaltung der Masse, die als Kontinuitätsgleichung bezeichnet wird, lautet demnach

$$\frac{\partial\rho}{\partial t} + \frac{\partial(\rho\, u)}{\partial x} + \frac{\partial(\rho\, v)}{\partial y} + \frac{\partial(\rho\, w)}{\partial z} = 0 \quad .$$

Unter Berücksichtigung des Gradientenoperators $\vec{\nabla}(\bullet)$

$$\vec{\nabla}(\bullet) = \frac{\partial(\bullet)}{\partial x}\,\vec{i} + \frac{\partial(\bullet)}{\partial y}\,\vec{j} + \frac{\partial(\bullet)}{\partial z}\,\vec{k}$$

erhält man in Vektorschreibweise

$$\frac{\partial \rho}{\partial t} + \vec{\nabla} \cdot (\rho \, \vec{v}) = 0 \quad .$$

Die substantielle Dichteänderung

$$\frac{d\rho}{dt} = \frac{\partial \rho}{\partial t} + u \frac{\partial \rho}{\partial x} + v \frac{\partial \rho}{\partial y} + w \frac{\partial \rho}{\partial z}$$

kann durch folgende Umformungen in die Kontinuitätsgleichung eingeführt werden.

$$\begin{aligned} \frac{\partial \rho}{\partial t} + u \frac{\partial \rho}{\partial x} + v \frac{\partial \rho}{\partial y} + w \frac{\partial \rho}{\partial z} + \rho \frac{\partial u}{\partial x} + \rho \frac{\partial v}{\partial y} + \rho \frac{\partial w}{\partial z} &= 0 \quad , \\ \frac{d\rho}{dt} + \rho \left( \frac{\partial u}{\partial x} + \frac{\partial v}{\partial y} + \frac{\partial w}{\partial z} \right) &= 0 \quad , \\ \frac{d\rho}{dt} + \rho \, \vec{\nabla} \cdot \vec{v} &= 0 \quad . \end{aligned}$$

Im Folgenden werden einige Sonderfälle der Kontinuitätsgleichung betrachtet.

Für eine stationäre Strömung eines kompressiblen Fluids vereinfacht sich die Kontinuitätsgleichung zu

$$\vec{\nabla} \cdot (\rho \, \vec{v}) = 0 \quad ,$$

bzw.

$$\frac{\partial (\rho \, u)}{\partial x} + \frac{\partial (\rho \, v)}{\partial y} + \frac{\partial (\rho \, w)}{\partial z} = 0 \quad ,$$

da $\partial / \partial t \to 0$ im stationären Fall.

Ist das Fluid inkompressibel, d. h. die Dichte im Strömungsfeld ist konstant $\rho =$ konst, lautet die Gleichung der Erhaltung der Masse sowohl bei stationärer als auch bei instationärer Strömung

$$\vec{\nabla} \cdot \vec{v} = 0 \quad ,$$

bzw.

$$\frac{\partial u}{\partial x} + \frac{\partial v}{\partial y} + \frac{\partial w}{\partial z} = 0 \quad .$$

## 4.4 Erhaltung des Impulses

Um die differentielle Form der Gleichung der Impulserhaltung zu bestimmen, wenden wir den Zusammenhang

$$\vec{F} = \frac{d\vec{I}}{dt}|_{Sys} \qquad ,$$

wobei $\vec{F}$ die auf die Fluidmasse wirkende resultierende Kraft ist und $\vec{I}$ den Impuls

$$\vec{I} = \int\limits_{Sys} \vec{v}\ dm$$

darstellt, auf ein differentielles Massesystem an. Man erhält

$$\Delta\vec{F} = \frac{d(\vec{v}\ \Delta m)}{dt} \qquad .$$

Die Masse des Systems $\Delta m$ bleibt konstant, so dass sich das 2. Newtonsche Gesetz ergibt

$$\Delta\vec{F} = \Delta m \frac{d\ \vec{v}}{dt} = \Delta m\ \vec{a} \qquad .$$

Im Wesentlichen wirken zwei Arten von Kräften auf das Element: Oberflächenkräfte und Volumenkräfte.

Als Volumenkraft $\Delta\vec{F_b}$ ist für uns die Gewichtskraft des Elements von Interesse

$$\Delta\vec{F_b} = \Delta m\ \vec{g} \qquad .$$

Sie lautet in Komponentenform

$$\begin{aligned} \Delta F_{bx} &= \Delta m\ g_x \\ \Delta F_{by} &= \Delta m\ g_y \\ \Delta F_{bz} &= \Delta m\ g_z \qquad . \end{aligned}$$

Infolge der Wechselwirkung des Elements mit seiner Umgebung entstehen Oberflächenkräfte. Die Kraft, die auf das Flächenelement $\Delta A$ wirkt, ist $\Delta\vec{F_s}$.

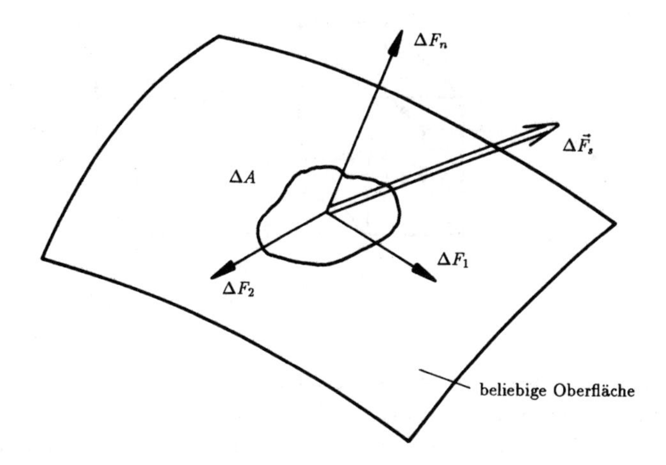


Die Größe $\Delta\vec{F}_s$ wird in die Komponenten $\Delta F_n$,$\Delta F_1$,$\Delta F_2$ zerlegt, wobei $\Delta F_n$ normal zu $\Delta A$ ist, und $\Delta F_1$,$\Delta F_2$ orthogonal zueinander in der Ebene von $\Delta A$ liegen.

Für die Normalspannung $\sigma_n$ und die Schubspannungen $\tau_1$ und $\tau_2$ werden die Definitionen

$$\sigma_n = \lim_{\Delta A \to 0} \frac{\Delta F_n}{\Delta A}$$
$$\tau_1 = \lim_{\Delta A \to 0} \frac{\Delta F_1}{\Delta A}$$
$$\tau_2 = \lim_{\Delta A \to 0} \frac{\Delta F_2}{\Delta A}$$

herangezogen.

Im Folgenden wird die übliche Zeichenkonvention verwendet. Die Orientierung des Flächenelements $\Delta A$ bezieht sich auf das Koordinatensystem, d. h. in einem kartesischen Koordinatensystem wirken die Spannungen auf Flächen, die parallel zu den Koordinatenebenen verlaufen.

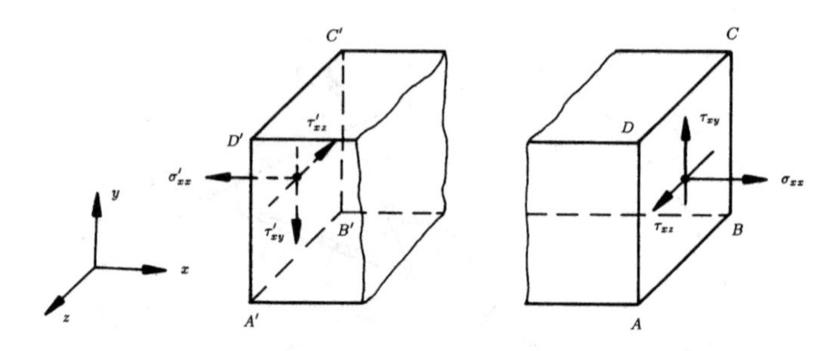


Die doppelten Indizes der Größe $S_{ij}$ bedeuten: $i$ ist die Richtung der Normalen der Ebene auf die die Spannung wirkt, $j$ entspricht der Richtung der Spannung. Somit besitzen Normalspannungen jeweils gleiche, Schub- bzw. Tangentialspannungen jeweils verschiedene Indizes. Die Spannungen werden als positiv angesehen, wenn sie in Richtung der nach außen gerichteten Normalen weisen. Das heißt nicht nur $\sigma_{xx}, \tau_{xy}, \tau_{xz}$, sondern auch $\sigma'_{xx}, \tau'_{xy}, \tau'_{xz}$ sind positiv, da die zur Fläche $A'B'C'D'$ nach außen orientierte Normale in negative $x$-Richtung verläuft und die Größen $\sigma'_{xx}, \tau'_{xy}, \tau'_{xz}$ ebenfalls in die negative Koordinatenrichtung zeigen.

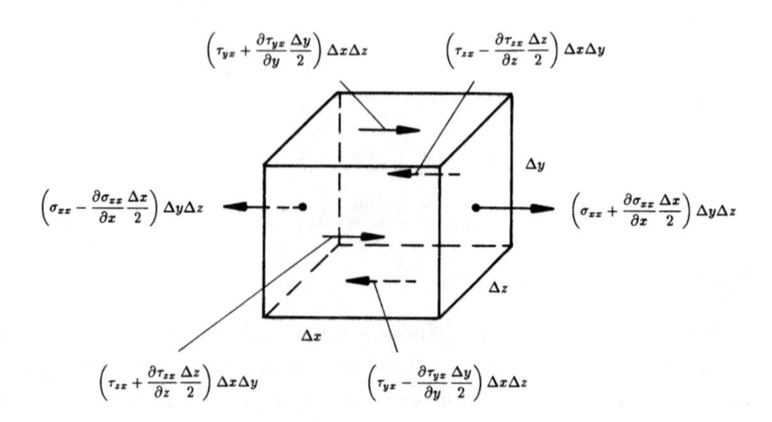

Der Spannungszustand an einem Punkt hängt von der Orientierung der durch den Punkt gehenden Ebene ab, so dass drei Komponenten eines Spannungsvektors zur Beschreibung nicht ausreichen. Es lässt sich jedoch zeigen, dass anhand der Spannungen, die auf drei orthogonalen Ebenen, die durch den Punkt gehen, wirken, dieser Zustand eindeutig definiert werden kann.

Die Oberflächenkräfte können folgendermaßen angegeben werden.

Die Summation aller Kräfte in $x$-Richtung ergibt

$$\Delta F_{Sx} = \left( \frac{\partial \sigma_{xx}}{\partial x} + \frac{\partial \tau_{yx}}{\partial y} + \frac{\partial \tau_{zx}}{\partial z} \right) \Delta x \; \Delta y \; \Delta z \qquad .$$

In $y$- und $z$-Richtung erhält man

$$\Delta F_{Sy} = \left( \frac{\partial \tau_{xy}}{\partial x} + \frac{\partial \sigma_{yy}}{\partial y} + \frac{\partial \tau_{zy}}{\partial z} \right) \Delta x \; \Delta y \; \Delta z$$

$$\Delta F_{Sz} = \left( \frac{\partial \tau_{xz}}{\partial x} + \frac{\partial \tau_{yz}}{\partial y} + \frac{\partial \sigma_{zz}}{\partial z} \right) \Delta x \; \Delta y \; \Delta z \qquad .$$

Die resultierende Oberflächenkraft ist

$$\Delta \vec{F}_S = \Delta F_{Sx} \, \vec{i} + \Delta F_{Sy} \, \vec{j} + \Delta F_{Sz} \, \vec{k} \qquad .$$

Die auf $\Delta m$ wirkende Gesamtkraft lautet

$$\Delta \vec{F} = \Delta \vec{F}_S + \Delta \vec{F}_b \qquad .$$

Eingesetzt in $\Delta \vec{F} = \Delta m \vec{a}$ ergibt sich unter Berücksichtigung von

$$\Delta m = \rho \; \Delta x \Delta y \Delta z$$

und

$$\vec{a} = \frac{\partial \vec{v}}{\partial t} + u \frac{\partial \vec{v}}{\partial x} + v \frac{\partial \vec{v}}{\partial y} + w \frac{\partial \vec{v}}{\partial z}$$

mit

$$\vec{v} = u \, \vec{i} + v \, \vec{j} + w \, \vec{k}$$

die allgemeine differentielle Form der Impulserhaltung

$$\rho\left(\frac{\partial u}{\partial t}+u\frac{\partial u}{\partial x}+v\frac{\partial u}{\partial y}+w\frac{\partial u}{\partial z}\right)=\rho\, g_x+\frac{\partial \sigma_{xx}}{\partial x}+\frac{\partial \tau_{yx}}{\partial y}+\frac{\partial \tau_{zx}}{\partial z}$$
$$\rho\left(\frac{\partial v}{\partial t}+u\frac{\partial v}{\partial x}+v\frac{\partial v}{\partial y}+w\frac{\partial v}{\partial z}\right)=\rho\, g_y+\frac{\partial \tau_{xy}}{\partial x}+\frac{\partial \sigma_{yy}}{\partial y}+\frac{\partial \tau_{zy}}{\partial z}$$
$$\rho\left(\frac{\partial w}{\partial t}+u\frac{\partial w}{\partial x}+v\frac{\partial w}{\partial y}+w\frac{\partial w}{\partial z}\right)=\rho\, g_z+\frac{\partial \tau_{xz}}{\partial x}+\frac{\partial \tau_{yz}}{\partial y}+\frac{\partial \sigma_{zz}}{\partial z}\quad .$$

Im Folgenden wird ein Zusammenhang zwischen den Spannungen und den Dehnungen des Fluidelements angegeben, um die Spannungen auf die Geschwindigkeitskomponenten zurückzuführen.

Bewegt sich ein Fluidelement im Strömungsfeld, ändert es i. a. seine Lage und seine Form. Die räumliche Lage wird durch den Ortsvektor $\vec{r}$ und die Winkelgeschwindigkeit $\vec{\omega}$ beschrieben, die Verformung durch Änderung der Längen und Winkel des Elements. Zur Beschreibung der Drehung und der Verformung kann man die relative Bewegung zwischen zwei benachbarten Punkten $I$ und $II$ betrachten, die die räumlichen Lagen $\vec{r}$ und $\vec{r}+d\vec{r}$ aufweisen.

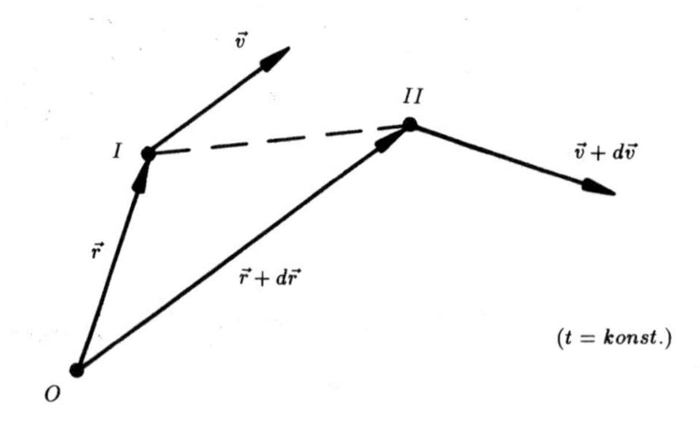


Die Geschwindigkeitsänderung ist $d\vec{v}$, ihre Komponenten können wie folgt geschrieben werden

$$\begin{aligned} du &= \frac{\partial u}{\partial x}\,dx + \frac{\partial u}{\partial y}\,dy + \frac{\partial u}{\partial z}\,dz \\ dv &= \frac{\partial v}{\partial x}\,dx + \frac{\partial v}{\partial y}\,dy + \frac{\partial v}{\partial z}\,dz \\ dw &= \frac{\partial w}{\partial x}\,dx + \frac{\partial w}{\partial y}\,dy + \frac{\partial w}{\partial z}dz \qquad . \end{aligned}$$

Zum besseren Verständnis des kinematischen Verhaltens des Fluidelements werden die obigen Gleichungen unter Berücksichtigung der Ausdrücke

$\frac{1}{2}\left(\frac{\partial u}{\partial y}+\frac{\partial v}{\partial x}\right)$, ..., $\frac{1}{2}\left(\frac{\partial v}{\partial x}-\frac{\partial u}{\partial y}\right)$, ... umgeschrieben.

$$\begin{aligned} du &= \dot{\varepsilon}_x dx + \dot{\varepsilon}_{xy} dy + \dot{\varepsilon}_{xz} dz + \omega_{zx} dz - \omega_{xy} dy \\ dv &= \dot{\varepsilon}_{yx} dx + \dot{\varepsilon}_y dy + \dot{\varepsilon}_{yz} dz + \omega_{xy} dx - \omega_{yz} dz \\ dw &= \dot{\varepsilon}_{zx} dx + \dot{\varepsilon}_{zy} dy + \dot{\varepsilon}_z dz + \omega_{yz} dy - \omega_{zx} dx \qquad . \end{aligned}$$

Der Vergleich beider Gleichungssysteme ergibt folgende Definitionen für $\dot{\varepsilon}_i$ und $\dot{\varepsilon}_{ij}$ bzw. $\omega_{ij}$

$$\dot{d}_{ij} = \begin{pmatrix} \dot{\varepsilon}_x & \dot{\varepsilon}_{xy} & \dot{\varepsilon}_{xz} \\ \dot{\varepsilon}_{yx} & \dot{\varepsilon}_y & \dot{\varepsilon}_{yz} \\ \dot{\varepsilon}_{zx} & \dot{\varepsilon}_{zy} & \dot{\varepsilon}_z \end{pmatrix} = \begin{pmatrix} \frac{\partial u}{\partial x} & \frac{1}{2}\left(\frac{\partial v}{\partial x}+\frac{\partial u}{\partial y}\right) & \frac{1}{2}\left(\frac{\partial w}{\partial x}+\frac{\partial u}{\partial z}\right) \\ \frac{1}{2}\left(\frac{\partial u}{\partial y}+\frac{\partial v}{\partial x}\right) & \frac{\partial v}{\partial y} & \frac{1}{2}\left(\frac{\partial w}{\partial y}+\frac{\partial v}{\partial z}\right) \\ \frac{1}{2}\left(\frac{\partial u}{\partial z}+\frac{\partial w}{\partial x}\right) & \frac{1}{2}\left(\frac{\partial v}{\partial z}+\frac{\partial w}{\partial y}\right) & \frac{\partial w}{\partial z} \end{pmatrix} \quad ,$$

$$\begin{aligned} \omega_{xy} &= \frac{1}{2}\left(\frac{\partial v}{\partial x}-\frac{\partial u}{\partial y}\right) \\ \omega_{yz} &= \frac{1}{2}\left(\frac{\partial w}{\partial y}-\frac{\partial v}{\partial z}\right) \\ \omega_{zx} &= \frac{1}{2}\left(\frac{\partial u}{\partial z}-\frac{\partial w}{\partial x}\right) \qquad . \end{aligned}$$

Die Matrix $\dot{d}_{ij}$ ist symmetrisch, da $\dot{\varepsilon}_{ij} = \dot{\varepsilon}_{ji}$. Auf die Frage der Bedeutung der Größen $\dot{\varepsilon}_i$, $\dot{\varepsilon}_{ij}$ und $\omega_{ij}$ gehen wir im Folgenden ein.

Ein zunächst unverformtes Element bewegt sich durch Translation (Verschiebung des Schwerpunkts) und Rotation (Drehung um den Schwerpunkt) im Strömungsfeld.

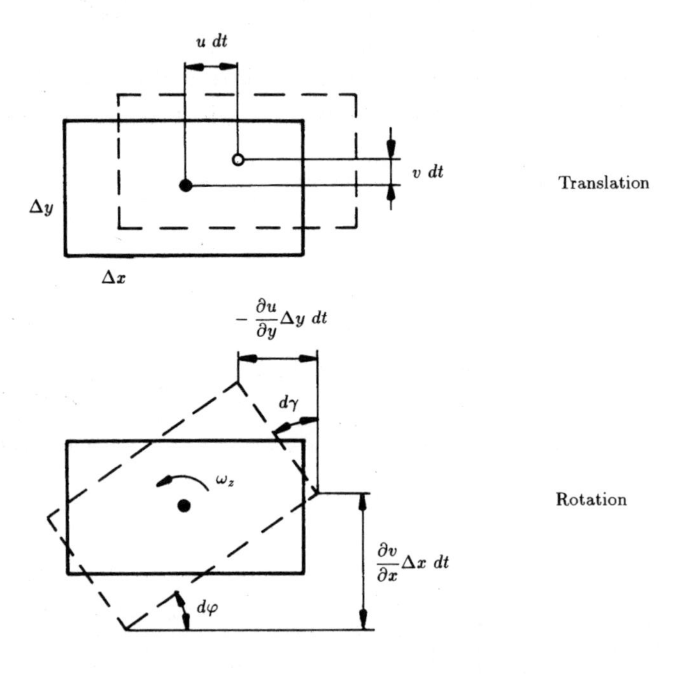


Die Komponenten der Translation sind in ebener Strömung $u\ dt$ und $v\ dt$; bei der Rotation verschieben sich die Ecken um $-\partial u/\partial y \Delta y\ dt$ und $\partial v/\partial x \Delta x\ dt$. Die Drehung geschieht somit um den Winkel $d\ \varphi = \partial v/\partial x dt = -\partial u/\partial y dt$. Die zeitliche Winkeländerung $\dot{\varphi} = d\ \varphi/dt$ ergibt sich aus dem arithmetischen Mittel von $\partial v/\partial x$ und $-\partial u/\partial y$

$$\omega_z = \frac{1}{2}\left(\frac{\partial v}{\partial x} - \frac{\partial u}{\partial y}\right) = \omega_{xy} \qquad ,$$

wobei die Größe $\omega_z$ positiv ist, wenn sie in Richtung der positiven $z$-Achse zeigt. Im räumlichen Fall treten zusätzlich Drehungen um die $x$- und $y$-Achse auf.

$$\omega_x = \frac{1}{2}\left(\frac{\partial w}{\partial y} - \frac{\partial v}{\partial z}\right) = \omega_{yz}$$

$$\omega_y = \frac{1}{2}\left(\frac{\partial u}{\partial z} - \frac{\partial w}{\partial x}\right) = \omega_{zx} \qquad .$$

Die Ausdrücke $\omega_x$, $\omega_y$, $\omega_z$ ergeben den Drehvektor oder Wirbelvektor $\vec{\omega}$

$$\vec{\omega} = \omega_x\,\vec{i} + \omega_y\,\vec{j} + \omega_z\,\vec{k} \qquad .$$

Somit beschreiben die $\omega_{ij}$-Terme die rotatorische Bewegung des unverformten Fluidelements.

Wirken äußere Kräfte oder Wärme auf ein Element, können Formänderungen auftreten. Die Formänderung oder auch Verzerrung kann in Dehnung bzw. Längenänderung und in Scherung bzw. Winkelverformung aufgeteilt werden.

Die Längenänderungen und Winkelverformungen können separat betrachtet werden. Aufgrund von Geschwindigkeitsänderungen wird das Element in $x$–, $y$– und $z$–Richtung um $\partial u/\partial x\ \Delta x\ dt$, $\partial v/\partial y\ \Delta y\ dt$ und $\partial w/\partial z\ \Delta z\ dt$ gedehnt. Die auf die Kantenlänge bezogenen zeitlichen Änderungen werden Dehngeschwindigkeiten [1/s] genannt

$$\dot{\varepsilon}_x = \frac{\partial u}{\partial x} \quad , \quad \dot{\varepsilon}_y = \frac{\partial v}{\partial y} \quad , \quad \dot{\varepsilon}_z = \frac{\partial w}{\partial z} \qquad .$$

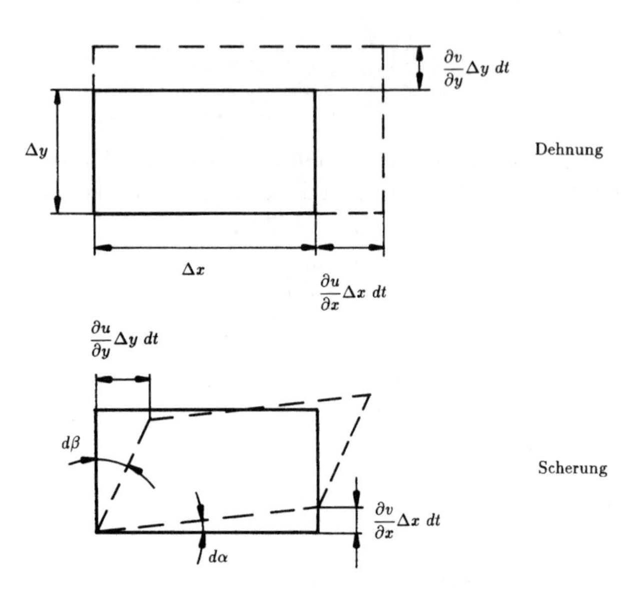


Sie entsprechen der Hauptdiagonalen der Matrix $\dot{d}_{ij}$; sie beschreiben somit die Dehnung des Fluidelements. Die auf das Ausgangsvolumen $\Delta V = \Delta x \Delta y \Delta z$ bezogene zeitliche Volumenänderung $\frac{1}{\Delta V}\frac{d\,(\Delta V)}{dt}$ ist

$$\frac{1}{\Delta V}\frac{d\,(\Delta V)}{dt} = \frac{1}{\Delta V}\left\{\left[\Delta x + \frac{\partial u}{\partial x}\Delta x\ dt\right]\cdot\left[\Delta y + \frac{\partial v}{\partial y}\Delta y\ dt\right]\cdot\left[\Delta z + \frac{\partial w}{\partial z}\Delta z\ dt\right] - \Delta x\ \Delta y\ \Delta z\right\}\frac{1}{dt}$$

$$\frac{1}{\Delta V}\frac{d\,(\Delta V)}{dt} = \frac{\partial u}{\partial x} + \frac{\partial v}{\partial y} + \frac{\partial w}{\partial z} = \vec{\nabla}\cdot\vec{v}$$

$$\vec{\nabla}\cdot\vec{v} = \text{div}\ \vec{v} \quad .$$

Die relative Volumenänderung, die sogenannte Volumendilatation, entspricht demnach der Kontinuitätsgleichung für inkompressible Fluide.

Im Folgenden betrachten wir die Winkelverformung des Fluidelements. Durch Scherung erhält man ein Parallelepiped, wobei der anfänglich rechte Winkel um $d\alpha$ und $d\beta$ geändert wird. Die gesamte Änderung ist positiv, wenn der rechte Winkel abnimmt. Für kleine Winkel $d\alpha, d\beta$ ergibt sich

$$\tan(d\alpha) = \frac{\partial v}{\partial x} \Delta x dt / \Delta x \approx d\alpha$$

$$\tan(d\beta) \approx d\beta = \frac{\partial u}{\partial y} \Delta y dt / \Delta y \qquad ,$$

womit die auf die Zeit $dt$ bezogene gesamte Winkeländerung $\dot{\gamma} = d\gamma/dt$ bestimmt wird. Die Winkelgeschwindigkeit der Scherung bzw. die Schergeschwindigkeit [1/s] wird wieder als arithmetisches Mittel berechnet. Im räumlichen Fall ergibt sich

$$\dot{\gamma}_{xy} = \frac{1}{2}\left(\frac{\partial u}{\partial y} + \frac{\partial v}{\partial x}\right)$$
$$\dot{\gamma}_{yz} = \frac{1}{2}\left(\frac{\partial v}{\partial z} + \frac{\partial w}{\partial y}\right)$$
$$\dot{\gamma}_{zx} = \frac{1}{2}\left(\frac{\partial u}{\partial z} + \frac{\partial w}{\partial x}\right) \qquad .$$

Man erkennt, dass

$$\dot{\gamma}_{xy} = \dot{\gamma}_{yx} \quad , \quad \dot{\gamma}_{yz} = \dot{\gamma}_{zy} \quad , \quad \dot{\gamma}_{zx} = \dot{\gamma}_{xz} \quad .$$

Die Schergeschwindigkeiten entsprechen den $\dot{\varepsilon}_{ij}$-Termen der Matrix $\dot{d}_{ij}$, die somit die Winkelverformung des Fluidelements darstellen.

Die gesamte Verformung aus Dehnung und Scherung wird durch die symmetrische Matrix $\dot{d}_{ij}$ der Geschwindigkeitsänderung beschrieben. Die Matrix $\dot{d}_{ij}$ wird auch Tensor der Deformation genannt. Die Verformung eines Elements wird demnach durch sechs Komponenten bestimmt, drei Dehngeschwindigkeiten und drei Schergeschwindigkeiten $\dot{\varepsilon}_x, \dot{\varepsilon}_y, \dot{\varepsilon}_z, \dot{\gamma}_{xy}, \dot{\gamma}_{yz}, \dot{\gamma}_{zx}$.

Jeder Verformungszustand ist mit einem Spannungszustand verbunden, Dehnungen rufen Normal- und Scherungen Tangentialspannungen hervor. Aufgrund von Translation und Rotation können am Fluidelement neben Druck keine weiteren Spannungen hervorgerufen werden.

Ebenso wie der Deformationstensor $\dot{d}_{ij}$ ist auch der Spannungstensor $\tau_{ij}$ symmetrisch. In Anlehnung an den Newtonschen Reibungsansatz werden die Spannungen proportional zu den Geschwindigkeitsänderungen des Verformungstensors angesetzt. Darüber hinaus fasst man das Fluidelement als isotropen Körper auf. Somit ist es sinnvoll, dass Beiträge zu den viskositätsbedingten Normalspannungen nur von den Dehngeschwindigkeiten $\dot{\varepsilon}_x, \dot{\varepsilon}_y, \dot{\varepsilon}_z$ und von der Dilatationsgeschwindigkeit div $\vec{v}$ zu berücksichtigen sind. Die Tangentialspannungen werden proportional zu den Schergeschwindigkeiten angesetzt. Demnach ergibt sich folgender Ansatz

$$\begin{aligned}
\sigma_{xx} &= -p + 2\eta\dot{\varepsilon}_x + \lambda \text{ div } \vec{v} \\
\sigma_{yy} &= -p + 2\eta\dot{\varepsilon}_y + \lambda \text{ div } \vec{v} \\
\sigma_{zz} &= -p + 2\eta\dot{\varepsilon}_z + \lambda \text{ div } \vec{v}
\end{aligned}$$

$$\begin{aligned}
\tau_{xy} &= \tau_{yx} = 2\eta\ \dot{\gamma}_{xy} \\
\tau_{yz} &= \tau_{zy} = 2\eta\ \dot{\gamma}_{yz} \\
\tau_{zx} &= \tau_{xz} = 2\eta\ \dot{\gamma}_{zx} \qquad ,
\end{aligned}$$

wobei der Faktor 2 in Anlehnung an die in der Literatur übliche Schreibweise eingeführt worden ist. Die Größen $\eta$ und $\lambda$ sind Proportionalitätsfaktoren, wobei $\eta$ der dynamischen bzw. Scherviskosität entsprechend dem Newtonschen Elementargesetz der Zähigkeitsspannung entspricht.

Unter Berücksichtigung der Volumen- oder Kompressionsviskosität $\hat{\eta} = \lambda + \frac{2}{3}\eta$ werden die Gleichungen für die Normalspannungen umgeschrieben

$$\sigma_{xx} = -p + \eta\left(2\dot{\varepsilon}_x - \frac{2}{3}\mathrm{div}\ \vec{v}\right) + \hat{\eta}\mathrm{div}\ \vec{v}$$
$$\sigma_{yy} = -p + \eta\left(2\dot{\varepsilon}_y - \frac{2}{3}\mathrm{div}\ \vec{v}\right) + \hat{\eta}\mathrm{div}\ \vec{v}$$
$$\sigma_{zz} = -p + \eta\left(2\dot{\varepsilon}_z - \frac{2}{3}\mathrm{div}\ \vec{v}\right) + \hat{\eta}\mathrm{div}\ \vec{v} \qquad .$$

Analog zur Scherung wird die Volumenviskosität $\hat{\eta}$ der allseitigen Kompression oder Dilatation zugeordnet. Für einatomige Gase ist die Aussage gültig, dass $\hat{\eta} = 0$ ist, so dass $\lambda = -2/3\eta$ ist. Stokes stellte bereits 1845 die Hypothese auf, dass $\hat{\eta} = 0$ ist, wodurch die Spannungsfelder eines kompressiblen und eines inkompressiblen Fluids durch die gleiche Anzahl von Eigenschaften beschrieben werden. Aufgrund unzähliger experimenteller Untersuchungen muss festgehalten werden, dass diese „willkürliche“ Annahme berechtigt ist. Somit wird i. a. $\lambda = -2/3\eta$ vorausgesetzt.

Bemerkung: Bei Wasser wird eine Übereinstimmung in der Temperaturabhängigkeit von $\eta$ und $\hat{\eta}$ beobachtet, jedoch ergeben sich erhebliche Unterschiede in den jeweiligen Werten. Wird die Annahme $\hat{\eta} = 0$ in akustischen Berechnungen fallen gelassen, hebt sich die Diskrepanz zwischen der Theorie und der Beobachtung der Schallabsorption in Flüssigkeiten bei hohen Frequenzen auf.

Als mittlere Normalspannung $\bar{\sigma}$ wird das arithmetische Mittel von $\sigma_{xx}$, $\sigma_{yy}$ und $\sigma_{zz}$ definiert

$$\bar{\sigma} = \frac{1}{3}(\sigma_{xx} + \sigma_{yy} + \sigma_{zz}) = -p + \hat{\eta}\mathrm{div}\ \vec{v} \qquad .$$

Somit entspricht $\bar{\sigma}$ dem negativen Wert des Drucks $p$, sofern $\hat{\eta} = 0$ ist oder $\mathrm{div}\ \vec{v} = 0$ ist. Letzteres ist der Fall in der Strömung eines inkompressiblen Fluids, in der der Druck $p$ eine dynamische Größe ist, während er in einer kompressiblen Strömung eine thermische Zustandsgröße darstellt.

Setzt man die Ausdrücke für die Normal- und Tangentialspannungen in die allgemeine differentielle Form der Impulsgleichungen ein, erhält man die Navier-Stokes-Gleichungen; dabei ist die Hypothese von Stokes berücksichtigt worden und wie üblich der Druck von den Normalspannungen getrennt worden.

$$\rho\frac{du}{dt} = \rho g_x - \frac{\partial p}{\partial x} + \frac{\partial}{\partial x}\left[\eta\left(2\frac{\partial u}{\partial x} - \frac{2}{3}\text{div }\vec{v}\right)\right] + \frac{\partial}{\partial y}\left[\eta\left(\frac{\partial u}{\partial y} + \frac{\partial v}{\partial x}\right)\right] + \frac{\partial}{\partial z}\left[\eta\left(\frac{\partial w}{\partial x} + \frac{\partial u}{\partial z}\right)\right]$$

$$\rho\frac{dv}{dt} = \rho g_y - \frac{\partial p}{\partial y} + \frac{\partial}{\partial y}\left[\eta\left(2\frac{\partial v}{\partial y} - \frac{2}{3}\text{div }\vec{v}\right)\right] + \frac{\partial}{\partial z}\left[\eta\left(\frac{\partial v}{\partial z} + \frac{\partial w}{\partial y}\right)\right] + \frac{\partial}{\partial x}\left[\eta\left(\frac{\partial u}{\partial y} + \frac{\partial v}{\partial x}\right)\right]$$

$$\rho\frac{dw}{dt} = \rho g_z - \frac{\partial p}{\partial z} + \frac{\partial}{\partial z}\left[\eta\left(2\frac{\partial w}{\partial z} - \frac{2}{3}\text{div }\vec{v}\right)\right] + \frac{\partial}{\partial x}\left[\eta\left(\frac{\partial w}{\partial x} + \frac{\partial u}{\partial z}\right)\right] + \frac{\partial}{\partial y}\left[\eta\left(\frac{\partial v}{\partial z} + \frac{\partial w}{\partial y}\right)\right] \quad .$$

Für inkompressible Strömungen mit konstanter dynamischer Viskosität $\eta$ können folgende Umformungen vorgenommen werden. Da div $\vec{v} = 0$ ist, vereinfachen sich die Terme der 2. Ableitungen in der $x$-Impulsgleichung

$$\eta\left(\frac{\partial^2 u}{\partial x^2} + \frac{\partial^2 u}{\partial y^2} + \frac{\partial^2 u}{\partial z^2}\right) + \frac{\partial}{\partial x}\left[\eta\left(\frac{\partial u}{\partial x} + \frac{\partial v}{\partial y} + \frac{\partial w}{\partial z}\right)\right] = \eta\left(\frac{\partial^2 u}{\partial x^2} + \frac{\partial^2 u}{\partial y^2} + \frac{\partial^2 u}{\partial z^2}\right) \quad .$$

In den beiden übrigen Gleichungen ergeben sich analoge Darstellungen, so dass die Navier-Stokes-Gleichungen für ein inkompressibles Fluid die Form aufweisen.

$$\rho\frac{du}{dt} = \rho g_x - \frac{\partial p}{\partial x} + \eta\left(\frac{\partial^2 u}{\partial x^2} + \frac{\partial^2 u}{\partial y^2} + \frac{\partial^2 u}{\partial z^2}\right)$$

$$\rho\frac{dv}{dt} = \rho g_y - \frac{\partial p}{\partial y} + \eta\left(\frac{\partial^2 v}{\partial x^2} + \frac{\partial^2 v}{\partial y^2} + \frac{\partial^2 v}{\partial z^2}\right)$$

$$\rho\frac{dw}{dt} = \rho g_z - \frac{\partial p}{\partial z} + \eta\left(\frac{\partial^2 w}{\partial x^2} + \frac{\partial^2 w}{\partial y^2} + \frac{\partial^2 w}{\partial z^2}\right)$$

## 4.5 Energiegleichung

In Anlehnung an den grundlegenden Erfahrungssatz bezüglich der Bilanz der Energie, dass die zeitliche Änderung der gesamten Energie eines Körpers gleich der Leistung der äußeren Kräfte plus der pro Zeiteinheit von außen zugeführten Energie ist, wird eine Energiebilanz für ein Volumenelement aufgestellt, um Strömungen mit großen Dichte- und Temperaturänderungen analysieren zu können. Unter Berücksichtigung der Vorzeichenvereinbarung, dass von außen dem Fluid zugeführte Arbeit negativ ist, lautet die Gleichung

$$\frac{dQ}{dt} = \frac{dE}{dt} + \frac{dW}{dt} \qquad ,$$

wobei $Q$, $E$ und $W$ Wärme, Gesamtenergie und Arbeit darstellen. Das Volumenelement hat das Volumen $\Delta V = \Delta x \ \Delta y \ \Delta z$ sowie eine Masse $\Delta m = \rho \Delta V$.

Unter Vernachlässigung der Wärmestrahlung wird die Wärmeübertragung gemäß dem Fourierschen Ansatz für die Wärmeleitung formuliert. Der Wärmefluss pro Flächen- und Zeiteinheit wird proportional zum Temperaturgradienten angenommen.

$$\frac{1}{A}\frac{dQ}{dt} = \dot{q} = -\lambda \frac{\partial T}{\partial n}$$

Die Größe $\lambda$ entspricht der Wärmeleitfähigkeit des Fluids. Das negative Vorzeichen wird eingeführt, da Wärme nur in Richtung niedriger Temperatur fließt. Der Anteil der Wärme, der auf das Volumen $\Delta V$ durch die Fläche $\Delta y \ \Delta z$ übertragen wird, ist

$$-\left(\lambda \frac{\partial T}{\partial x} - \frac{\partial}{\partial x}\left(\lambda \frac{\partial T}{\partial x}\right)\frac{\Delta x}{2}\right) \Delta y \ \Delta z \qquad ,$$

der der vom Volumen abgegeben wird

$$\left(\lambda \frac{\partial T}{\partial x} + \frac{\partial}{\partial x}\left(\lambda \frac{\partial T}{\partial x}\right)\frac{\Delta x}{2}\right) \Delta y \ \Delta z \qquad .$$

Betrachtet für alle drei Koordinatenrichtungen ergibt sich in dem Zeitintervall $dt$ eine Wärmeänderung durch Wärmeleitung von

$$dQ = dt \Delta V \left\{ \frac{\partial}{\partial x}\left(\lambda \frac{\partial T}{\partial x}\right) + \frac{\partial}{\partial y}\left(\lambda \frac{\partial T}{\partial y}\right) + \frac{\partial}{\partial z}\left(\lambda \frac{\partial T}{\partial z}\right) \right\}$$

Ohne Einschränkung der allgemeinen Aussage wird im Folgenden die Änderung

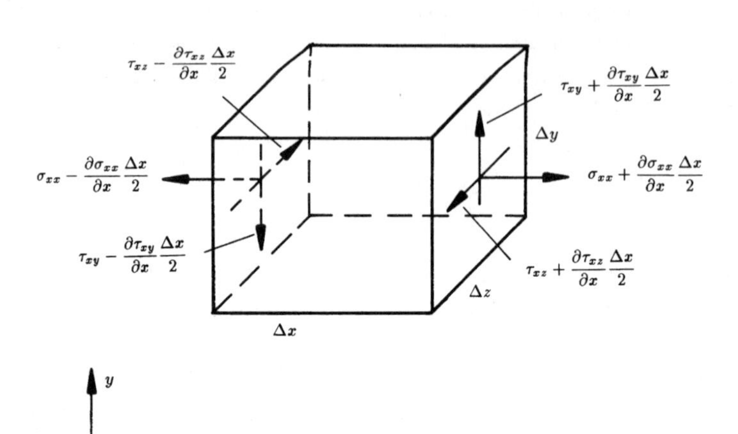


der potentiellen Energie aufgrund von Lageänderungen im Gravitationsfeld vernachlässigt. Man erhält für die zeitliche Änderungsrate der Gesamtenergie

$$\frac{dE}{dt} = \rho \Delta V \left[ \frac{de}{dt} + \frac{1}{2}\frac{d}{dt}\left(u^2 + v^2 + w^2\right) \right] \qquad ,$$

wobei $e$ die massenbezogene innere Energie darstellt.

Die pro Zeiteinheit verrichtete Arbeit wird repräsentativ für die Normalspannung $\sigma_{xx}$ analysiert.

$$\begin{aligned} dW_{\sigma_{xx}} = & - \Delta y \Delta z dt \Bigg\{ - \left(u - \frac{\partial u}{\partial x}\frac{\Delta x}{2}\right)\left(\sigma_{xx} - \frac{\partial \sigma_{xx}}{\partial x}\frac{\Delta x}{2}\right) \\ & + \left(u + \frac{\partial u}{\partial x}\frac{\Delta x}{2}\right)\left(\sigma_{xx} + \frac{\partial \sigma_{xx}}{\partial x}\frac{\Delta x}{2}\right) \Bigg\} \\ = & - \Delta y \Delta z dt \left(u \frac{\partial \sigma_{xx}}{\partial x} + \sigma_{xx}\frac{\partial u}{\partial x}\right) \Delta x \\ = & - \Delta V dt \frac{\partial}{\partial x}(u \sigma_{xx}) \qquad . \end{aligned}$$

Nach Analyse sämtlicher spannungsbasierten Leistungsanteile erhält man

$$\frac{dW}{dt} = -\Delta V \left[ \frac{\partial}{\partial x} \left( u\sigma_{xx} + v\tau_{xy} + w\tau_{xz} \right) + \frac{\partial}{\partial y} \left( u\tau_{yx} + v\sigma_{yy} + w\tau_{yz} \right) \right. \\ \left. + \frac{\partial}{\partial z} \left( u\tau_{zx} + v\tau_{zy} + w\sigma_{zz} \right) \right] \quad .$$

Unter Berücksichtigung der Impulserhaltungsgleichungen werden die Ausdrücke für $dE/dt$ und $dW/dt$ umgeformt und zusammengefasst.

$$\begin{aligned} \rho \frac{du}{dt} &= \frac{\partial \sigma_{xx}}{\partial x} + \frac{\partial \tau_{xy}}{\partial y} + \frac{\partial \tau_{xz}}{\partial z} \\ \rho \frac{dv}{dt} &= \frac{\partial \tau_{xy}}{\partial x} + \frac{\partial \sigma_{yy}}{\partial y} + \frac{\partial \tau_{yz}}{\partial z} \\ \rho \frac{dw}{dt} &= \frac{\partial \tau_{xz}}{\partial x} + \frac{\partial \tau_{yz}}{\partial y} + \frac{\partial \sigma_{zz}}{\partial z} \\ \frac{dE}{dt} &= \left[ \rho \frac{de}{dt} + u\rho \frac{du}{dt} + v\rho \frac{dv}{dt} + w\rho \frac{dw}{dt} \right] \Delta V \quad . \end{aligned}$$

Zum Beispiel gilt

$$u\rho \frac{du}{dt} = u \frac{\partial \sigma_{xx}}{\partial x} + u \frac{\partial \tau_{xy}}{\partial y} + u \frac{\partial \tau_{xz}}{\partial z} \quad ,$$

so dass sich

$$\begin{aligned} \frac{dW}{dt} \frac{1}{\Delta V} = &- u \frac{\partial \sigma_{xx}}{\partial x} - \sigma_{xx} \frac{\partial u}{\partial x} \dots \\ &- u \frac{\partial \tau_{xy}}{\partial y} - \tau_{yx} \frac{\partial u}{\partial y} \dots \\ &- u \frac{\partial \tau_{zx}}{\partial z} - \tau_{zx} \frac{\partial u}{\partial z} \dots \end{aligned}$$

$$\begin{aligned} \left( \frac{dE}{dt} + \frac{dW}{dt} \right) \frac{1}{\Delta V} = \rho \frac{de}{dt} &- \sigma_{xx} \frac{\partial u}{\partial x} - \tau_{xy} \frac{\partial v}{\partial x} - \tau_{xz} \frac{\partial w}{\partial x} \\ &- \tau_{yx} \frac{\partial u}{\partial y} - \sigma_{yy} \frac{\partial v}{\partial y} - \tau_{yz} \frac{\partial w}{\partial y} \\ &- \tau_{zx} \frac{\partial u}{\partial z} - \tau_{zy} \frac{\partial v}{\partial z} - \sigma_{zz} \frac{\partial w}{\partial z} \end{aligned}$$

ergibt.

Nach Einführung der Materialgleichungen, d. h. des Zusammenhangs zwischen Spannungs- und Verformungszustand, erhält man die Energiegleichung in folgender Form

$$\rho \frac{de}{dt} + p \operatorname{div} \vec{v} = \frac{\partial}{\partial x}\left(\lambda \frac{\partial T}{\partial x}\right) + \frac{\partial}{\partial y}\left(\lambda \frac{\partial T}{\partial y}\right) + \frac{\partial}{\partial z}\left(\lambda \frac{\partial T}{\partial z}\right) + \eta \Phi \qquad ,$$

wobei $\Phi$ die Dissipationsfunktion darstellt. Sie lautet für $\hat{\eta} = 0$

$$\begin{aligned}\Phi = & 2\left[\left(\frac{\partial u}{\partial x}\right)^2 + \left(\frac{\partial v}{\partial y}\right)^2 + \left(\frac{\partial w}{\partial z}\right)^2\right] + \left(\frac{\partial v}{\partial x} + \frac{\partial u}{\partial y}\right)^2 + \left(\frac{\partial w}{\partial y} + \frac{\partial v}{\partial z}\right)^2 + \left(\frac{\partial u}{\partial z} + \frac{\partial w}{\partial x}\right)^2 \\ & - \frac{2}{3}\left(\frac{\partial u}{\partial x} + \frac{\partial v}{\partial y} + \frac{\partial w}{\partial z}\right)^2 \qquad .\end{aligned}$$

Die Dissipationsfunktion, die stets positiv ist, beschreibt wieviel mechanische Energie irreversibel in thermische Energie umgewandelt wird.

Für ideale Gase kann die Energiegleichung umgeschrieben werden. Sowohl die innere Energie $e$ als auch die Enthalpie $h = e + p/\rho$ hängen im Falle eines idealen Gases nur von der Temperatur ab. Somit lauten die kalorischen Zustandsgleichungen eines idealen Gases

$$\begin{aligned} de &= \left(\frac{\partial e}{\partial T}\right)_{\frac{1}{\rho}} dT = c_v dT \\ dh &= \left(\frac{\partial h}{\partial T}\right)_p dT = c_p \, dT \qquad , \end{aligned}$$

wobei $c_p, c_v$ die spezifischen Wärmekapazitäten beschreiben; $c_p, c_v$ sind vorstellbar als diejenige Wärme oder Dissipationsarbeit, mit der die Temperatur von 1 kg eines Stoffes, der keine Aggregatzustandsänderung erfährt, um 1 K erhöht werden kann. Sofern das Volumen konstant ist, ist $c_v$ zu verwenden, bei konstantem Druck $c_p$.

Berücksichtigt man die Kontinuitätsgleichung

$$\frac{\partial \rho}{\partial t} + \frac{\partial}{\partial x}(\rho\, u) + \frac{\partial}{\partial y}(\rho\, v) + \frac{\partial}{\partial z}(\rho\, w) = 0 \qquad ,$$

ergibt sich für div $\vec{v}$

$$\operatorname{div} \vec{v} = \frac{\partial u}{\partial x} + \frac{\partial v}{\partial y} + \frac{\partial w}{\partial z} = -\frac{1}{\rho}\frac{d\rho}{dt} \qquad .$$

Aus der Definition der Enthalpie erhält man

$$dh = de + d\left(\frac{p}{\rho}\right)$$
$$c_p\, dT = c_v\, dT + d\left(\frac{p}{\rho}\right) \quad .$$

Umgestellt nach $de/dt$ ergibt sich

$$\frac{de}{dt} = \frac{dh}{dt} - \frac{d\left(\frac{p}{\rho}\right)}{dt} = c_p \frac{dT}{dt} - \frac{1}{\rho}\left[\frac{dp}{dt} - \frac{p}{\rho}\frac{d\rho}{dt}\right] \quad .$$

Eingesetzt in die Energiegleichung wird die Form bestimmt

$$\rho\, c_p \frac{dT}{dt} = \frac{dp}{dt} + \left[\frac{\partial}{\partial x}\left(\lambda \frac{\partial T}{\partial x}\right) + \frac{\partial}{\partial y}\left(\lambda \frac{\partial T}{\partial y}\right) + \frac{\partial}{\partial z}\left(\lambda \frac{\partial T}{\partial z}\right)\right] + \eta \Phi \quad ,$$

in der die Änderung der Gastemperatur durch die zeitliche Änderung des Druckes, die Divergenz des Wärmeflusses und die Dissipationsfunktion ausgedrückt wird.

Bei vielen Untersuchungen in dem Gebiet der numerischen Strömungsmechanik (Computational Fluid Dynamics, CFD) wird auf die konservative Form der Energiegleichung zurückgegriffen.

$$\begin{aligned}
\frac{\partial E}{\partial t} + \frac{\partial}{\partial x}[u(E+p)] + \frac{\partial}{\partial y}[v(E+p)] + \frac{\partial}{\partial z}[w(E+p)] = \\
\frac{\partial}{\partial x}[u\tau_{xx} + v\tau_{xy} + w\tau_{xz} - q_x] + \\
\frac{\partial}{\partial y}[u\tau_{xy} + v\tau_{yy} + w\tau_{yz} - q_y] + \\
\frac{\partial}{\partial z}[u\tau_{xz} + v\tau_{yz} + w\tau_{zz} - q_z] \quad .
\end{aligned}$$

Häufig wird die Ruheenthalpie oder Gesamtenthalpie

$$H = h + \frac{||\vec{v}||^2}{2}$$

eingeführt; sie ist in stationären Strömungen bei Vernachlässigung der Volumenkräfte konstant, sofern Wärmeleitung und Reibung verschwinden oder sich kompensieren.

$$\rho H = \rho \left( h + \frac{||\vec{v}||^2}{2} \right) = \rho \left( \frac{p}{\rho} + e + \frac{||\vec{v}||^2}{2} \right)$$

$$\rho H = p + \rho \left( e + \frac{||\vec{v}||^2}{2} \right)$$

$$\rho H = p + E$$

Somit können die Terme der 1. Ableitungen in der konservativen Form der Energiegleichung als

$$\frac{\partial}{\partial x}(\rho u H) + \frac{\partial}{\partial y}(\rho v H) + \frac{\partial}{\partial z}(\rho w H)$$

geschrieben werden.

## 4.6 Zusammenfassung der Erhaltungsgleichungen

In der Literatur werden die Erhaltungsgleichungen der Masse, des Impulses und der Energie häufig in Vektorschreibweise angegeben. Unter Berücksichtigung des Gradienten- bzw. Nabla-Operators ergeben sich folgende Formen

Kontinuitätsgleichung:

$$\frac{\partial \rho}{\partial t} + \vec{\nabla} \cdot (\rho \, \vec{v}) = 0$$

oder

$$\frac{d\rho}{dt} + \rho \, \vec{\nabla} \cdot \vec{v} = 0$$

Impulsgleichung:

Mit dem Spannungstensor $\tau$

$$\tau = \begin{pmatrix} \sigma_x & \tau_{xy} & \tau_{xz} \\ \tau_{yx} & \sigma_y & \tau_{yz} \\ \tau_{zx} & \tau_{zy} & \sigma_z \end{pmatrix} \quad ,$$

wobei die Druckanteile von den Normalspannungen $\sigma_{xx}, \sigma_{yy}, \sigma_{zz}$ getrennt worden sind,

$$\sigma_x = \sigma_{xx} + p = \eta \left( 2\dot{\varepsilon}_x - \frac{2}{3}\text{div } \vec{v} \right) + \hat{\eta} \text{ div } \vec{v}$$

$$\sigma_y = \sigma_{yy} + p$$

$$\sigma_z = \sigma_{zz} + p$$

lauten die Navier-Stokes-Gleichungen

$$\rho \frac{d\vec{v}}{dt} = \rho\vec{g} - \vec{\nabla} p + \vec{\nabla} \cdot \tau$$

oder

$$\rho \left( \frac{\partial \vec{v}}{\partial t} + (\vec{v} \cdot \vec{\nabla})\vec{v} \right) = \rho\vec{g} - \vec{\nabla} p + \vec{\nabla} \cdot \tau$$

oder

$$\frac{\partial}{\partial t}(\rho\vec{v}) + \vec{\nabla} \cdot (\rho\vec{v}\vec{v}) = \rho\vec{g} - \vec{\nabla} p + \vec{\nabla} \cdot \tau \qquad .$$

Der Ausdruck $\vec{v}\vec{v}$ stellt das dyadische Produkt

$$\vec{v}\vec{v} = \begin{pmatrix} u^2 & uv & uw \\ vu & v^2 & vw \\ wu & wv & w^2 \end{pmatrix}$$

dar. Bei Strömungen inkompressibler Fluide mit $\eta$ =konst lauten die Gleichungen

$$\rho \frac{d\vec{v}}{dt} = \rho\vec{g} - \vec{\nabla} p + \eta \nabla^2 \vec{v} \qquad .$$

Sind die Strömungen zusätzlich stationär, ergibt sich die Form

$$\rho(\vec{v} \cdot \vec{\nabla})\vec{v} = \rho\vec{g} - \vec{\nabla} p + \eta \nabla^2 \vec{v} \qquad .$$

Energiegleichung:

Vernachlässigt man die innere Wärmeerzeugung lautet die Gleichung für die Gesamtenergie $E = \rho\left(e + ||\vec{v}||^2/2\right)$

$$\frac{\partial E}{\partial t} + \vec{\nabla} \cdot (E\vec{v}) = \rho\vec{g} \cdot \vec{v} - \vec{\nabla} \cdot \vec{q} - \vec{\nabla} \cdot (p\vec{v}) + \vec{\nabla} \cdot (\tau \cdot \vec{v})$$

oder nach Verwendung der Kontinuitätsgleichung

$$\rho\frac{d}{dt}\left(e + \frac{||\vec{v}||^2}{2}\right) = \rho\vec{g} \cdot \vec{v} - \vec{\nabla} \cdot \vec{q} - \vec{\nabla} \cdot (p\vec{v}) + \vec{\nabla} \cdot (\tau \cdot \vec{v}) \qquad .$$

Die Gleichung für die Gesamtenthalpie ist

$$\rho\frac{dH}{dt} = \rho\vec{g} \cdot \vec{v} + \frac{\partial p}{\partial t} - \vec{\nabla} \cdot \vec{q} + \vec{\nabla} \cdot (\tau \cdot \vec{v}) \qquad ,$$

da

$$\frac{d}{dt}\left(e + \frac{||\vec{v}||^2}{2}\right) = \frac{dH}{dt} - \frac{1}{\rho}\left(\frac{\partial p}{\partial t} + \vec{\nabla} \cdot (p\vec{v})\right) \qquad .$$

Für die innere Energie erhält man

$$\rho\frac{de}{dt} = -\vec{\nabla} \cdot \vec{q} - p\,\vec{\nabla} \cdot \vec{v} + \tau \cdot \vec{\nabla}\vec{v} \qquad ,$$

wobei

$$\begin{aligned}
\tau \cdot \vec{\nabla}\vec{v} =& \sigma_x\frac{\partial u}{\partial x} + \tau_{xy}\frac{\partial u}{\partial y} + \tau_{xz}\frac{\partial u}{\partial z} + \tau_{yx}\frac{\partial v}{\partial x} + \sigma_y\frac{\partial v}{\partial y} + \tau_{yz}\frac{\partial v}{\partial z} + \tau_{zx}\frac{\partial w}{\partial x} \\
&+ \tau_{zy}\frac{\partial w}{\partial y} + \sigma_z\frac{\partial w}{\partial z} \\
=& \sigma_x\frac{\partial u}{\partial x} + \sigma_y\frac{\partial v}{\partial y} + \sigma_z\frac{\partial w}{\partial z} + \tau_{xy}\left(\frac{\partial u}{\partial y} + \frac{\partial v}{\partial x}\right) + \tau_{yz}\left(\frac{\partial v}{\partial z} + \frac{\partial w}{\partial y}\right) \\
&+ \tau_{zx}\left(\frac{\partial w}{\partial x} + \frac{\partial u}{\partial z}\right) \\
=& \eta\Phi
\end{aligned}$$

Für die innere Enthalpie gilt

$$\rho \frac{dh}{dt} = -\vec{\nabla} \cdot \vec{q} + \frac{dp}{dt} + \tau \cdot \vec{\nabla} \vec{v} \qquad .$$

Sofern ideales Gas mit $dh = c_p dT$ angenommen wird, erhält man die Form

$$\rho \, c_p \frac{dT}{dt} = -\vec{\nabla} \cdot \vec{q} + \frac{dp}{dt} + \tau \cdot \vec{\nabla} \vec{v} \qquad .$$

Die in den folgenden Betrachtungen zur Hydrostatik und Hydrodynamik benötigten Gleichungen im Kontrollraum können unter Einführung geeigneter Voraussetzungen unmittelbar aus den für das Fluidelement abgeleiteten Erhaltungsgleichungen angegeben werden. Zum besseren Verständnis wird jedoch nochmals kurz auf die vereinfachte Herleitung eingegangen.

# 5 Hydrostatik

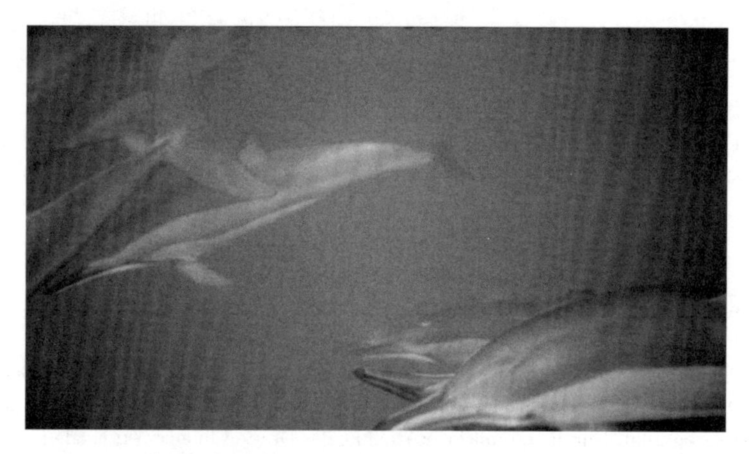

*Spielende Delphine in einem artgerechten Aquarium.*

In einem ruhenden Fluid wirken keine Tangentialspannungen. Die Kräfte zwischen benachbarten Oberflächen stehen jeweils normal zur Oberfläche. Wir werden zeigen, dass in einem solchen Fall die Oberflächenkraft pro Einheitsfläche, die als Druck bezeichnet wird, für alle Richtungen gleich ist.

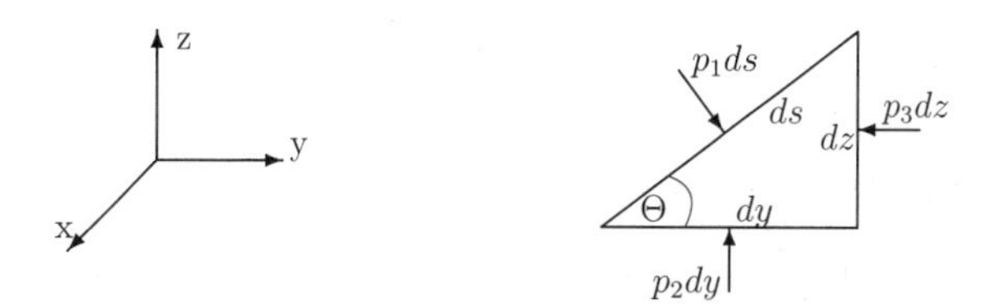


Gegeben ist ein dreieckiges Volumenelement der Dicke eins in $x$-Richtung. Die Größen $p_1, p_2$ und $p_3$ sind die Drücke auf den Seiten mit der Länge $ds$, $dy$, $dz$. Neben den Oberflächenkräften wirkt noch die Gewichtskraft, so dass das Kräftegleichgewicht in $y$- und $z$-Richtung folgendermassen formuliert werden kann.

$$
\begin{aligned}
(p_1\, ds)\, \sin\Theta \quad - \quad p_3\, dz \quad &= \quad 0 \\
-(p_1\, ds)\, \cos\Theta \quad + \quad p_2\, dy \quad - \quad \frac{1}{2}\, \rho\, g\, dy\, dz \quad &= \quad 0
\end{aligned}
$$

Mit $dz = ds\, \sin\Theta$ erhält man aus der ersten Gleichung $p_1 = p_3$, und aus der zweiten Gleichung folgt mit $ds \cos\Theta = dy$

$$
p_2 - p_1 - \frac{1}{2}\, \rho\, g\, dz = 0 \, .
$$

Lässt man das Dreieckselement zu einem Punkt degenerieren, entfällt der Term der Volumenkraft, so dass $p_1 = p_2$ gilt. Insgesamt ergibt sich somit, dass der Druck in einem Punkt in einem ruhenden Fluid unabhängig von der Richtung ist. Demnach ist der Druck eine skalare Größe. Dieser Zusammenhang ist als Pascalsches Gesetz bekannt. Um die räumliche Verteilung des Druckes in einem ruhenden Fluid zu beschreiben, betrachten wir ein infinitesimales würfelförmiges Element mit den Seitenlängen $dx$, $dy$, $dz$.

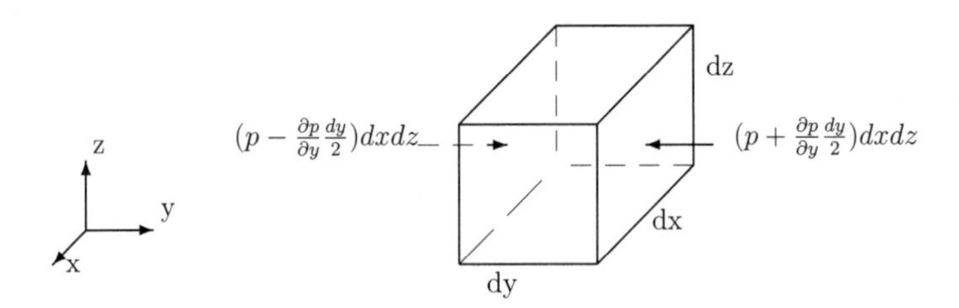


Das Kräftegleichgewicht in $x$- und $y$-Richtung ergibt

$$
\begin{aligned}
-\,(p + \frac{\partial p}{\partial x}\,\frac{dx}{2})\; dy\; dz \; + \; (p - \frac{\partial p}{\partial x}\,\frac{dx}{2})\; dy\; dz \; &= \; 0 \\
(p - \frac{\partial p}{\partial y}\,\frac{dy}{2})\; dx\; dz \; - \; (p + \frac{\partial p}{\partial y}\,\frac{dy}{2})\; dx\; dz \; &= \; 0 \quad ,
\end{aligned}
$$

so dass

$$
\frac{\partial p}{\partial x} = \frac{\partial p}{\partial y} = 0
$$

ist. Das heißt in $x$- und $y$-Richtung ist der Druck konstant. Das vertikale Gleichgewicht des Elements liefert

$$\left(p - \frac{\partial p}{\partial z}\frac{dz}{2}\right) dx\, dy - \left(p + \frac{\partial p}{\partial z}\frac{dz}{2}\right) dx\, dy - \rho\, g\, dx\, dy\, dz = 0 \qquad ,$$

bzw.

$$\frac{dp}{dz} = -\rho\, g\,.$$

Geht man von einem dichtebeständigen Fluid aus ($\rho$ = konst), erhält man unter Berücksichtigung von $g$ = konst nach der Integration die hydrostatische Grundgleichung

$$p = p_0 - \rho\, g\, z,$$

wobei $p_0$ der Druck an der Stelle $z = 0$ ist. Umstellung ergibt

$$p + \rho\, g\, z = p_0 = konst \qquad .$$

Man erkennt, dass in einem inkompressiblen Fluid der Druck linear mit der Tiefe variiert. In einer Tiefe $h$ unterhalb der Fluidoberfläche ist der Druck um $\rho\ g\ h$ gegenüber dem Druck an der Fluidoberfläche angestiegen, wobei $\rho\ g\ h$ dem Gewicht der Flüssigkeitssäule der Höhe $h$ und der Einheitsquerschnittsfläche entspricht.

Die Ableitung der differentiellen Form der hydrostatischen Grundgleichung kann für beliebige Beschleunigungsfelder durchgeführt werden. Man erhält für die Oberflächenkräfte in $x$-, $y$- und $z$-Richtung

$$\begin{aligned} dF_x &= -\frac{\partial p}{\partial x}\, dx\, dy\, dz \\ dF_y &= -\frac{\partial p}{\partial y}\, dx\, dy\, dz \\ dF_z &= -\frac{\partial p}{\partial z}\, dx\, dy\, dz \qquad . \end{aligned}$$

so dass die resultierende Oberflächenkraft

$$\begin{aligned} d\vec{F}_s &= dF_x\vec{i} + dF_y\vec{j} + dF_z\vec{k} \\ &= -(\frac{\partial p}{\partial x}\vec{i} + \frac{\partial p}{\partial y}\vec{j} + \frac{\partial p}{\partial z}\vec{k})\ dx\ dy\ dz \\ &= -\vec{\nabla} p\ dx\ dy\ dz \end{aligned}$$

geschrieben werden kann. Wendet man Newtons 2. Gesetz auf das Fluidelement an

$$\sum d\vec{F} = dm\ \vec{a}$$

und bedenkt, dass die Gewichtskraft des infinitesimalen Elements $dG = \rho g dx dy dz$ beträgt, ergibt sich eine allgemeine Bewegungsgleichung für ein Fluid, in dem keine Tangentialspannungen auftreten

$$\begin{aligned} d\vec{F}_s - dG\vec{k} &= dm\ \vec{a} \\ -\vec{\nabla} p\ dx\ dy\ dz - \rho\ g\ dx\ dy\ dz\vec{k} &= \rho\ dx\ dy\ dz\ \vec{a} \\ -\vec{\nabla} p - \rho\ g\vec{k} &= \rho\ \vec{a} \quad . \end{aligned}$$

Im Sonderfall eines ruhenden Fluids erhält man

$$\frac{dp}{dz} = -\rho\ g \quad .$$

Beispiel 1:

Zeigen Sie, dass der Flüssigkeitsanstieg in einem schmalen Rohr mit Radius $R$ durch

$$h = \frac{2\ \sigma\ \sin\alpha}{\rho\ g\ R}$$

gegeben ist, wobei $\sigma$ die Oberflächenspannung und $\alpha$ den Berührungswinkel beschreibt.

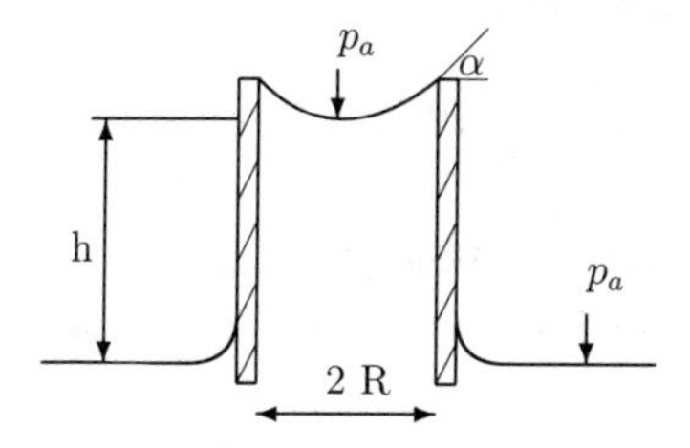


Lösung 1:

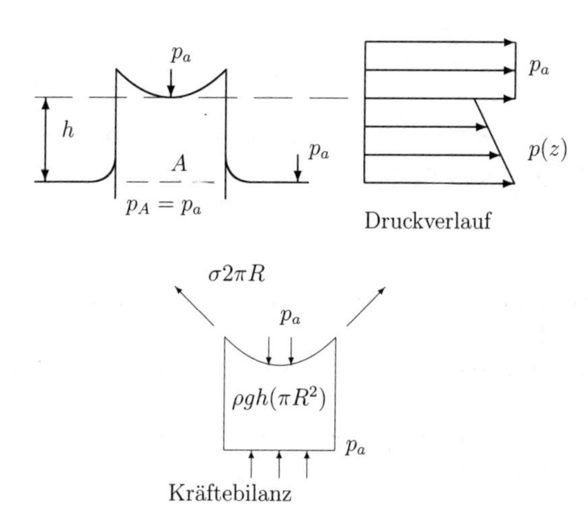


Das Kräftegleichgewicht in $z$-Richtung liefert

$$2\,\pi\,\sigma\,R\,\sin\alpha\;+\;p_a\,\pi\,R^2\;-\;p_a\,\pi\,R^2\;-\;\rho\,g\,h\,\pi\,R^2\;=0$$

$$\Rightarrow\quad h\;=\;\frac{2\,\sigma\;\sin\alpha}{\rho\,g\,R}\qquad.$$

Für ein ideales Gas lautet die allgemeine Form der allgemeinen thermischen Zustandsgleichung $\rho = \rho(p,T)$

$$\rho\;=\;\frac{p}{R\,T}\qquad.$$

mRT = pV

Eingesetzt in $dp/dz = -\rho g$ erhält man

$$\frac{dp}{dz} = -\frac{p\,g}{R\,T} \quad .$$

Nimmt man weiterhin eine isotherme Atmosphäre an, d. h. es wird von einer konstanten Temperatur $T = T_0$ zwischen $z_0$ und $z_1$ mit $z_1 > z_0$ ausgegangen, ergibt sich die barometrische Höhenformel

$$\int_{p_0}^{p_1} \frac{dp}{p} = \ln \frac{p_1}{p_0} = -\frac{g}{R\,T_0} \int_{z_0}^{z_1} dz = -\frac{g}{R\,T} (z_1 - z_0) \quad ,$$

bzw.

$$p_1 = p_0 \exp\left[-\frac{g}{R\,T_0} (z_1 - z_0)\right] \quad .$$

Im Folgenden wird die Anwendung der hydrostatischen Grundgleichung anhand einiger weiterer Beispiele erläutert.

Beispiel 2:

Eine Vakuumpumpe $V$ erzeugt ein Vakuum von 95 %, d. h. sie hält an der Saugseite einen Absolutdruck von 5 % des jeweiligen Atmosphärendrucks $p_a$ aufrecht. Die Pumpe ist an ein langes vertikales Rohr angeschlossen, das in ein Becken eintaucht.

a) Welche Höhe $h_1$ nimmt der Wasserspiegel im Rohr ein, wenn der Atmosphärendruck $p_a = 0.96$ bar beträgt?

b) Wie groß sind der Absolutdruck und der Überdruck auf dem Boden des Beckens?

Lösung 2:

a)

$$p_V = 0.05\, p_a$$

$$p_a = p_V + \rho\, g\, h_1$$

$$\Rightarrow h_1 = \frac{p_a - p_V}{\rho\, g} \quad .$$

b) $$p_B = p_a + \rho\, g\, h_2 \, .$$

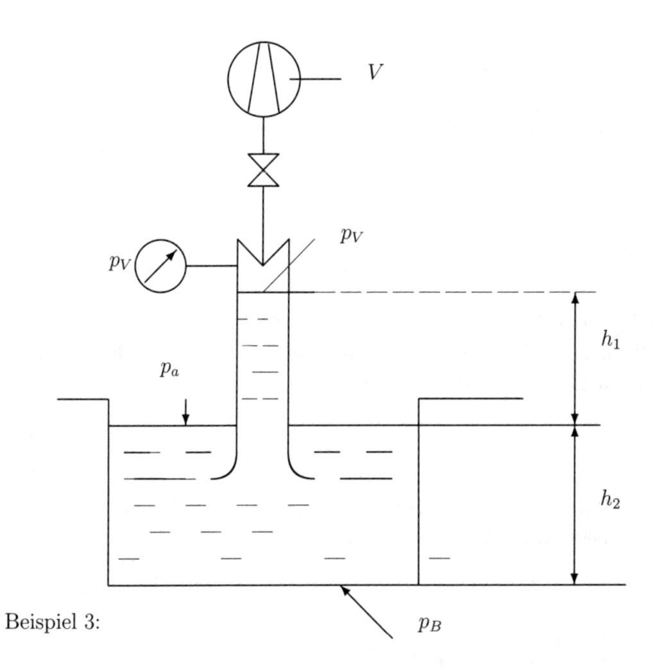


Beispiel 3:

Ein geschlossenes System ist mit einer Flüssigkeit, z. B. Öl, gefüllt. An beiden Enden der Einheit befinden sich Kolben, wobei die Querschnittsfläche $A_2 \gg A_1$ ist. Bestimmen Sie den Zusammenhang zwischen den Kräften $F_1$ und $F_2$ .

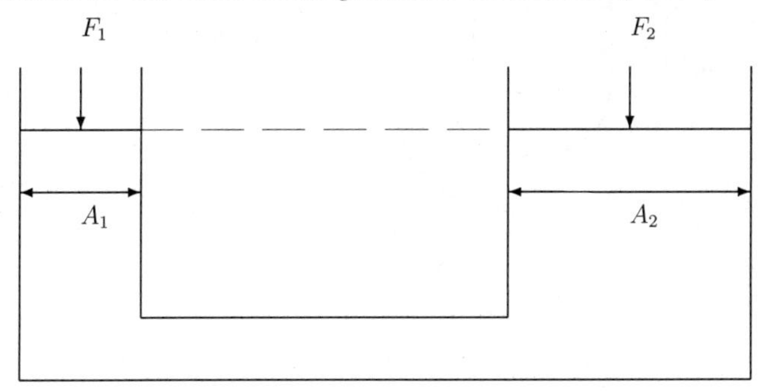

Lösung 3:

$$\begin{aligned} p_1 + \rho\, g\, z_1 &= p_2 + \rho\, g\, z_2 \\ \frac{F_1}{A_1} + \rho\, g\, z_1 &= \frac{F_2}{A_2} + \rho\, g\, z_2 \quad , \qquad z_1 = z_2 \\ F_2 &= \frac{A_2}{A_1} \cdot F_1 \qquad . \end{aligned}$$

Somit kann das Flächenverhältnis $A_2/A_1$ verwendet werden, um eine geringe Kraft in eine große Kraft umzuwandeln. Dieser Zusammenhang, der als hydraulische Presse bezeichnet wird, wird in vielen Hebevorrichtungen ausgenutzt.

Beispiel 4:

Mit Hilfe eines U-Rohres und einer Vergleichsflüssigkeit, deren Dichte $\rho_1$ bekannt ist, soll die Dichte einer Messflüssigkeit bestimmt werden.

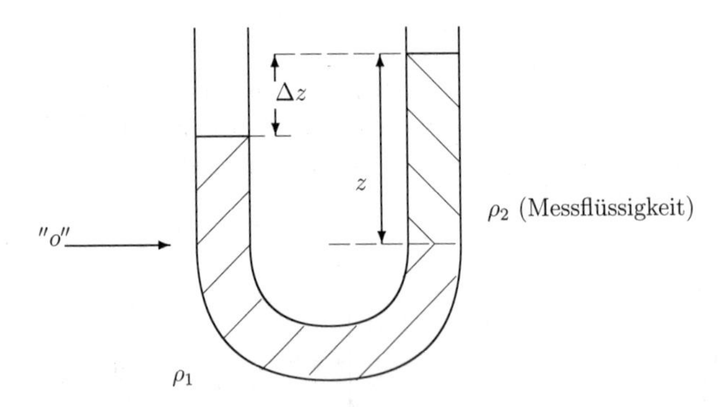


Lösung 4:

$$\begin{aligned} p_0 &= p_a + \rho_1\, g\, (z - \Delta z) = p_a + \rho_2\, g\, z \\ \Rightarrow \quad \rho_2 &= \rho_1\, \frac{z - \Delta z}{z} \qquad . \end{aligned}$$

Beispiel 5:

Bestimmen Sie den Auftrieb, der auf einen in ein Fluid getauchten Körper wirkt.

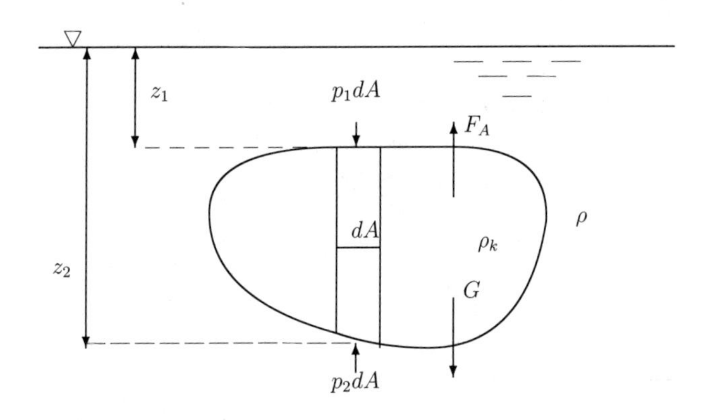


Lösung 5:

$$
\begin{aligned}
dF_A &= p_2\, dA - p_1\, dA \\
&= (p_a + \rho\, g\, z_2) dA - (p_a + \rho\, g\, z_1)\, dA \\
&= \rho\, g\, (z_2 - z_1)\, dA \\
F_A &= \rho\, g \int_A (z_2 - z_1) dA = \rho\, g\, V \qquad .
\end{aligned}
$$

Die Größe $V$ entspricht dem Volumen der vom Körper verdrängten Flüssigkeit. Im Falle $G = F_A$ schwimmt bzw. schwebt der Körper, für $G < F_A$ bzw. $G > F_A$ taucht er auf bzw. sinkt er ab.

Beispiel 6:

Gegeben sei ein mit Flüssigkeit gefülltes, oben offenes Gefäß. Bestimmen Sie die aus dem Flüssigkeitsdruck resultierende Kraft auf die geneigte Seitenwand des Behälters und den Angriffspunkt dieser Druckkraft.

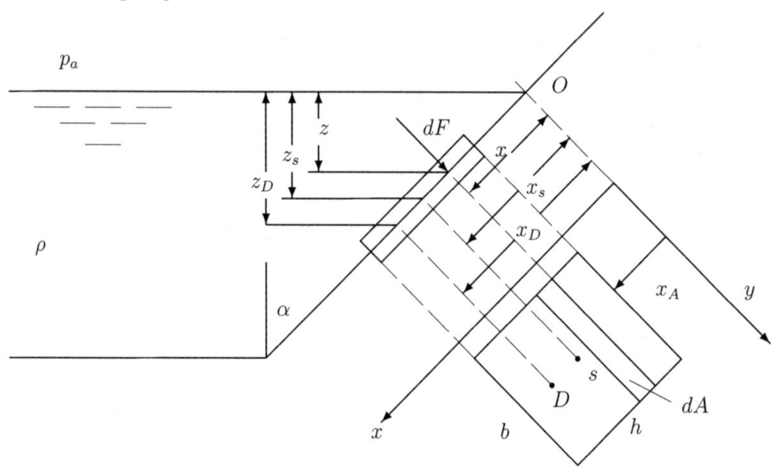


Lösung 6:

$$p = p_a + \rho\, g\, z = p_a + \rho\, g\, x\, \cos\alpha$$
$$dF = (p - p_a)\, dA = \rho\, g\, x\, \cos\alpha\, dA$$
$$F = \rho\, g \int_A x\, \cos\alpha\, dA \quad .$$

Mit dem statischen Moment bezogen auf $O$

$$\int x\, dA = x_s\, A$$

erhält man

$$F = \rho\, g\, x_s \, \cos\alpha\, A = \rho\, g\, z_s\, A = (p_s - p_a)\, A\,.$$

Somit ist die Flüssigkeitsdruckkraft das Produkt aus der Fläche $A$ und dem hydrostatischen Druck im Flächenschwerpunkt $\rho g z_s$ bzw. der im Flächenschwerpunkt wirkenden Druckdifferenz $(p_s - p_a)$. Die Druckverteilung ist jedoch nicht gleichförmig, sondern eine Funktion der Tiefe $z$. Daher entspricht der Angriffspunkt $D$ der auf die Wandfläche $A$ wirkenden Druckkraftresultierenden $F$ nicht dem Schwerpunkt $S$ der Wandfläche. Die Lage des Druckmittelpunkts $x_D$ erhält man aus dem Momentengleichgewicht um die $y$-Achse. Nach dem Momentensatz gilt

$$x_D \cdot F = \int_A x\, dF \quad .$$

Mit $dF = \rho\, g\, x\, \cos\alpha\, dA = \rho\, g\, z\, dA$ und $F = \rho\, g\, x_s\, \cos\alpha\, A = \rho\, g\, z_s\, A$ ergibt sich

$$\int x^2\, \rho\, g\, \cos\alpha\, dA = x_D\, x_s\, \rho\, g\, \cos\alpha\, A = I_y\, \rho\, g\, \cos\alpha \quad .$$

Führt man das Trägheitsmoment $I_y$ der Fläche $A$ bzgl. der $y$-Achse ein

$$I_y = \int x^2 dA = I_s + A\, x_s^2 \quad ,$$

wobei $I_s$ das axiale Flächenträgheitsmoment bzgl. der zu $y$ parallelen Achse durch $S$ ist, erhält man

$$x_D = \frac{I_y}{x_s\, A} = x_s + \frac{I_s}{x_s\, A} \quad .$$

Die Größen $I_s$ und $x_s$ sind immer positiv, so dass der Druckpunkt immer tiefer als der Schwerpunkt liegt ($x_D > x_s$). Für ein geneigtes Rechteck der Fläche $bh$, dessen Oberkante in $x$-Richtung den Abstand $x_A$ aufweist, folgt mit $I_s = h^3 b/12$ und $x_s = x_A + h/2$

$$F = \rho\, g \left( x_A + \frac{h}{2} \right) b\, h\, \cos\alpha$$

$$x_D = x_s + \frac{h^2}{12 x_s} \quad .$$

# 6 Kontinuitätsgleichung und Bernoulli-Gleichung

*Pitotrohr zur Geschwindigkeitsbestimmung an einem Verkehrsflugzeug.*

## 6.1 Kontinuitätsgleichung

Bei einer stationären Strömung durch eine Stromröhre kann keine Fluidmasse über die Mantelfläche ein- oder austreten. D. h. durch jeden Querschnitt einer Stromröhre strömt in der gleichen Zeit gleichviel Masse

$$\rho_1 \, v_1 \, A_1 \;=\; \rho_2 \, v_2 \, A_2 \;=\; \dot{m} \;=\; \text{konst} \qquad .$$

Dabei ist $A$ der Querschnitt der Stromröhre, $v$ die mittlere Geschwindigkeit in $A$, $\rho$ die Dichte des Fluids und $\dot{m}$ der Massenstrom. Für inkompressible Fluide lautet die Kontinuitätsgleichung

$$\rho \, v_1 \, A_1 \;=\; \rho \, v_2 \, A_2 \;=\; \dot{m} \;=\; \rho \, \dot{V} \qquad ,$$

wobei $\dot{V} \;=\; v \, A \;=\; \dot{m}/\rho$ als Volumenstrom bezeichnet wird.

Beispiel 1:

Durch eine Rohrleitung mit einem äußeren Durchmesser von 320 mm und 10 mm Wandstärke strömen 120000 kg/h Öl mit $\rho = 0.9$ kg/dm$^3$.

a ) Wie groß ist die Strömungsgeschwindigkeit?

b ) Welchen lichten Durchmesser muss die Rohrleitung aufweisen, wenn die Strömungsgeschwindigkeit 1 m/s betragen soll?

Lösung 1:

a)

$$\dot{V} = v\,A$$

$$v = \frac{\dot{V}}{A} = \frac{\dot{m}\,4}{\rho\,\pi\,d_i^2} = 0.524\,\frac{\mathrm{m}}{\mathrm{s}}$$

b)

$$\dot{V} = \mathrm{konst}$$

$$v_1 = v = 0.524\,\frac{\mathrm{m}}{\mathrm{s}} \quad , \; v_2 = 1\,\frac{\mathrm{m}}{\mathrm{s}}$$

$$\frac{\pi}{4}\,{d_1}^2\,v_1 = \frac{\pi}{4}\,{d_2}^2\,v_2 \quad , \; d_1 = 0.3\ \mathrm{m}$$

$$d_2 = d_1\sqrt{\frac{v_1}{v_2}} = 0.217\ \mathrm{m}$$

## 6.2 Bernoulli-Gleichung

Die Bernoulli-Gleichung wird mittels Anwendung des 2. Newtonschen Gesetzes

$$\sum d\vec{F} = dm\,\frac{d\vec{v}}{dt}$$

auf ein Flüssigkeitselement abgeleitet.

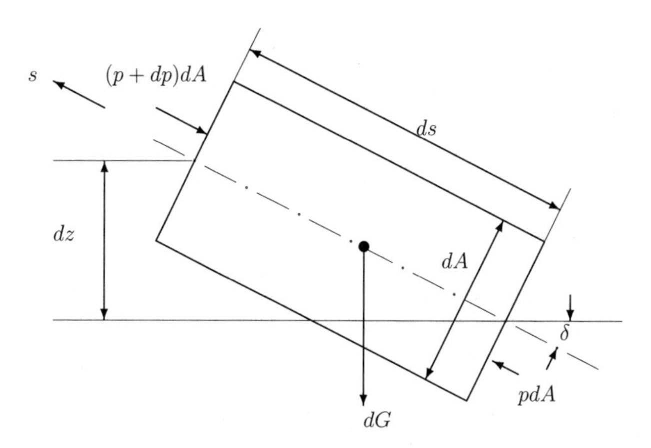


Unter Vernachlässigung der Reibungskräfte entspricht die Summe der äußeren Kräfte in Richtung $s$ des Stromfadenelements

$$\sum d\vec{F} \quad = \quad -\,dG\ \sin\delta\ +\ p\ dA\ -\ (p\ +\ dp)\ dA \qquad .$$

Berücksichtigt man

$$dG = g\ dm = \rho\ g\ ds\ dA$$

und

$$\sin\delta \ = \ \frac{dz}{ds} \qquad ,$$

ergibt sich

$$\rho\ ds\ dA\ \frac{dv}{dt} \quad = \quad -\,\rho\ g\ ds\ dA\ \frac{dz}{ds}\ -\ dp\ dA$$

bzw.

$$\rho\ \frac{dv}{dt} \ = \ -\,\rho\ g\ \frac{dz}{ds}\ -\ \frac{dp}{ds} \qquad .$$

Die Geschwindigkeit ist im allgemeinen Fall abhängig von der Zeit $t$ und dem Weg $s$, so dass man anhand von

$$dv = \frac{\partial v}{\partial t}\, dt + \frac{\partial v}{\partial s}\, ds$$

für die substantielle Beschleunigung

$$\frac{dv}{dt} = \frac{\partial v}{\partial t} + v\,\frac{\partial v}{\partial s} = \frac{\partial v}{\partial t} + \frac{\partial(\frac{v^2}{2})}{\partial s}$$

erhält. Dabei wird der erste Term als lokale und der zweite Ausdruck als konvektive Beschleunigung bezeichnet. Eingesetzt ergibt sich die Differentialgleichung

$$\rho\,\frac{\partial v}{\partial t} + \frac{\rho}{2}\,\frac{\partial v^2}{\partial s} + \frac{dp}{ds} + \rho\, g\,\frac{dz}{ds} = 0 \quad .$$

Geht man von einer stationären Strömung eines dichtebeständigen Fluids aus, liefert die Integration die Energiegleichung strömender Fluide, die als Bernoulli-Gleichung bezeichnet wird.

$$p + \frac{\rho}{2}\, v^2 + \rho\, g\, z = \text{konst} \quad .$$

In dieser Gleichung wird $p$ als statischer Druck, der gesamte Ausdruck $p + \rho/2\, v^2 + \rho g z$ als Gesamt- oder Totaldruck und der Term $\rho/2\, v^2$ als dynamischer Druck oder Staudruck bezeichnet. Dividiert man die Bernoulli-Gleichung durch das Produkt $\rho\, g$, ermittelt man die Form

$$z + \frac{p}{\rho g} + \frac{v^2}{2g} = \text{konst} \quad ,$$

so dass die Einzelglieder Höhengrößen darstellen. Im Einzelnen bedeuten $z$ die geodätische Höhe, d. h. die Höhe über einer beliebig gewählten Bezugsebene, $p/\rho g$ die Druckhöhe, sie entspricht der Höhe, die eine Flüssigkeitssäule mit der Dichte $\rho$ haben muss, damit sie auf ihre Unterlage den Druck $p$ ausübt, und $v^2/2g$ die Geschwindigkeitshöhe, die die Höhe darstellt, die ein Körper im reibungslosen, freien Fall zurücklegen muss, um die Geschwindigkeit $v$ zu erlangen.

Die Anwendung der Bernoulli-Gleichung erfolgt i. a. derart, dass man die Summe der drei Energieformen für zwei zur Lösung des Problems geeignet gewählte Punkte aufstellt und gleichsetzt. Diese beiden Punkte müssen auf derselben Stromlinie liegen, da die Bernoulli-Konstante auf verschiedenen Stromlinien unterschiedliche Werte annehmen kann.

## 6.3 Anwendungen

Nach der Definition einiger Begriffe wird auf Beispiele eingegangen, die in unmittelbarem Zusammenhang mit der Bernoulli-Gleichung stehen.

Statischer Druck: Der statische Druck kann von einem ruhenden „Beobachter" - einer Messeinrichtung - an einem bestimmten Ort in der Strömung gemessen werden, wenn deren Öffnung normal zu den Stromlinien liegt und die Strömung durch die Sonde möglichst wenig gestört wird.

Meist ist der statische Druck an bestimmten Stellen einer Körperoberfläche oder in einem Rohr von Interesse. Dabei genügen i. a. sorgfältig entgratete Wandbohrungen zur Druckmessung.

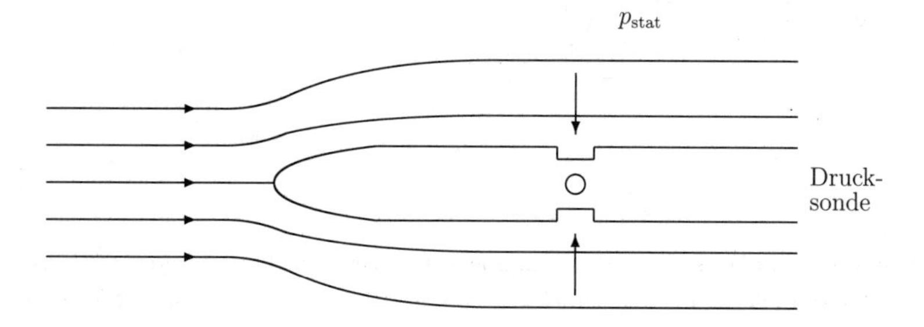

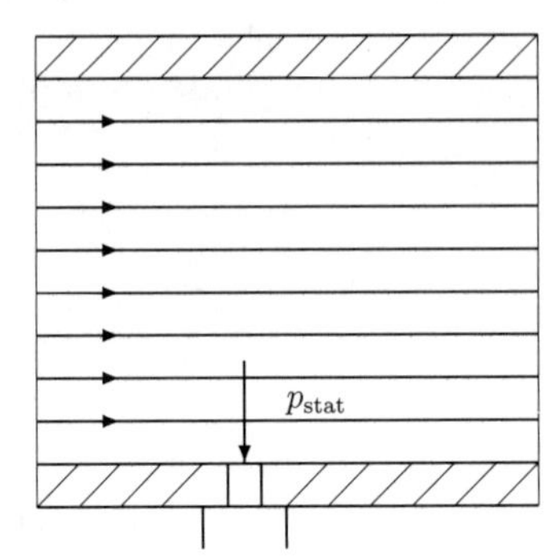


Gesamtdruck: Der Gesamtdruck kann mit Hilfe eines Pitotrohrs gemessen werden. Formuliert man die Bernoulli-Gleichung entlang der horizontalen Staustromlinie, entspricht der Druck im Staupunkt, in dem die Geschwindigkeit verschwindet, der Summe aus statischem und Staudruck, d. h. in diesem Fall dem Gesamtdruck

$$p_{\text{Ges}} = p_0 = p_2 = p_1 + \frac{\rho}{2} {v_1}^2 \quad .$$

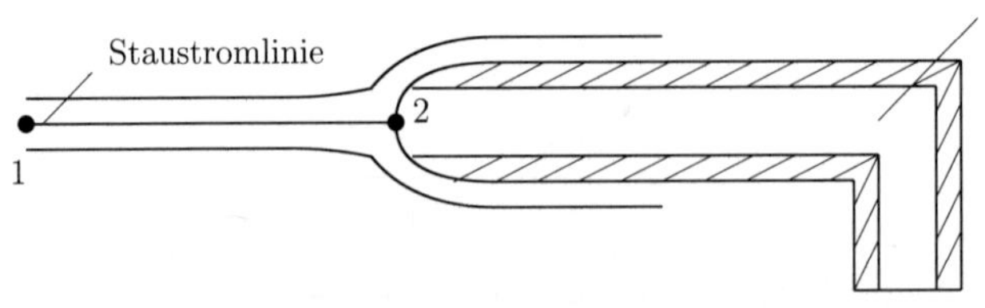


Staudruck: Zur Feststellung des Staudrucks ist außer dem Pitotrohr noch ein Gerät zur Messung des statischen Drucks, z. B. ein Piezometer, erforderlich. Der Staudruck ergibt sich dann als Differenz von Gesamtdruck und statischem Druck. Zur besseren Messung hat Prandtl Pitotrohr und Piezometer zum Prandtlschen Staurohr vereinigt.

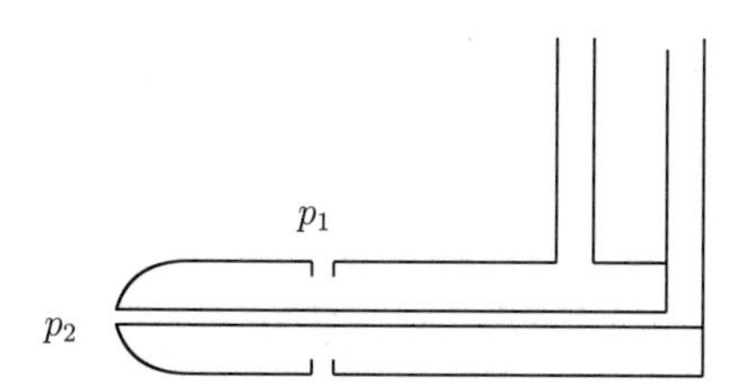


Prandtlrohr

Es ist

$$p_2 = p_1 + \frac{\rho}{2} {v_1}^2 \quad ,$$

so dass

$$q_1 = \frac{\rho}{2} {v_1}^2 = p_2 - p_1 \quad .$$

In der Messtechnik wird der Staudruck zur Ermittlung der Strömungsgeschwindigkeit herangezogen. Aus

$$p_2 - p_1 = \frac{\rho}{2} {v_1}^2 = \rho \, g \, \Delta z$$

folgt

$$v_1 = \sqrt{\frac{2(p_2 - p_1)}{\rho}} = \sqrt{2 \, g \, \Delta z} \quad .$$

Beispiel 2:

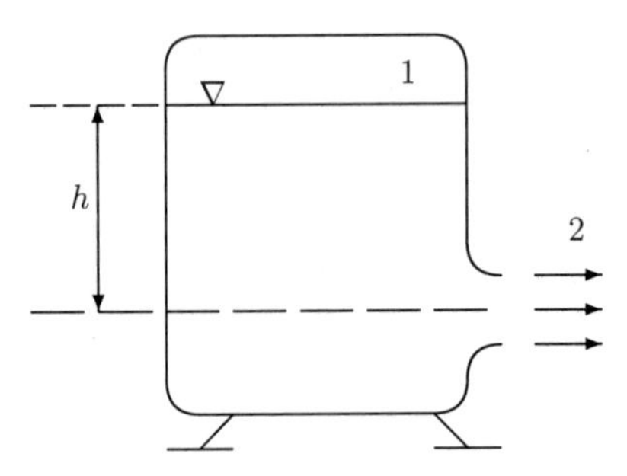


Für den skizzierten Druckbehälter soll eine Formel für die Ausflussgeschwindigkeit $v_2$ aufgestellt werden.

Lösung 2:

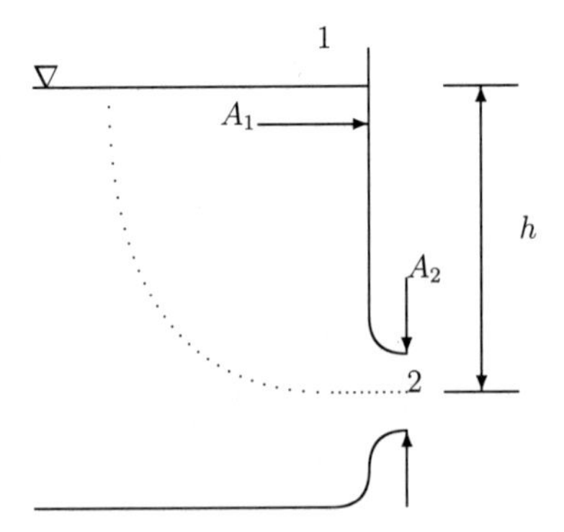

$$p_1 + \frac{\rho}{2}\,{v_1}^2 + \rho\, g\, h = p_2 + \frac{\rho}{2}\,{v_2}^2$$

$$v_1\, A_1 = v_2\, A_2 \qquad \Rightarrow \qquad v_1 = \frac{A_2}{A_1}\, v_2$$

$$\frac{\rho}{2}\, v_2^2 \left[ 1 - \left(\frac{A_2}{A_1}\right)^2 \right] = p_1 - p_2 + \rho\, g\, h$$

$$v_2 = \sqrt{\frac{2}{\rho}\, \frac{p_1 - p_2 + \rho\, g\, h}{\left[1 - \left(\frac{A_2}{A_1}\right)^2\right]}} \quad .$$

Mit $A_2 \ll A_1$ ist

$$1 - \left(\frac{A_2}{A_1}\right)^2 \approx 1 \quad ,$$

so dass im Falle $p_1 = p_2$

$$v_2 = \sqrt{2\, g\, h}$$

ist, was dem Torricellischen Theorem entspricht.

Beispiel 3:

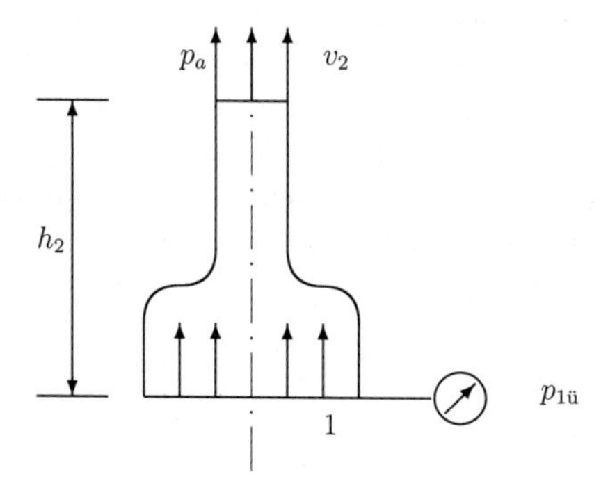

Für das skizzierte Spritzrohr ist die Ausströmgeschwindigkeit unter Berücksichtigung folgender Angaben zu berechnen: $p_{1ü} = 4$ bar, $h_2 = 0.2$ m, Benzin $\rho = 780$ kg / m$^3$, $d_1 = 10$ mm, $d_2 = 2$ mm. Dabei wird unter $p_{1ü}$ der Überdruck gegenüber $p_a$ verstanden.

Lösung 3:

$$
\begin{aligned}
p_{1ü} + \frac{\rho}{2} {v_1}^2 &= \frac{\rho}{2} {v_2}^2 + \rho\, g\, h_2 \\
v_1 \frac{\pi\, d_1^2}{4} &= v_2 \frac{\pi\, d_2^2}{4} \\
v_1 &= v_2 \left(\frac{d_2}{d_1}\right)^2 \\
v_2 &= \sqrt{\frac{\frac{2\, p_{1ü}}{\rho} - 2\, g\, h_2}{1 - (\frac{d_2}{d_1})^4}} \\
v_2 &= 32 \;\; \mathrm{m/s} \quad .
\end{aligned}
$$

Bisher sind wir davon ausgegangen, dass der Ausfluss durch gerundete Düsen erfolgt, so dass der Strahlquerschnitt $A_s$ und der Düsenquerschnitt $A$ übereinstimmen. Bei Ausfluss aus einem Behälter mit scharfkantiger Öffnung kann diese Annahme nicht zutreffen. Verlässt der Strahl die Lochkante, wirkt auf die Oberfläche sofort der Luftdruck $p_a$. Das Fluid kann nicht „um die Ecke" strömen, da die Wandstromlinie keinen Knick aufweisen kann. Vom Lochquerschnitt ausgehend nimmt der Strahl mit einer relativ starken Krümmung asymptotisch den Strahlquerschnitt $A_s$ ein. Man definiert die Strahlkontraktion bzw. die Kontraktionszahl $\Psi$ als

$$
\Psi = \frac{A_s}{A} \quad ,
$$

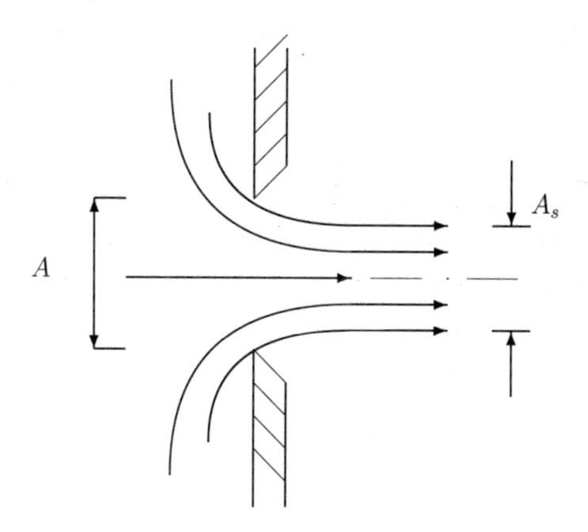


so dass $\Psi \leq 1$ gilt. Für lange schlitzartige Öffnungen, d. h. für eine ebene Strömung - sowie für kreisförmige Löcher ergeben Abschätzungen einen Wert

$$\Psi = \frac{\pi}{2 + \pi} = 0.611 \qquad ,$$

der auch im Experiment nahezu erreicht wird ($\Psi \approx 0.607$). Der Wert $\Psi \approx 1$ ist für gerundete Düsen gültig, während im Falle der Borda-Mündung die größte

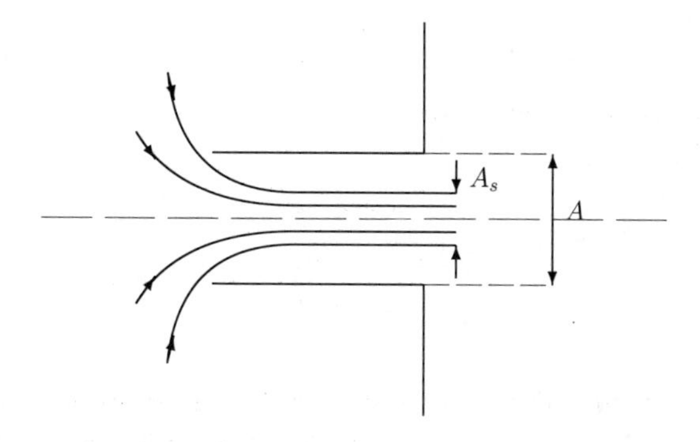

Strahlkontraktion mit $\Psi = 0.5$ beobachtet wird, so dass für den Wertebereich der Kontraktionszahl

$$0.5 \leq \Psi \leq 1$$

gilt. Diese Aussage ist unabhängig davon, ob ein Flüssigkeitsstrahl in Luft oder ruhendes Wasser eintritt. Im letzteren Fall löst sich der Strahl jedoch nach wenigen Öffnungsdurchmessern in einer turbulenten Mischungsbewegung im ruhenden Fluid auf.

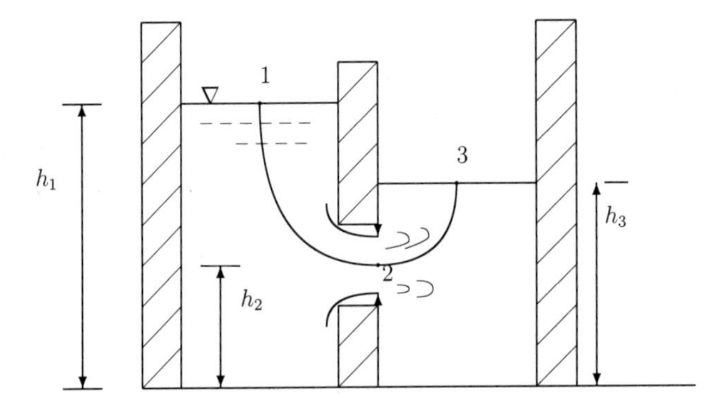


In obiger Darstellung kann die Bernoulli-Gleichung zwischen Punkt 1 und 2 angesetzt werden.

$$p_2 + \frac{\rho}{2} v_2^2 + \rho g h_2 = p_1 + \rho g h_1$$

In Verbindung mit der Kontraktionszahl $\Psi$ kann der Volumenstrom wie folgt berechnet werden

$$\begin{aligned} p_2 &= p_1 + \rho g (h_3 - h_2) \\ v_2 &= \sqrt{2 g (h_1 - h_3)} \\ \dot{V} &= \Psi A \sqrt{2 g (h_1 - h_3)} \end{aligned} ,$$

wobei sich der statische Druck im Punkt 2 aus dem hydrostatischen Grundgesetz ergibt. Zwischen Punkt 1 und Punkt 3 darf die Bernoulli-Gleichung keinesfalls verwendet werden, da die Strömung in diesem Gebiet nicht als reibungsfrei angesehen werden kann.

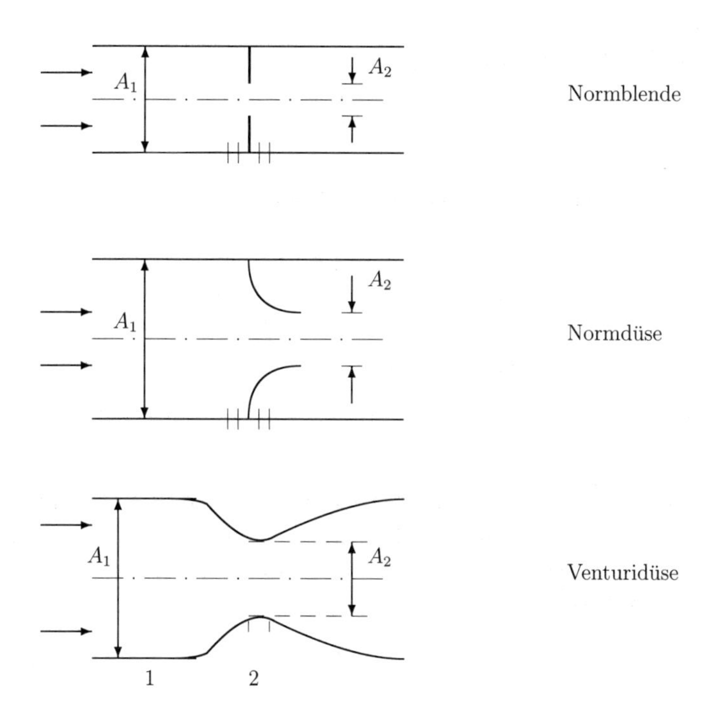


Zur Messung der Strömungsgeschwindigkeit und des Durchflussvolumens in Rohrleitungen verwendet man Drosselgeräte, deren Wirkung mit dem Kontinuitätssatz und der Bernoulli-Gleichung analysiert werden kann. Durch Drosselung bzw. Verengung des Rohrquerschnitts tritt ein statischer Druckabfall, auch Wirkdruck genannt, auf, der ein Mass für die Strömungsgeschwindigkeit und den Durchflussstrom ist. An der Drosselstelle entsteht infolge Ablösung und innerer Reibung ein Energieverlust, der rechnerisch auf die kinetische Energie der ungestörten Rohrströmung hinter der Messstelle bezogen wird. Berechnung und Konstruktion der Drosselgeräte sind in der DIN zusammengefasst.

Geht man von verlustfreier Strömung aus, so gilt

$$p_1 + \frac{\rho}{2}\, v_1^2 = p_2 + \frac{\rho}{2}\, v_2^2 \quad .$$

Führt man das Flächenverhältnis

$$m = \frac{A_2}{A_1}$$

ein, so erhält man für die Geschwindigkeit im Querschnitt $A_2$

$$v_2 = \sqrt{\frac{2\,(p_1 - p_2)}{\rho\,(1 - m^2)}} = \sqrt{\frac{2\,\Delta p_w}{\rho\,(1 - m^2)}}$$

bzw. für das theoretische Durchflussvolumen

$$\dot{V}_{\text{th}} = v_2\, A_2 \quad ,$$

wobei die Druckdifferenz $p_1 - p_2$ dem Wirkdruck $\Delta p_w$ entspricht. Der tatsächliche Volumenstrom $\dot{V}$ weicht abhängig von der Flüssigkeitsreibung, dem Flächenverhältnis, der Form der Verengung etc. von dem theoretischen Wert ab. Dies berücksichtigt man in der Durchflußzahl $\alpha$

$$\alpha = f(\text{Form},\ m,\ A_2,\ v_2,\ \rho,\ \eta)\ ,$$

so dass man den Durchfluss aus

$$\dot{V} = \alpha\, A_2 \sqrt{\frac{2\,\Delta p_w}{\rho}}$$

berechnet.

Rohrleitungsanlagen enthalten oft energieändernde Anlagenteile (Pumpen, Turbinen, Ventilatoren), die die Energie des strömenden Fluids erhöhen oder Arbeit entnehmen. Diese Zu- oder Abfuhr von Arbeit wird in der erweiterten Bernoulli-Gleichung durch ein Arbeitsglied berücksichtigt.

Die reale Strömung ist infolge von Reibung mit Arbeitsverlusten verbunden. Die Verluste werden in der erweiterten Bernoulli-Gleichung durch einen Verlustterm berücksichtigt. Setzt man voraus, dass die Strömung von „1“ nach „2“ erfolgt, ergänzt man die Glieder mit dem Index „1“ durch das Arbeitsglied $e_a$, wobei ein positives Vorzeichen bei einer Arbeitszufuhr verwendet wird, und die Terme mit dem Index „2“ durch das Verlustglied $e_v$ , welches nur positive Werte aufweist.

$$p_1 + \rho\, g\, h_1 + \frac{\rho}{2}\, v_1^2 + e_a = p_2 + \rho\, g\, h_2 + \frac{\rho}{2}\, v_2^2 + e_v \quad .$$

Wirkt sich eine Änderung der Arbeitsfähigkeit nur auf die Druckenergie bzw. auf den statischen Druck aus, wird der Anteil des Reibungsverlustes Druckverlust $\Delta p_v$ genannt. Der Ausdruck $\Delta p_v$ wird i. a. in Vielfachen des Staudrucks angegeben

$$\Delta p_v = \zeta\, \rho\, \frac{v^2}{2} \quad .$$

Die Verluste werden in Wandreibungsverluste für das gerade Rohr $\Delta p_{vR}$ und Verluste infolge Einbauten, Krümmung etc. $\Delta p_{vE}$ aufgespalten, so dass

$$\Delta p_{\mathrm{v}} = \Delta p_{\mathrm{vR}} + \Delta p_{\mathrm{vE}}$$

gilt.

Beispiel 4:

Es wird eine Wasserkraftanlage betrachtet, die im Turbinenbetrieb zur Stromerzeugung und im Pumpbetrieb zum Hochpumpen von Wasser für spätere Spitzenstromerzeugung eingesetzt werden kann. Von zwei Messstellen der Druckrohrleitung werden in der Fernmessstation die Überdrücke angezeigt. Diese Daten sind mit den geometrischen Werten in folgender Tabelle angegeben.

| Druck | $\phi$ | Höhe über Meeresspiegel |
|---|---|---|
| $p_1 = 9$ bar | $d_1 = 4.4$ m | $h_1 = 2200$ m |
| $p_2 = 48$ bar | $d_2 = 3.5$ m | $h_2 = 1830$ m |

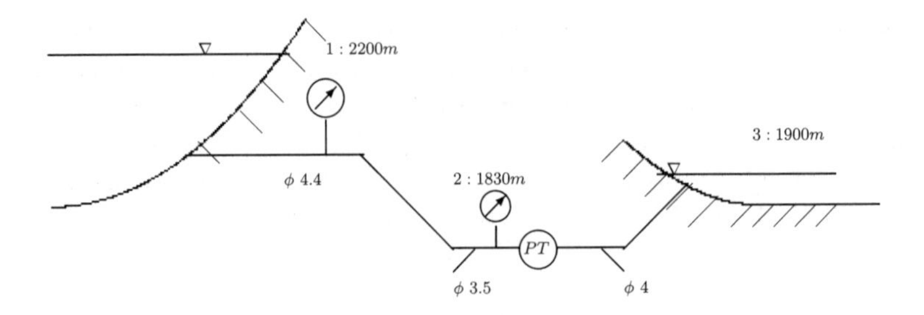


Der Volumenstrom beträgt $\dot{V} = 60$ m$^3$/s. Folgende Fragen sind zu beantworten:

a) Arbeitet die Anlage im Turbinen- oder Pumpbetrieb?

b) Wie groß sind die Verluste an mechanischer Energie zwischen den beiden Messstellen, ausgedrückt in Druckverlust $\Delta p_\text{v}$ und in Druckhöhenverlust $\Delta h_v = \Delta p_v / \rho g$?

c) Zwischen den Punkten 2 und 3 treten Reibungsverluste mit einem $\zeta$-Wert von 3.0 bezogen auf einen Rohrdurchmesser von $d = 4$ m auf. Wie groß ist die Turbinen- oder Pumpleistung an der Welle, wenn der Maschinenwirkungsgrad $\eta_p$ 90 % beträgt. Die Größe $\eta_p$ ist definiert als das Verhältnis von Zuwachs an mechanischer Leistung im Fluid im Maschinenaustritt gegenüber der Leistung im Maschineneintritt $P_h$ zu der an der Welle zugeführten Leistung $P_w$

$$\eta_p = \frac{P_h}{P_w} \quad .$$

Lösung 4:

a) Annahme: Turbinenbetrieb, Strömung erfolgt von 1 nach 2.

$$p_1 + \rho\, g\, h_1 + \frac{\rho}{2}\, v_1^2 = p_2 + \rho\, g\, h_2 + \frac{\rho}{2}\, v_2^2 + \Delta p_{v,1-2}$$

$$v_1 = \dot{V} \,/\, A_1 = 3.95 \text{ m / s}$$

$$v_2 = \dot{V} \,/\, A_2 = 6.24 \text{ m / s} \quad , \quad \rho = 1000 \text{ kg / m}^3$$

$$h_1 = 2200 \text{ m} \quad , \quad h_2 = 1830 \text{ m}$$

$$\Rightarrow \Delta p_{v,1-2} = -\ 2.82 \text{ bar}$$

$\Delta p_{v,1-2} \;<\; 0 \;\Rightarrow$ Die Annahme war falsch, denn der Druckverlust $\Delta p_v$ kann nur positiv sein, somit verläuft die Strömung von 2 nach 1, es herrscht Pumpbetrieb.

b)

$$\Delta p_{v,2-1} = 2.82 \cdot 10^5 \ \text{N} / \text{m}^2$$
$$\Delta h_v = \frac{\Delta p_v}{\rho\, g} = 28.7 \ \text{m} \quad .$$

c) Gesucht wird die an der Welle zugeführte Leistung $P_w$.

Bernoulli-Gleichung zwischen 3 und 1

$$p_3 + \rho\, g\, h_3 + \frac{\rho}{2}\, v_3^2 + Z = p_1 + \rho\, g\, h_1 + \frac{\rho}{2}\, v_1^2 + \Delta p_{v,2-1} + \Delta p_{v,3-2}$$

wobei $Z/\rho$ die pro kg Fluid übertragene mechanische Arbeit darstellt. Sie wird als Förderarbeit bezeichnet. Die hydraulische Leistung $P_h$ ergibt sich daraus zu

$$P_h = \dot{m}\, \frac{Z}{\rho} = \dot{V}\, Z \quad .$$

Da im Punkt 3 Atmosphärendruck herrscht und $p_1$ als Überdruck angegeben ist, wird $p_3 = 0$ gesetzt. Weiterhin ist $v_3$ aufgrund der großen Querschnittsfläche vernachlässigbar und für $\Delta p_{v,3-2}$ gilt

$$\Delta p_{v,3-2} = \zeta\, \frac{\rho}{2}\, v^2 \qquad \text{mit} \quad v = \frac{\dot{V}}{A} \quad .$$

Somit ist $Z = 4.167 \cdot 10^6$ N / m$^3$. Die dem Fluid zugeführte mechanische Leistung ist demnach

$$P_h = \dot{m} \left( \frac{Z}{\rho} \right) = \dot{V}\, Z = 250 \cdot 10^6 \ \text{Nm} / \text{s} = 250 \ \text{MW} \quad .$$

Die Umsetzung von mechanischer Energie von der Pumpenwelle bis zum Fluid erfolgt mit einem Wirkungsgrad von 90 %. Das heißt

$$P_w = \frac{P_h}{\eta_p} = 278 \ \text{MW} \quad .$$

Für die Verluste in der Pumpe erhält man

$$P_w - P_h = 28 \text{ MW} \quad .$$

Ist die Strömungsgeschwindigkeit entlang einer Stromlinie abhängig vom Ort und von der Zeit, zieht man zur Analyse der Strömung die Energiegleichung für instationäre Strömungen heran.

$$\rho \int \frac{\partial v}{\partial t}\, ds + p + \frac{\rho}{2} v^2 + \rho\, g\, z = f(t) \quad .$$

Strömungen, in denen das Integral über die lokale Beschleunigung klein im Vergleich zu den übrigen Termen ist, werden als quasistationär bezeichnet. Im Folgenden betrachten wir einige Beispiele eindimensionaler instationärer Strömungen.

Beispiel 5:

Der Entleerungsvorgang eines Wassertanks ist zu analysieren.

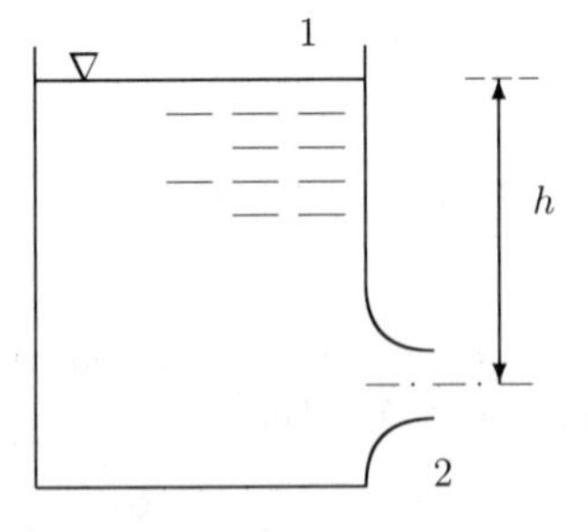

Lösung 5:

$$\begin{aligned}
\rho \int_1^2 \frac{\partial v}{\partial t} ds + p_2 + \frac{\rho}{2} v_2^2 &= p_1 + \frac{\rho}{2} v_1^2 + \rho g h \\
p_1 &= p_2 \\
\rho \int_1^2 \frac{\partial v}{\partial t} ds + \frac{\rho}{2} (v_2^2 - v_1^2) &= \rho g h \\
2 \int_1^2 \frac{\partial v}{\partial t} ds + v_2^2 - v_1^2 &= 2 g h \\
A_1 v_1 &= A_2 v_2 \quad .
\end{aligned}$$

Für den instationären Term gilt, dass der größte Teil der Stromlinie im Tank liegt, so dass die Beschleunigung durch $\partial v / \partial t \approx dv_1/dt$ abgeschätzt werden kann. Somit erhält man als Approximation für das Integral

$$\int_1^2 \frac{\partial v}{\partial t} ds \approx \int_1^2 \frac{dv_1}{dt} ds \approx \frac{dv_1}{dt} h \quad .$$

Weiterhin ist

$$\frac{dv_1}{dt} = \frac{A_2}{A_1} \frac{dv_2}{dt} \quad ,$$

da $A_2$, $A_1$ konstant sind, so dass

$$2 h \frac{A_2}{A_1} \frac{dv_2}{dt} + v_2^2 \left[ 1 - \left( \frac{A_2}{A_1} \right)^2 \right] = 2 g h(t) \quad .$$

Da $h = h(t)$ ist, ist die Differentialgleichung 1. Ordnung für $v_2(t)$ nicht unmittelbar lösbar, sondern nur unter Berücksichtigung von

$$h(t) = h_0 - \int_0^t v_1 \, dt \quad ,$$

wobei beide Gleichungen gleichzeitig zu lösen sind. Berücksichtigt man das Ergebnis für die Ausflussgeschwindigkeit bei stationärer Strömung

$$v_2 = \sqrt{2 g h}$$

kann man den Term $2hA_2/A_1 dv_2/dt$ abschätzen. Differentiation ergibt

$$\frac{dv_2}{dt} = \frac{g}{\sqrt{2\,g\,h}}\,\frac{dh}{dt} = -\,\frac{g}{\sqrt{2\,g\,h}}\,v_1 = -\,\frac{g}{\sqrt{2\,g\,h}}\,v_2\,\frac{A_2}{A_1}$$

$$2\,h\,\frac{A_2}{A_1}\,\frac{dv_2}{dt} = -\,v_2^2\left(\frac{A_2}{A_1}\right)^2 \quad .$$

Somit ist für $A_2 \ll A_1$ der $dv_2/dt$ - Term vernachlässigbar; man spricht in diesem Fall von quasistationärer Strömung. Mit Hilfe von

$$\frac{dh}{dt} = -\,v_1 = -\,\sqrt{2\,g\,h(t)}\,\frac{A_2}{A_1}$$

erhält man für die Ausflusszeit

$$T = -\,\frac{A_1}{A_2}\,\frac{1}{\sqrt{2\,g}}\int_h^0 \frac{dh}{\sqrt{h}}$$

$$T = \sqrt{\frac{2\,h}{g}\,\frac{A_1}{A_2}} \quad .$$

Beispiel 6:

Bestimmen Sie die Ausflussgeschwindigkeit in Abhängigkeit von der Zeit, wenn der Ausströmvorgang für den skizzierten Behälter zum Zeitpunkt $t = 0$ plötzlich in Gang gesetzt wird. Die Höhendifferenz $h$ kann aufgrund einer Zuflussregelung konstant angenommen werden.

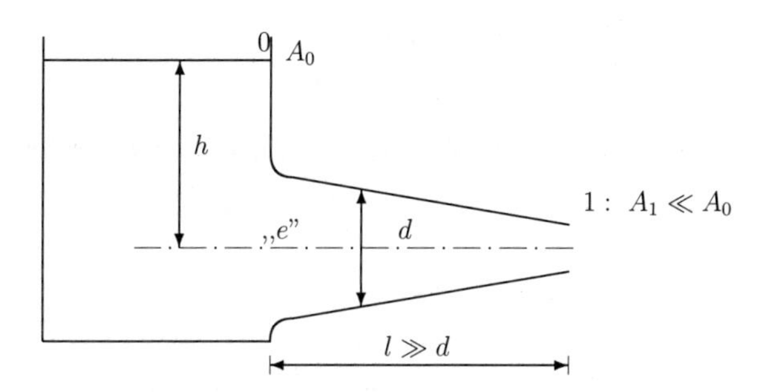


Lösung 6:

$$\rho \int_0^1 \frac{\partial v}{\partial t}\, ds + p_1 + \frac{\rho}{2} v_1^2 = p_0 + \frac{\rho}{2} v_0^2 + \rho\, g\, h$$

$$p_1 = p_0$$

$$v_0 \ll v_1 \ , \quad \text{da} \quad v_0 = v_1 \frac{A_1}{A_0}$$

$$\rho \int_0^1 \frac{\partial v}{\partial t}\, ds + \frac{\rho}{2} v_1^2 = \rho\, g\, h \qquad .$$

Im Folgenden wird der Integralausdruck analysiert.

$$v(s,t)\, A(s) = v_1(t)\, A_1$$

$$v(s,t) = v_1(t) \frac{A_1}{A(s)}$$

$$\frac{\partial v}{\partial t} = \frac{dv_1}{dt} \frac{A_1}{A(s)}$$

$$\int_0^1 \frac{\partial v}{\partial t}\, ds = \int_0^e \frac{\partial v}{\partial t}\, ds + \int_e^1 \frac{\partial v}{\partial t}\, ds$$

$$\int_0^e \frac{\partial v}{\partial t}\, ds \to 0$$

$$\int_e^1 \frac{\partial v}{\partial t}\, ds = \frac{dv_1}{dt} \int_e^1 \frac{A_1}{A(s)}\, ds = \frac{dv_1}{dt}\, \bar{l}$$

$$\frac{dv_1}{dt}\, \bar{l} + \frac{v_1^2}{2} = g\, h \quad .$$

Im Falle stationärer Ausströmung ist $v_{1,s} = \sqrt{2gh}$. Einsetzen ergibt

$$2\, \bar{l}\, \frac{dv_1}{dt} = v_{1,s}^2 - v_1^2$$

$$\frac{dv_1}{v_{1,s}^2 - v_1^2} = \frac{1}{2\, \bar{l}}\, dt$$

$$\frac{1}{2\, v_{1,s}} \ln \frac{v_{1,s} + v_1}{v_{1,s} - v_1} = \frac{1}{v_{1,s}} \tanh^{-1}\left(\frac{v_1}{v_{1,s}}\right) = \frac{t}{2\, \bar{l}}$$

$$v_1 = v_{1,s} \tanh\left(\frac{v_{1,s}\, t}{2\, \bar{l}}\right) \quad .$$

Beispiel 7:

In einem offenen U-Rohr befindet sich Wasser in Ruhe. Durch einen Druckstoß wird das Wasser um die Höhe $h$ aus der Gleichgewichtslage ausgelenkt und führt anschließend Schwingungen aus. Unter Berücksichtigung folgender Größen $a$, $b$, $r$, $h$, $d$ ist der Schwingungsverlauf zu bestimmen.

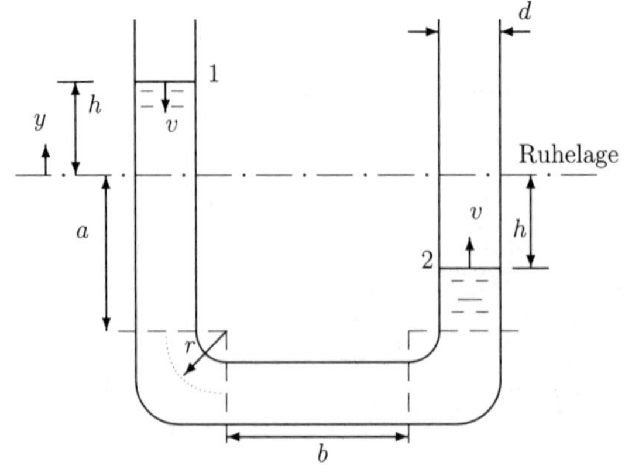

Lösung 7:

$$\rho \int_1^2 \frac{\partial v}{\partial t} ds + p_2 + \frac{\rho}{2} v_2^2 + \rho\, g\, y_2 = p_1 + \frac{\rho}{2} v_1^2 + \rho\, g\, y_1$$

$$p_1 = p_2$$

$$v_1^2 = v_2^2$$

$$y_1 = a + r + y$$

$$y_2 = a + r - y$$

$$\int_1^2 \frac{\partial v}{\partial t} ds = 2\, g\, y$$

$$d = \text{konst} \quad \Rightarrow \quad v = v(t)$$

$$2\, g\, y = \frac{dv}{dt} l \quad ,$$

wobei $l = 2\,a + b + \pi\, r$. Mit $v = -dy/dt$ ergibt sich

$$\frac{d^2y}{dt^2} + \frac{2\,g}{l} y = 0$$

$$\frac{d^2y}{dt^2} + \omega^2\, y = 0$$

die Schwingungsgleichung der harmonischen Bewegung. Die allgemeine Lösung lautet

$$y = A \cos(wt) + B \sin(wt)$$

bzw.

$$y = L \cos(\omega\, t - \Theta)$$

wobei

$$L = \sqrt{(A^2 + B^2)}, \qquad \tan\Theta = \frac{B}{A} \quad .$$

Ist zum Zeitpunkt $t = 0$ die Auslenkung $y = h$ und die Anfangsgeschwindigkeit $v = v_0$, ergibt sich

$$y = h \cos(\omega\, t) - \frac{v_0}{\omega} \sin(\omega\, t)$$

bzw.

$$y = \sqrt{h^2 + \frac{v_0^2}{\omega^2}} \cos(\omega\, t - \Theta)$$

mit

$$\Theta = \tan^{-1}\left(\frac{-v_0}{\omega\, h}\right) \quad .$$

Beispiel 8:

Aus einem offenen Behälter mit großer Oberfläche und konstantem Wasserstand zweigt 4.3 m unter dem Wasserspiegel eine waagerechte Leitung von 85 m Länge und 80 mm lichter Weite ab, die ins Freie mündet und durch einen Schieber abgesperrt ist. Die Widerstandszahl der Leitung einschließlich Rohrreibung ist $\zeta = 8.1$. Wie ändert sich die Geschwindigkeit mit der Zeit bis ein stationärer Strömungszustand erreicht worden ist, wenn der Schieber plötzlich voll geöffnet wird?

Lösung 8:

$$\rho \int_1^2 \frac{\partial v}{\partial t} ds + p_2 + \frac{\rho}{2} v_2^2 + \rho\, g\, z_2 + \Delta p_v = p_1 + \frac{\rho}{2} v_1^2 + \rho\, g\, z_1 \quad .$$

Der Index 1 bezeichnet die Behälteroberfläche, der Index 2 das Rohr.

$$z_2 = 0 \,, \qquad p_1 = p_2 = p_a \,, \qquad v_1 \approx 0$$

$$l = 85 \text{ m} \gg z_1 = 4.3 \text{ m} \gg d = 80 \text{ mm}$$

$$\int_1^2 \frac{\partial v}{\partial t} ds = \frac{dv_2}{dt}\, l$$

$$\Delta p_v = \zeta\, \rho\, \frac{v_2^2}{2}$$

$$l\, \frac{dv_2}{dt} + \frac{v_2^2}{2} (1 + \zeta) = g\, z_1$$

$$\frac{dv_2}{dt} = \frac{1}{l}\left[g\, z_1 - \frac{v_2^2}{2}(1+\zeta)\right] = \frac{1 + \zeta}{2\, l}\left[\frac{2\, g\, z_1}{1 + \zeta} - v_2^2\right]$$

$$\int_0^{v_2} \frac{dv}{\frac{2 g z_1}{1 + \zeta} - v^2} = \frac{1 + \zeta}{2\, l} \int_0^t dt$$

Mit $a_1^2 = 2\,g\,z_1/1 + \zeta$ ergibt sich

$$\frac{1}{2\,a_1}\ln\left(\frac{a_1 + v_2}{a_1 - v_2}\right) = \frac{1 + \zeta}{2\,l}\,t$$

$$t = \frac{1}{a_2}\ln\left(\frac{a_1 + v_2}{a_1 - v_2}\right) \quad ,$$

wobei $a_2 = a_1\,(1 + \zeta)/l$. Einige weitere Umformungen führen auf $v_2(t)$.

$$e^{a_2\,t} = \frac{a_1 + v_2}{a_1 - v_2}$$

$$v_2 = a_1\,\frac{1 - e^{-a_2\,t}}{1 + e^{-a_2\,t}} = \sqrt{\frac{2\,g\,z_1}{1 + \zeta}}\,\frac{1 - e^{-a_2\,t}}{1 + e^{-a_2\,t}} \quad .$$

Für $t \to \infty$ erhält man

$$v_{2,\infty} = a_1 = \sqrt{\frac{2\,g\,z_1}{1 + \zeta}} = 3.045\ \mathrm{m/s}$$

$$v_2 = v_{2,\infty}\,\frac{1 - e^{-a_2\,t}}{1 + e^{-a_2\,t}} \quad .$$

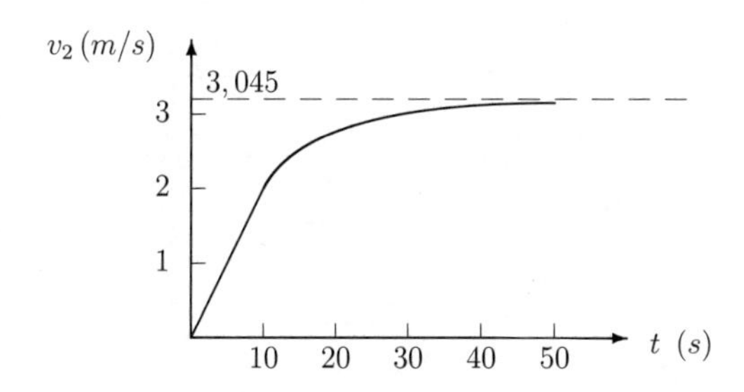

# 7 Impulssatz und Impulsmomentensatz

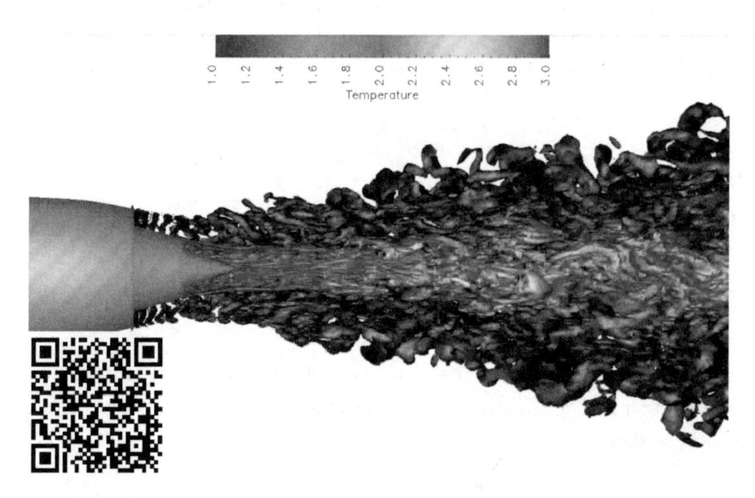


*Konturen des Wirbelvektors des Freistrahles hinter einem Bypass-Triebwerk. Stromab der Düse findet eine starke Vermischung des inneren Strahls, gekennzeichnet durch eine geringere Dichte und hohe Temperatur, mit dem äußeren Strahl statt. Bereiche ausgeprägter Geschwindigkeitsgradienten sind im Wesentlichen verantwortlich für die Lärmentstehung. (Das Urheberrecht des mit dem QR Code verbundenen Films liegt beim Aerodynamischen Institut der RWTH Aachen. Der QR Code ist ein eingetragenes Handelszeichen von DENSO WAVE INCORPORATED.)*

Für zahlreiche technische Maschinen und Anlagen benötigt man Angaben über Größe und Richtung der Kräfte, die ein strömendes Fluid auf die strömungsbegrenzenden Wände ausübt. Zum einen ist die von diesen Kräften ausgeführte Arbeit zu bestimmen, zum anderen sind Kenntnisse über die Kräfte erforderlich, um Material und Wandstärke zu ermitteln. Da im zweiten Newtonschen Gesetz ein Zusammenhang zwischen den Kräften und der Bewegung formuliert ist, basiert die folgende Betrachtung auf diesem Fundamentalgesetz.

## 7.1 Impulssatz

Das zweite Newtonsche Gesetz besagt, dass die zeitliche Änderung des Impulses eines Systems der Summe der auf das System wirkenden äußeren Kräfte entspricht. Da der Impuls gleich dem Produkt Masse mal Geschwindigkeit ist $\vec{I} = m\,\vec{v}$, gilt für ein kleines Masseteilchen $d\vec{I} = \vec{v}\,\rho\,dV$. Der Impuls des Systems lautet

$$\vec{I} = \int_{\text{sys}} \vec{v}\,\rho\,dV \quad ,$$

so dass Newtons-Gesetz folgende Form annimmt

$$\frac{d}{dt}\int_{\text{sys}} \vec{v}\rho\,dV = \sum \vec{F}_{\text{sys}} \quad .$$

Diese Aussage ist in einem Inertialsystem gültig. Stimmt zu einem Zeitpunkt ein Kontrollsystem und ein Kontrollvolumen überein, sind die jeweils wirkenden Kräfte identisch, so dass

$$\sum \vec{F}_{\text{sys}} = \sum \vec{F}_{\text{KV}} \quad .$$

Weiterhin erhält man aus dem Reynoldsschen Transporttheorem mit $B_{\text{sys}} = \vec{I}$ und $b = \vec{v}$

$$\frac{d}{dt}\int_{\text{sys}} \vec{v}\,\rho\,dV = \frac{\partial}{\partial t}\int_{\text{KV}} \vec{v}\,\rho\,dV + \int_{\text{KF}} \rho\,\vec{v}\,(\vec{v}\cdot\vec{n})\,dA \quad .$$

Somit ergibt sich für ein nichtbeschleunigtes, unverformbares Kontrollvolumen der Impulssatz

$$\frac{\partial}{\partial t}\int_{\text{KV}} \rho\,\vec{v}\,dV + \int_{\text{KF}} \rho\,\vec{v}\,(\vec{v}\cdot\vec{n})\,dA = \sum \vec{F}_{\text{KV}} \quad ,$$

d. h. die zeitliche Änderung des Impulses des Kontrollvolumens und der Nettoimpulsfluss durch die Kontrollfläche entsprechen der Summe der auf das Kontrollvolumen einwirkenden äußeren Kräfte. Sofern nichtinertiale Kontrollvolumina betrachtet werden, müssen Beschleunigungen wie Translations-, Coriolis- und Zentrifugalbeschleunigungen berücksichtigt werden.

Ist die Strömung stationär, entspricht das Oberflächenintegral über die Kontrollfläche der zeitlichen Änderung des Impulses

$$\frac{d\vec{I}}{dt} = \int_{\text{KF}} \rho\, \vec{v}\, (\vec{v} \cdot \vec{n}) dA = \sum \vec{F}_{\text{KV}} \quad .$$

Die äußeren Kräfte setzen sich aus Volumenkräften wie der Gravitationskraft

$$\vec{F}_{\text{g}} = \int_{\text{KV}} \rho\, \vec{g}\, dV$$

und den Oberflächenkräften, d. h. der Reibungskraft $\vec{F}_r$ und der Druckkraft $\vec{F}_p$, zusammen. Da die äußere Druckkraft normal zur Oberfläche und nach innen orientiert ist, die Einheitsnormale $\vec{n}$ jedoch nach außen weist, lautet die Druckkraft

$$\vec{F}_p = - \int_{\text{KF}} p\, \vec{n}\, dA \quad .$$

Liegt eine konstante Druckverteilung vor $p = p_a =$ konst, verschwindet die Druckkraft $\vec{F}_p$ unabhängig von der Form der Kontrollfläche. Schneidet die Kontrollfläche eine Halterung, wird eine Stützkraft $\vec{F}_s$ eingeführt, die die Kraft von einem festen Körper auf das strömende Fluid darstellt. Die Größe $\vec{F}_s$ ist nach dem Wechselwirkungsgesetz gleich der Kraft, die das Fluid auf den Körper ausübt. Somit erhält man den Impulssatz für stationäre Strömungen

$$\frac{d\vec{I}}{dt} = \int_{\text{KF}} \rho\, \vec{v}\, (\vec{v} \cdot \vec{n}\,)\, dA = \vec{F}_g + \vec{F}_s + \vec{F}_p + \vec{F}_r \quad .$$

Bei der Anwendung des Impulssatzes ist darauf zu achten, dass die Kontrollfläche beschränkt einfach zusammenhängend sein muss, damit die Lösung eindeutig ist.

## 7.2 Beispiele zum Impulssatz

Beispiel 1:

Ein ebener horizontaler Flüssigkeitsstrahl trifft unter einem Winkel $\beta$ auf eine Wand und wird nach beiden Seiten verlustlos umgelenkt. Bestimmen Sie die Stützkraft sowie die Strahlbreiten $b_2$ und $b_3$, sofern der Druck außerhalb des Strahles konstant ist, keine Verluste in der Strömung auftreten sowie $v_1$, $b_1$, $\rho$ und $\beta$ bekannt sind.

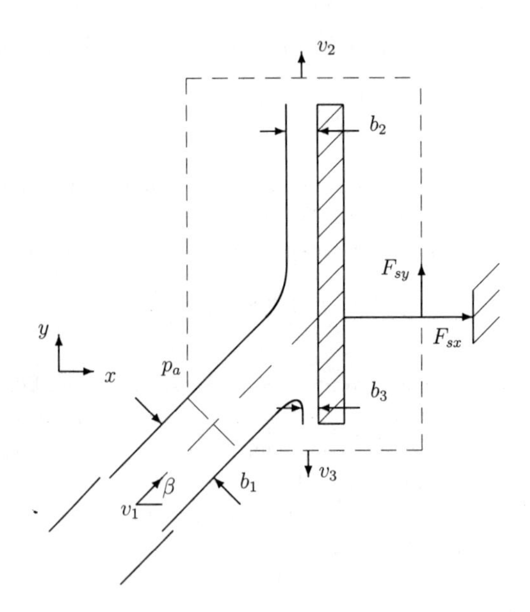


Lösung 1:

Die Bernoulli-Gleichung liefert

$$p_a + \frac{\rho}{2}\,v_1^2 = p_a + \frac{\rho}{2}\,v_2^2 = p_a + \frac{\rho}{2}\,v_3^2 \quad ,$$

so dass

$$v_1 = v_2 = v_3 \quad .$$

Die Kontinuitätsgleichung besagt

$$v_1\, b_1 \;=\; v_2\, b_2 \;+\; v_3\, b_3$$

bzw.

$$b_1 \;=\; b_2 \;+\; b_3 \qquad .$$

Die Komponenten der Stützkraft ergeben sich aus dem Impulssatz

$$\begin{aligned} -\rho\, v_1\, \cos\beta\, v_1\, b_1 \;+\; 0 &= F_{sx} \\ -\rho\, v_1\, \sin\beta\, v_1\, b_1 \;+\; \rho\, v_2^2\, b_2 \;-\; \rho\, v_3^2\, b_3 &= F_{sy} \;=\; 0 \qquad . \end{aligned}$$

Aus dem Impulssatz in $y$-Richtung folgt

$$-\, b_1\, \sin\beta \;+\; b_2 \;-\; b_3 \;=\; 0 \qquad .$$

Somit ist

$$-\, b_1\, \sin\beta \;+\; b_2 \;-\; b_1 \;+\; b_2 \;=\; 0$$

bzw.

$$\begin{aligned} b_2 &= \frac{b_1}{2}\,(1 \;+\; \sin\beta) \\ b_3 &= \frac{b_1}{2}\,(1 \;-\; \sin\beta) \qquad . \end{aligned}$$

Beispiel 2:

Aus einem Überdruckbehälter strömt Fluid gegen eine Prallplatte. Welche Kraft $F_p$ wirkt auf die Prallplatte, wenn das Fluid um 90° umgelenkt wird? Folgende Größen sind gegeben: $p_{1\ddot{u}} \;=\; 2$ bar, $d_2 \;=\; 5$ mm, Wasser.

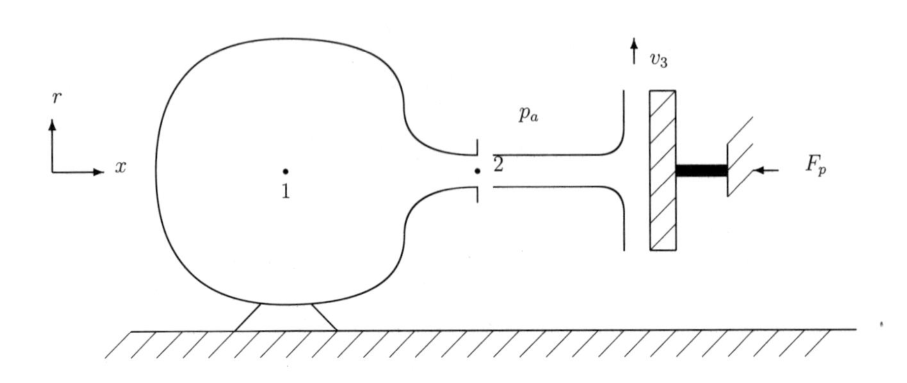


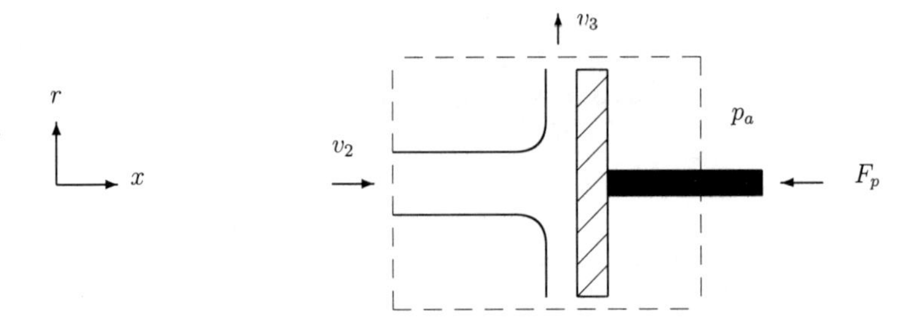


Lösung 2:

Aus dem Impulssatz in Strömungsrichtung folgt

$$-\rho\, v_2^2\, A_2 = -\, F_p$$
$$F_p = \dot{m}\, v_2 \quad .$$

Schneidet man den Flüssigkeitskörper und die Prallplatte frei, erhält man folgendes Bild.

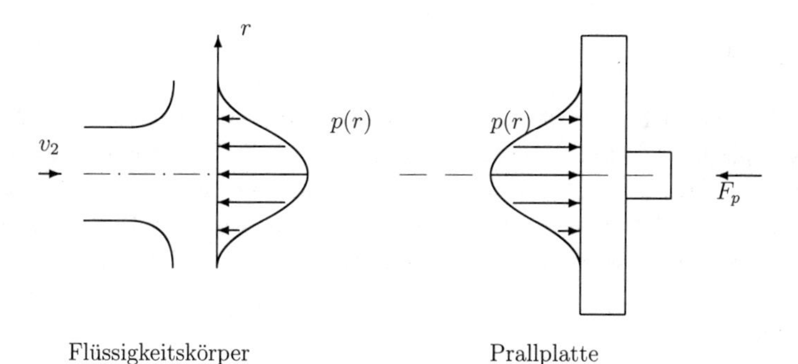


Der Strahl bewirkt infolge der Umlenkung eine bestimmte Druckverteilung, die die Kraft $F_p$ hervorruft. Ohne Verwendung des Impulssatzes müsste man das Problem der Umlenkströmung lösen und anschließend durch Integration der Druckverteilung die Kraft $F_p$ berechnen. Setzt man jedoch den Impulssatz ein, ist die Kenntnis der Strömung innerhalb des Kontrollvolumens nicht erforderlich. Mit

$$v_2 = \sqrt{2\, p_{1ü} \,/\, \rho} = 20 \text{ m/s}$$

ist

$$\dot{m} = \rho\, v_2 \frac{\pi\, d_2^2}{4} = 0.393 \text{ kg/s}$$

bzw.

$$F_p = \dot{m}\, v_2 = 7.85 \text{ N}$$

Dieselbe Kraft $F_p$ wirkt als Rückstoßkraft auf den Behälter. Wie ändert sich $F_p$ bei Annäherung an den Düsenmund?

$$F_p = \dot{m}\, v_2 = A_2\, \rho\, v_2^2 = 2\, A_2\, p_{1ü} \quad .$$

Somit ist $F_p$ genau doppelt so groß wie die Kraft auf eine Platte, die die Düse verschließen würde. Nähert sich die Platte der Düse, bleibt zwar aufgrund der Bernoulli-Gleichung $v_3$ erhalten, der Massenstrom wird jedoch immer geringer und geht mit dem Abstand gegen null.

Beispiel 3:

Die Strömung durch eine Blende ist mit einem Druckverlust verbunden, der anhand des Impulssatzes berechnet werden kann. Abhängig von dem geometrischen Öffnungsverhältnis $m = A' / A_1$ unterliegt der Strahl einer Einschnürung, die durch die $\psi = A_2 / A'$ berücksichtigt wird. Der Druckverlust bezogen auf den Staudruck der Anströmzustände der Blende ist als Funktion von $(\psi, m)$ zu bestimmen.

Lösung 3:

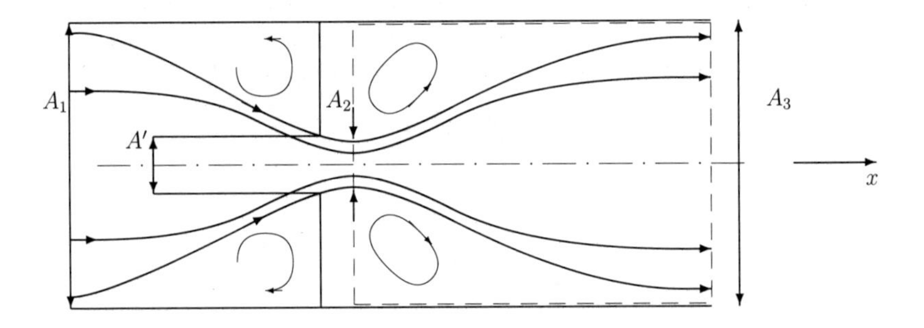


$$\Delta p_v = p_{02} - p_{03} \quad .$$

Der Druckverlust entspricht der Differenz der Gesamtdrücke im engsten Querschnitt und im Wiederanlegequerschnitt

$$\Delta p_v = p_2 + \frac{\rho}{2} v_2^2 - (p_3 + \frac{\rho}{2} v_3^2)$$

$$\Delta p_v = p_2 - p_3 + \frac{\rho}{2} v_2^2 \left[1 - (\frac{v_3}{v_2})^2\right] \quad .$$

Die Differenz $p_2 - p_3$ ergibt sich aus dem Impulssatz in $x$-Richtung

$$\rho\, v_3^2\, A_3 - \rho\, v_2^2\, A_2 = (p_2 - p_3)\, A_3$$

$$p_2 - p_3 = \rho\, v_3^2 - \rho\, v_2^2\, \frac{A_2}{A_3} = \frac{\rho}{2}\, v_2^2 \left[2 \left(\frac{A_2}{A_3}\right)^2 - 2 \left(\frac{A_2}{A_3}\right)\right] \quad .$$

Somit ist

$$\Delta p_v = \frac{\rho}{2}\, v_2^2 \left[1 - 2\left(\frac{A_2}{A_3}\right) + \left(\frac{A_2}{A_3}\right)^2\right]$$

$$\Delta p_v = \frac{\rho}{2}\, v_2^2\, [1 - \frac{A_2}{A_3}]^2 \quad .$$

Im Fall der unstetigen Rohrerweiterung entspricht

$$\frac{\Delta p_v}{\frac{\rho}{2}\, v_2^2} = \left[1 - \frac{A_2}{A_3}\right]^2$$

der Carnotschen Gleichung, die aussagt wieviel Impuls der Strömung durch die Totwassergebiete infolge Reibung entzogen wird.

Bei der Strömung durch die Blende wird $\Delta p_v$ auf $\rho/2v_1^2$ bezogen. Es gilt

$$v_2 = v_1\, \frac{A_1}{A_2} = v_1\, \frac{A_1}{A'}\, \frac{A'}{A_2} = \frac{v_1}{\psi\, m}$$

sowie

$$\frac{A_2}{A_3} = \frac{A_2}{A_1} = \psi\, m \quad ,$$

so dass

$$\frac{\Delta p_v}{\frac{\rho}{2}\, v_1^2} = \zeta_B = \left[\frac{1 - \psi\, m}{\psi\, m}\right]^2$$

ist. Demnach folgt, je größer die Einschürung ist, desto höher ist der Druckverlust.

Beispiel 4:

Bestimmen Sie die Widerstandskraft eines Einbaus in einem Rohr unter Vernachlässigung der Reibungskräfte.

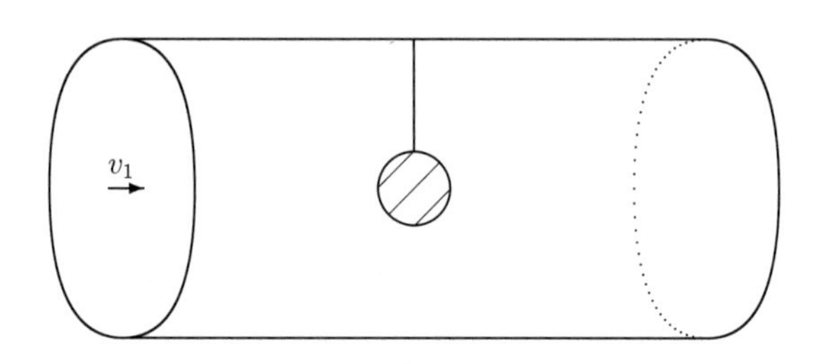


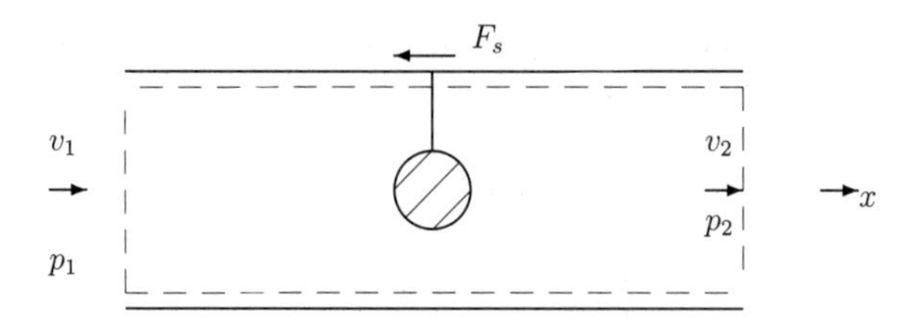


Lösung 4:

Die Kontinuitätsgleichung liefert

$$v_1 = v_2 \quad .$$

Aus dem Impulssatz in $x$-Richtung folgt

$$0 = (p_1 - p_2)\,A - F_s$$

bzw. die Widerstandskraft $F_w$ ist

$$F_w = - F_s = (p_2 - p_1)\, A \quad .$$

Somit kann der Widerstand über den Druckabfall bestimmt werden.

Beispiel 5:

Wir betrachten die dargestellte Wasserspritzanlage mit angeschlossenem Schlauch. Welche Kraft $F_{st}$ übt der Strahl auf die ablenkende Platte aus, wobei $p_{1ü} = 4$ bar, $d_1 = 60$ mm und $d_2 = 20$ mm bei reibungsfreier Strömung ist?

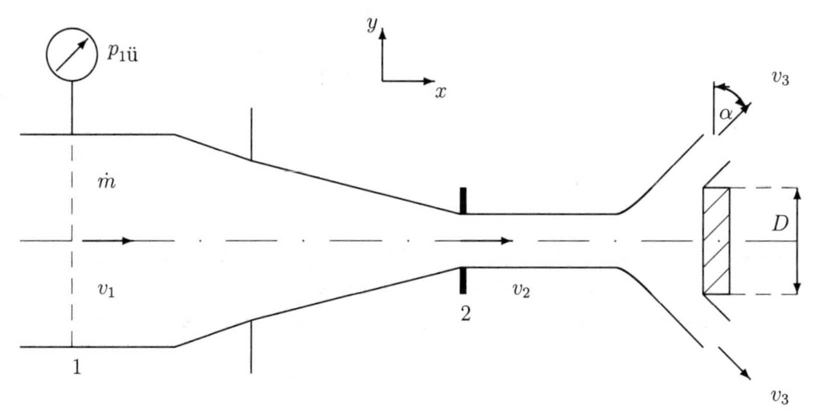


Lösung 5:

Aus der Bernoulli-Gleichung folgt

$$p_a + \frac{\rho}{2}\, v_2^2 = p_a + \frac{\rho}{2}\, v_3^2$$
$$v_2 = v_3 \quad .$$

Der Impulssatz in $x$-Richtung ergibt

$$\dot{m}\,(v_2 \sin\alpha - v_2) = - F_{st'} \quad .$$

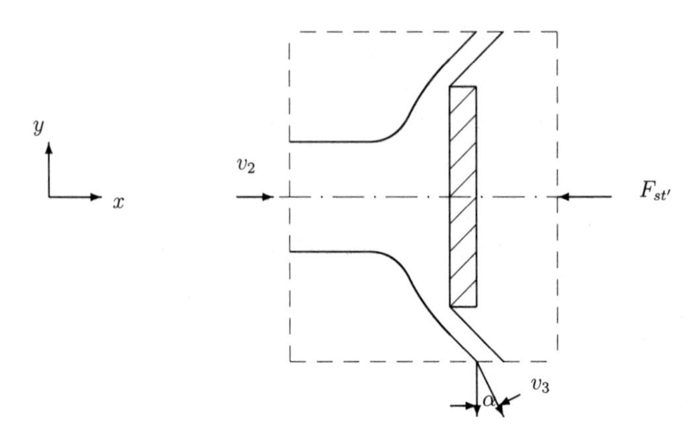


Mit $\alpha = 0$ ist $F_{st'}$

$$F_{st'} = \dot{m}\, v_2$$

wobei $F_{st'}$ jene Kraft darstellt, die die Platte gegen den Wasserstrahl im Gleichgewicht hält. Die Kraft vom Wasserstrahl auf die Platte $F_{st}$ ist gleich groß und entgegengesetzt. Berücksichtigt man die Bernoulli-Gleichung von 1 nach 2

$$p_{1ü} + \frac{\rho}{2}\, v_1^2 = \frac{\rho}{2}\, v_2^2$$

und die Kontinuitätsgleichung

$$v_2 = v_1 \left(\frac{d_1}{d_2}\right)^2$$

folgt

$$v_1 = \sqrt{\frac{2\, p_{1ü}}{\rho \left[\left(\frac{d_1}{d_2}\right)^4 - 1\right]}}$$

bzw.

$$F_{st} = \dot{m}\, v_2 = 254.5\mathrm{N} \quad .$$

Beispiel 6:

Wir betrachten die Strömung durch einen 90°-Krümmer. Bestimmen Sie unter der Annahme einer reibungsfreien Strömung die Komponenten der Stützkraft, wobei folgende Werte gegeben sind.

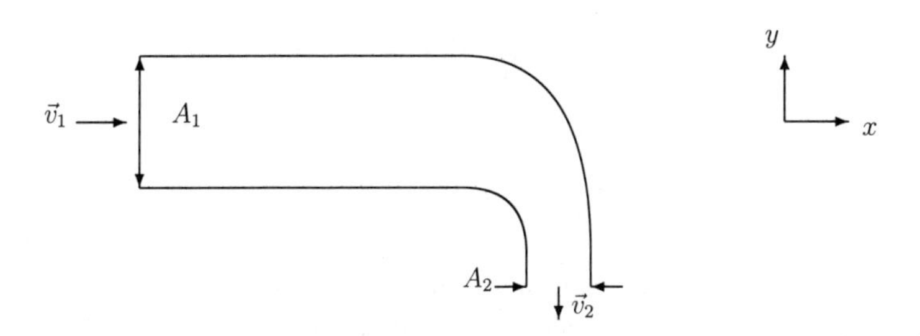


$$p_1 = 221\ \text{kPa}, \qquad \vec{v}_2 = -16\ \vec{j}\text{m/s}$$
$$A_1 = 0.01\ \text{m}^2, \qquad A_2 = 0.0025\ \text{m}^2, \qquad p_a = 101\ \text{kPa} \quad .$$

Als Fluid wird Wasser verwendet.

Lösung 6:

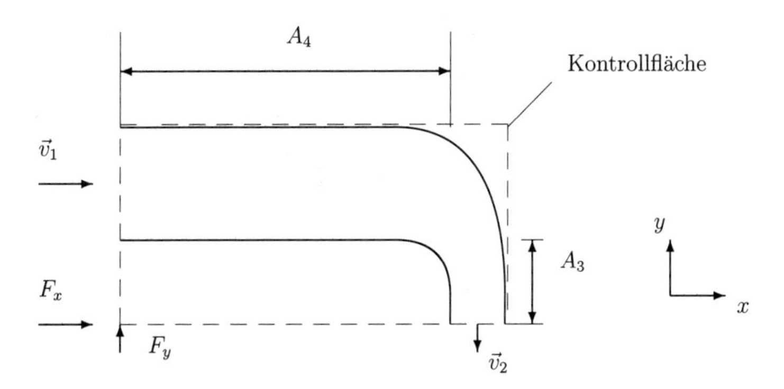

Anwendung des Impulssatzes in $x$-Richtung liefert

$$\begin{aligned} -\rho\, v_1^2\, A_1 &= p_1\, A_1 + p_a\, A_3 - p_a\,(A_1 + A_3) + F_x \\ F_x &= -\,\rho\, v_1^2\, A_1 - (p_1 - p_a)\, A_1 \quad . \end{aligned}$$

Die Größe $v_1$ wird mittels der Kontinuitätsgleichung bestimmt

$$v_1 = v_2 \frac{A_2}{A_1} = 4 \ \text{m/s},$$

so dass

$$F_x = -1.36\text{kN} \quad .$$

Somit wirkt $F_x$ in die negative $x$-Richtung, um den Krümmer zu halten. Die $y$-Komponente wird anhand des Impulssatzes in $y$-Richtung bestimmt:

$$\begin{aligned} -\rho\, v_2^2\, A_2 &= p_a\, A_4 + p_a\, A_2 - p_a\, A_2 - p_a\, A_4 + F_y \\ F_y &= -\rho\, v_2^2\, A_2 = -639\text{N} \quad . \end{aligned}$$

Das negative Vorzeichen zeigt, dass $F_y$ entgegengesetzt zur Annahme in die negative $y$-Richtung zeigt.

## 7.3 Vereinfachte Propellertheorie

Ein Fahrzeug mit angetriebenem Propeller bewegt sich durch ein ruhendes Fluid. Wir betrachten ein mitbewegtes Kontrollvolumen, so dass das Fluid dem Fahrzeug gleichmässig entgegenströmt.

Durch den Propeller wird die Geschwindigkeit des erfassten Propellerstroms erhöht, wodurch sich der Strahl aufgrund der Kontinuitätsgleichung kontrahiert. An den Strahlgrenzen wird ein konstanter Umgebungsdruck angenommen, so dass die Druckkraft auf das Kontrollvolumen verschwindet. Der Druckabfall durch die Beschleunigung in der Propellerebene wird durch die Drucksteigerung mittels Energiezufuhr im Propeller ausgeglichen.

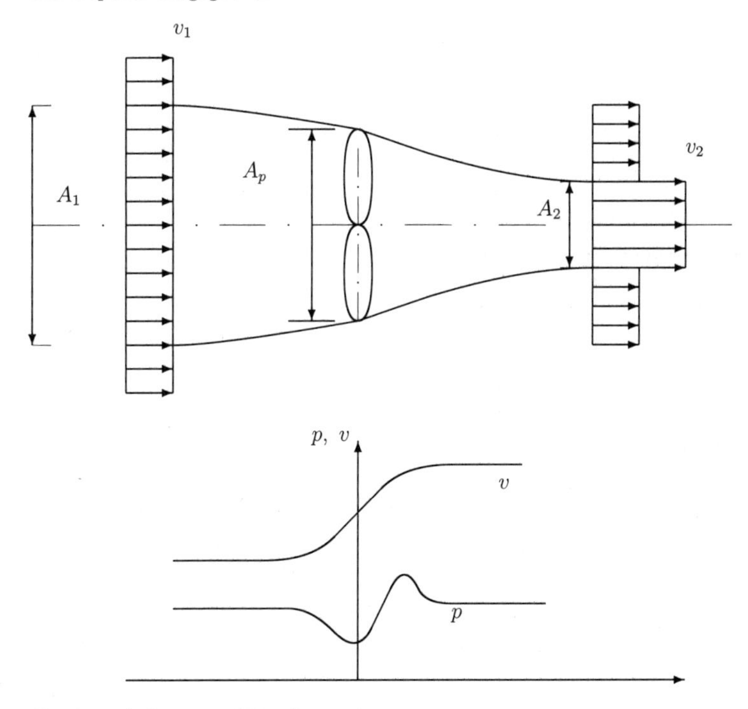


Geschwindigkeits- und Druckverteilung

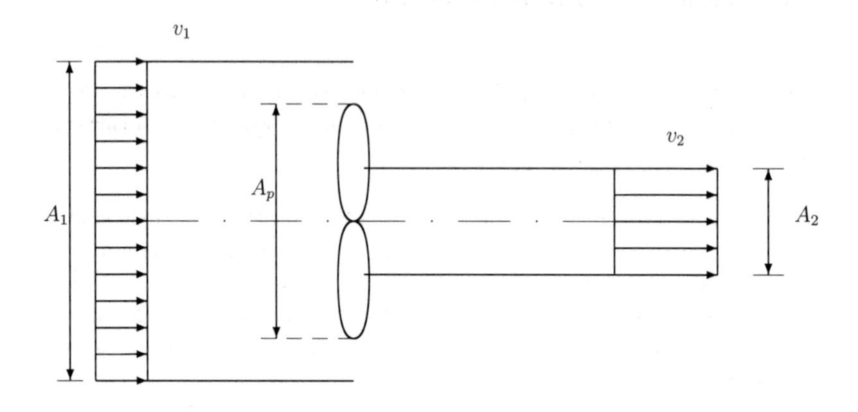


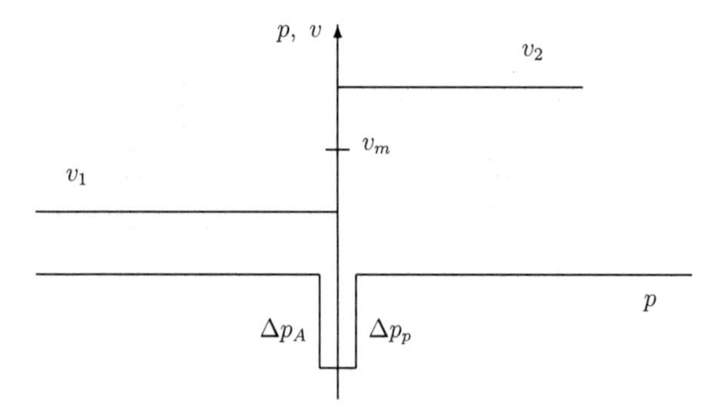


Annahmen für die Berechnung

Aus dem Impulssatz für die Kontrollfläche erhält man für die Schubkraft

$$F_s = \dot{m}\,(v_2 - v_1) = \rho\, v_m\, A_p\,(v_2 - v_1) \quad .$$

Um die mittlere Geschwindigkeit in der Propellerebene zu bestimmen, formulieren wir den Impulssatz über den Propeller

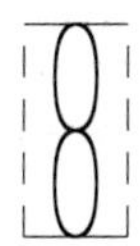

$$F_s = A_p\, \Delta p_p = \rho\, v_m\, A_p\,(v_2 - v_1)$$

und die Bernoulli-Gleichung stromauf und stromab vom Propeller

$$\begin{aligned} p_a + \frac{\rho}{2}\, v_1^2 &= p_l + \frac{\rho}{2}\, v_m^2 \\ p_a + \frac{\rho}{2}\, v_2^2 &= p_r + \frac{\rho}{2}\, v_m^2 \\ \Delta p_A = \Delta p_p = p_r - p_l &= \frac{\rho}{2}\,(v_2^2 - v_1^2) \quad . \end{aligned}$$

Somit folgt

$$\frac{1}{2}\,(v_2^2 - v_1^2) = \frac{1}{2}\,(v_2 + v_1)(v_2 - v_1) = v_m\,(v_2 - v_1)$$

bzw.

$$v_m = \frac{v_1 + v_2}{2} \quad .$$

Dieses Ergebnis erhält man auch, wenn einem Luftstrom mittels eines Propellers Energie entzogen wird, wie dies bei einer Windenergieanlage der Fall ist. In diesem Problem wird der Luftstrahl abgebremst, so dass er sich infolge der Massenerhaltung aufweiten muss.

Die mechanischen Mindestverluste des Impulsantriebs werden durch den Vortriebswirkungsgrad $\eta_p$ wiedergegeben.

$$\eta_p = \frac{\text{Nutzen}}{\text{Aufwand}} = \frac{F_s\, v_1}{\frac{1}{2}\,\dot{m}\,(v_2^2 - v_1^2)} = \frac{\dot{m}\,(v_2 - v_1)\,v_1}{\frac{1}{2}\,\dot{m}\,(v_2^2 - v_1^2)}$$

$$\eta_p = \frac{2\,v_1}{v_2 + v_1} = \frac{2}{1 + \frac{v_2}{v_1}} \quad .$$

Je geringer die Geschwindigkeitserhöhung $v_2 - v_1$, desto besser ist der Wirkungsgrad. Das heißt für eine gegebene Schubkraft muss der Propellerdurchmesser möglichst groß gewählt werden.

## 7.4 Impulsmomentensatz

Neben der Kraft spielt ebenfalls das Moment einer Kraft bzgl. einer Achse, das sogenannte Drehmoment, in vielen Problemen eine wesentliche Rolle. Derartige Aufgabenstellungen können zwar mit Hilfe des Impulssatzes gelöst werden, jedoch ist es angebrachter, direkt den Zusammenhang zwischen Drehmoment und Drehimpuls, den sogenannten Impulsmomenten- oder Drallsatz, heranzuziehen, der durch Bildung des Moments des Impulses und der äußeren Kräfte jedes Fluidteilchens in einem Inertialsystem abgeleitet wird.

Ist $\vec{v}$ die Teilchengeschwindigkeit in einem Inertialsystem, $\rho$ die zugehörige Dichte, $\Delta V$ ein infinitesimales Partikelvolumen und $\Delta\vec{F}_p$ die resultierende äußere Kraft, die auf das Partikel wirkt, so lautet Newtons zweites Gesetz

$$\frac{d}{dt}\,(\vec{v}\,\rho\,\Delta V) = \Delta\vec{F}_p \quad .$$

Das Moment bezogen auf den Ursprung eines inertialen Koordinatensystems ist

$$\vec{r}\,\times\,\frac{d}{dt}(\vec{v}\,\rho\,\Delta V) = \vec{r}\times\Delta\vec{F}_p \quad ,$$

wobei $\vec{r}$ der Ortsvektor vom Ursprung zum Fluidpartikel ist.

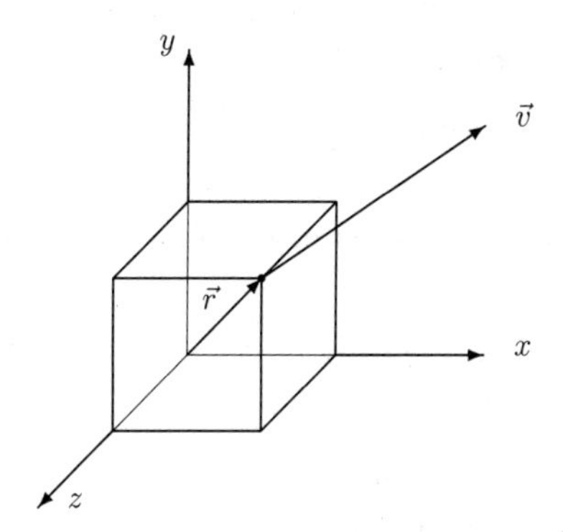


Berücksichtigt man

$$\begin{aligned}\frac{d}{dt}\,[(\vec{r}\,\times\vec{v})\rho\Delta V] &= \frac{d\vec{r}}{dt}\times\vec{v}\rho\Delta V+\vec{r}\times\frac{d}{dt}(\vec{v}\rho\Delta V)\\ &= \vec{v}\times\vec{v}\rho\Delta V+\vec{r}\times\frac{d}{dt}(\vec{v}\rho\Delta V)\\ &= \vec{r}\times\frac{d}{dt}(\vec{v}\;\rho\;\Delta V)\qquad ,\end{aligned}$$

ergibt sich eine Gleichung

$$\frac{d}{dt}\,[(\vec{r}\times\vec{v})\rho\Delta V]=\vec{r}\times\Delta\vec{F}_p\qquad ,$$

die für jedes Teilchen des Systems gültig ist. Um das gesamte System zu betrachten, summieren wir beide Seiten

$$\int_{\text{sys}}\frac{d}{dt}\left[(\vec{r}\times\vec{v})\rho dV\right]=\sum\vec{r}\times\Delta\vec{F}_p=\sum(\vec{r}\times\vec{F})_{\text{sys}}\qquad ,$$

so dass sich

$$\frac{d}{dt}\int_{\text{sys}}(\vec{r}\times\vec{v})\rho dV=\sum(\vec{r}\times\vec{F})_{\text{sys}}$$

ergibt, wobei auf der linken Seite Integration und Differentiation vertauscht worden sind. D. h. die zeitliche Änderung des Drehimpulses oder Dralls entspricht der Summe der äußeren Drehmomente, die am System angreifen. Stimmt zu einem gewissen Zeitpunkt das Kontrollvolumen mit dem System überein, ist

$$\sum(\vec{r} \times \vec{F})_{\text{sys}} = \sum(\vec{r} \times \vec{F})_{\text{KV}} \quad .$$

Weiterhin gilt für das feste, unverformte Kontrollvolumen das Reynoldssche Transporttheorem

$$\frac{d}{dt}\int_{\text{sys}}(\vec{r} \times \vec{v})\rho dV = \frac{\partial}{\partial t}\int_{\text{KV}}(\vec{r} \times \vec{v})\rho dV + \int_{\text{KF}}(\vec{r} \times \vec{v})\rho\vec{v} \cdot \vec{n} dA$$

wonach die zeitliche Änderung des Drehimpulses des Systems der zeitlichen Änderung des Drehimpulses des Kontrollvolumeninhalts plus dem Drehimpulsfluss durch die Oberfläche des Kontrollvolumens entspricht.

Somit erhält man für ein festes, unverformbares Kontrollvolumen den Impulsmomentensatz

$$\frac{\partial}{\partial t}\int_{\text{KV}}(\vec{r} \times \vec{v})\rho dV + \int_{\text{KF}}(\vec{r} \times \vec{v})\rho\vec{v} \cdot \vec{n} dA = \sum(\vec{r} \times \vec{F})_{\text{KV}} = \sum \vec{M}$$

Der Impulsmomentensatz spielt eine große Rolle bei fluidmechanischen Betrachtungen in Turbinen, Verdichtern, Windanlagen etc. Anhand grundlegender Überlegungen gehen wir im Folgenden auf die unterschiedlichen Arbeitsweisen von Pumpen und Turbinen ein. Dabei greifen wir auf eine schematische Darstellung eines Ventilators und einer Windmühle zurück.

Wir betrachten eine einzelne Schaufel eines Ventilators, die sich mit konstanter Winkelgeschwindigkeit $\omega$ bewegt, so dass die Schaufelgeschwindigkeit $\vartheta = \omega r$, mit $r$ als Abstand zwischen Achse und Schaufel, beträgt. Die absolute Geschwindigkeit, die von einem ruhenden Beobachter wahrgenommen wird, wird mit $\vec{v}$ bezeichnet, die relative Geschwindigkeit, die eine auf der Schaufel mitbewegte Person erkennt, ist $\vec{v}_R$. Die absolute Fluidgeschwindigkeit $\vec{v}$ ergibt sich als Summe der relativen Geschwindigkeit $\vec{v}_R$ und der Schaufelgeschwindigkeit $\vec{\vartheta}$

$$\vec{v} = \vec{v}_R + \vec{\vartheta} \quad .$$

In folgender Betrachtung setzen wir voraus, dass das Fluid im gleichen radialen Abstand von der Rotationsachse ein- und austritt, d. h. $\vartheta_1 = \vartheta_2 = \omega r$. Darüber hinaus nehmen wir an, dass die Strömung relativ zur rotierenden Schaufel parallel ist. Somit erhält man die Geschwindigkeitsdreiecke im Ein- und Austritt.

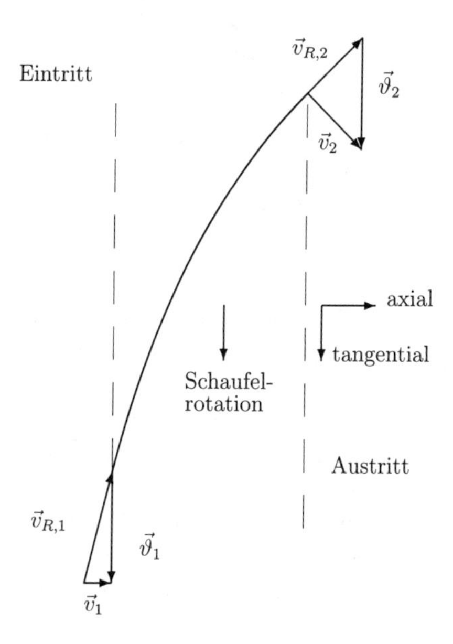


Wir gehen von einer Anströmung in Rotationsachsenrichtung aus. Aufgrund der Form und der Bewegung der Ventilatorschaufel wird die Fluidgeschwindigkeit geändert. Im Gegensatz zum Eintrittsquerschnitt besitzt die absolute Geschwindigkeit $\vec{v}$ im Austrittsquerschnitt eine Tangentialkomponente. D. h., die Schaufel übt eine Tangentialkraft auf das Fluid in Richtung der Schaufelbewegung aus. Da sie gleichsinnig sind, gibt die Schaufel Arbeit an das Fluid ab, so dass die Anordnung als Pumpe arbeitet.

Im Fall der Windmühle ergeben sich andere Zusammenhänge. Die Betrachtung der Geschwindigkeitsdreiecke zeigt, dass die Tangentialkomponente der absoluten Geschwindigkeit und die Schaufelbewegung in entgegengesetzte Richtungen weisen. Die Strömung des Fluids und die Schaufelgeometrie bestimmen die Drehrichtung der Schaufel. Vom Fluid wird Arbeit an die Schaufel abgegeben. Diese Energieentnahme aus der Strömung ist die Aufgabe einer Turbine.

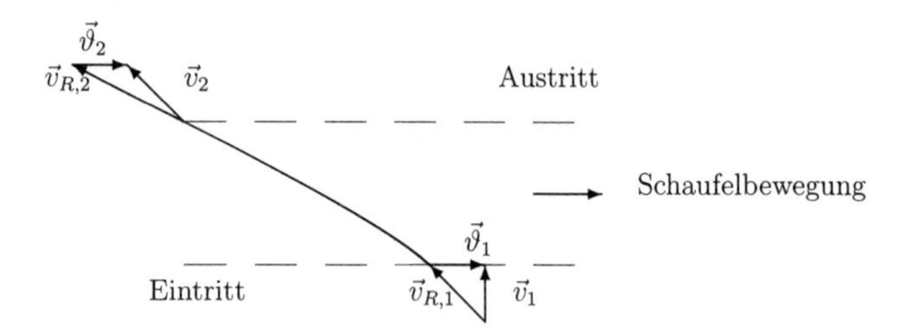


Bei radial durchströmten Lauf- und Leiträdern von Turbomaschinen lässt sich folgender Zusammenhang ableiten. Das Kontrollvolumen sei der Raum zwischen Eintrittsquerschnitt und Austrittsquerschnitt des Lauf- oder Leitrades. In der Skizze liegen alle Geschwindigkeiten in der Rotationsebene. Die Bezeichnungen der Geschwindigkeiten stimmen mit den oben eingeführten überein, so dass $\vec{\vartheta}$ die Geschwindigkeit eines Teilchens auf dem Rotor relativ zum Gehäuse, $\vec{v}$ die Geschwindigkeit des Fluids relativ zum Gehäuse und $\vec{v}_R$ diejenige relativ zum Rotor darstellt. Von den i. a. drei orthogonalen Geschwindigkeitskomponenten $v_a$ axial, $v_r$ radial und $v_t$ tangential hat lediglich die tangentiale Geschwindigkeitskomponente $v_t$ einen Einfluss auf das Moment der Rotorachse.

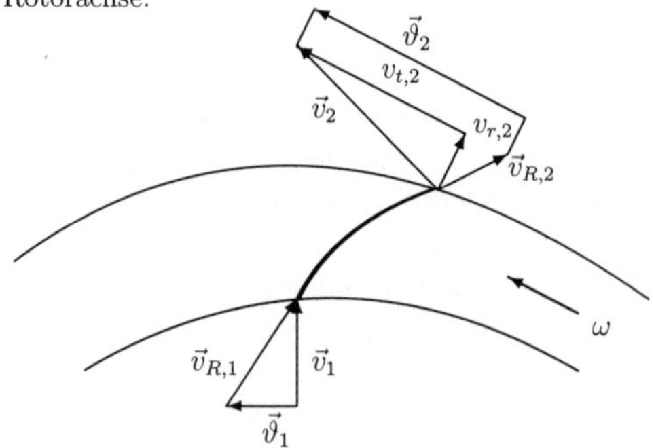

Da die Strömung stationär ist und die Rotation um die Achse, nicht bezüglich eines Punktes abläuft, vereinfacht sich der Impulsmomentensatz zu einer skalaren Gleichung

$$M = \int_{\mathrm{KF}} v_t r(\rho \vec{v}_R \cdot \vec{n} dA) = \int_{\mathrm{KF}} v_t r d\dot{m} \quad .$$

Nimmt man uniforme Eigenschaften des Fluids und gemittelte Geschwindigkeiten im Eintritts- und Austrittsquerschnitt an, erhält man

$$M = \dot{m}(v_{t_2} r_2 - v_{t_1} r_1) \quad ,$$

wobei $M$ das Drehmoment auf das Kontrollvolumen darstellt. Das Vorzeichen von $v_t$ hängt von der Richtung von $v_t$ und der Schaufelbewegung $\omega r$ ab. Sofern $v_t$ und die Schaufelbewegung in die gleiche Richtung weisen, ist $v_t$ positiv, anderenfalls negativ.

Bei einer Winkelgeschwindigkeit $\omega$ des Rotors wird folgende Leistung zwischen Fluid und Rad übertragen

$$P = M\omega = \dot{m}(v_{t_2} u_2 - v_{t_1} u_1) \quad ,$$

wobei $u = \omega r$ die Umfangsgeschwindigkeit des Rotors darstellt. Ist $v_{t_2} u_2 > v_{t_1} u_1$ und $v_t$ positiv, wird Leistung auf das Fluid übertragen.

Da sowohl das Drehmoment als auch die Leistung dem Massenstrom direkt proportional sind, ist es unmittelbar ersichtlich, dass zur Förderung eines Wasservolumenstroms im Vergleich zu einem Luftvolumenstrom gleichen Volumens ein bedeutend größeres Drehmoment und eine höhere Leistung erforderlich ist. In der Literatur wird die Gleichung für das Drehmoment als Eulersche Turbinengleichung bezeichnet.

Der Impulsmomentensatz kann bei vielen Problemstellungen vereinfacht werden.

- Man geht von eindimensionalen Strömungen aus.
- Man beschränkt sich auf stationäre bzw. im Mittel stationäre zyklische Strömungen. Das heißt es gilt

$$\frac{\partial}{\partial t} \int_{\mathrm{KV}} (\vec{r} \times \vec{v}) \rho dV = 0$$

zu jedem Zeitpunkt in einer stationären Strömung bzw. zeitlich gemittelt in einer zyklisch instationären Strömung.

- Es wird lediglich die Komponente in Rotationsachsenrichtung berücksichtigt.

Beispiel 7:

Unter Verwendung dieser Annahmen betrachten wir folgende Aufgabenstellung. Ein Rasensprenger wird von einem Wasservolumenstrom von 1000 ml/s gespeist. Die Strömung tritt in tangentialer Richtung aus, wobei jede der beiden Düsen eine Fläche vom 30 $mm^2$ aufweist. Der Radius des Sprengers zwischen Rotationsachse und Achse beider Austrittsdüsen beträgt 200 mm.

a) Bestimmen Sie das Drehmoment, um den Sprengerkopf festzuhalten.

b) Bestimmen Sie das Drehmoment, wenn der Sprengerkopf sich mit 500 U/min bewegt.

c) Bestimmen Sie die Winkelgeschwindigkeit $\omega$, sofern kein Drehmoment wirkt.

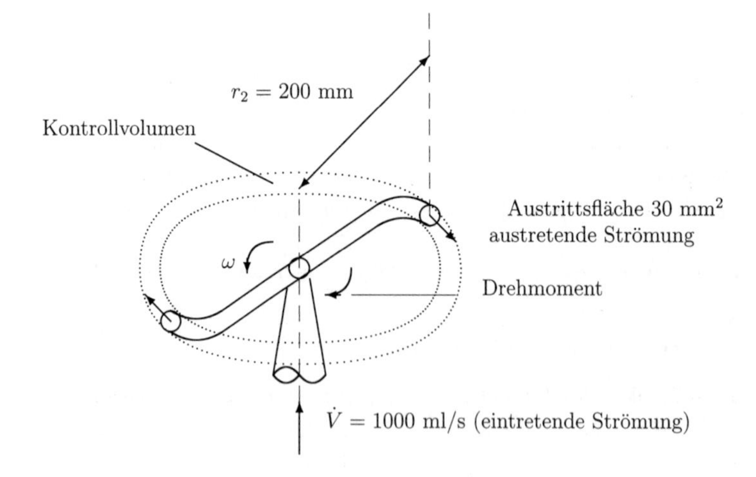

Lösung 7:

a) Das Kontrollvolumen entspricht einer Scheibe endlicher Dicke, wobei die Zuleitung des Sprengerkopfes geschnitten wird, so dass das Drehmoment an der Welle als Schnittgröße einzuführen ist. Die Strömung innerhalb des Kontrollvolumens ist zyklisch und instationär, jedoch im zeitlichen Mittel stationär.

Im Eintrittsquerschnitt verschwindet $\vec{r}$, so dass $\vec{r} \times \vec{v} = \vec{0}$. Für die austretende Strömung lautet die axiale Komponente von $\vec{r} \times \vec{v}$ $r_2\, v_{t_2}$, wobei $v_{t_2}$ die tangentiale Komponente der absoluten Geschwindigkeit $\vec{v}$ darstellt, wie sie von einem festen Beobachter wahrgenommen wird.

Man erhält für das Oberflächenintegral

$$\left[\int_{\mathrm{KF}} (\vec{r} \times \vec{v})\rho\vec{v} \cdot \vec{n} dA\right]_{\mathrm{ax}} = -r_2 v_{t_2} \dot{m} \qquad ,$$

wobei $\dot{m}$ dem Massenstrom durch beide Düsen entspricht. Das Vorzeichen von $r_2 v_{t_2}$ ergibt sich aus der „Rechten Hand Regel". Im Allgemeinen gilt $r v_t$ ist positiv, sofern $v_t$ und $r\omega$ in die gleiche Richtung weisen, bzw. negativ, wenn $v_t$ und $r\omega$ entgegengesetzt ausgerichtet sind.

Für den festgehaltenen Kopf des Rasensprengers ergibt sich

$$M_a = -r_2 v_{t_2} \dot{m} \qquad .$$

Da $\vec{\vartheta} = \vec{0}$ ist, gilt $\vec{v} = \vec{v}_R$ bzw.

$$v_{t_2} = v_{R,2} = \frac{\dot{m}}{2\rho A_2} = \frac{\dot{V}}{2A_2} = 16.7\mathrm{m/s} \qquad .$$

Daraus folgt

$$M_a = -3.34\mathrm{Nm} \qquad .$$

b) Im Falle $n = 500$ U/min ist

$$\vartheta_{\theta 2} = u_2 = \omega r_2 \qquad ,$$

so dass

$$v_{t_2} = v_{R,2} - u_2 = v_{R,2} - r_2 2\pi n$$
$$v_{t_2} = 16.7\text{m/s} - 10.5\text{m/s} = 6.2\text{m/s} \quad .$$

Demnach erhält man für das Drehmoment

$$M_b = -1.24 \text{ Nm}$$
$$|M_b| < |M_a| \quad .$$

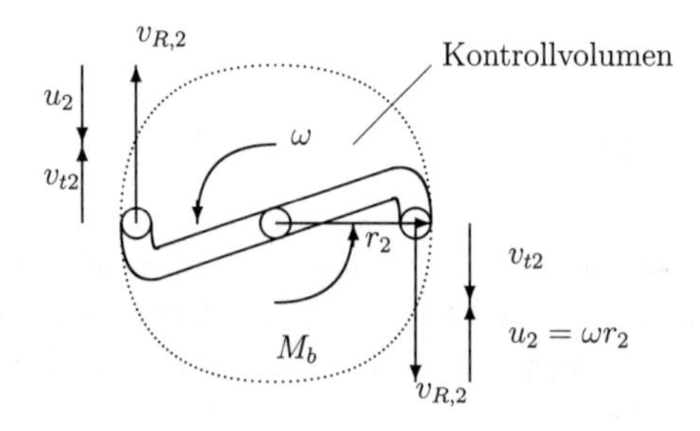


c) Der Impulsmomentensatz liefert

$$M_c = -r_2(v_{R,2} - r_2\omega)\dot{m} \quad .$$

Es sei $M_c = 0$, dann folgt

$$\omega = \frac{v_{R,2}}{r_2} = 83.5 \text{ rad/s}$$

bzw.

$$n = \frac{\omega}{2\pi} = \frac{83.5 \text{ rad/s} \cdot 60 \text{ s/min}}{2\pi \text{ rad/U}} = 797 \text{ U/min} \quad .$$

Man erkennt, dass selbst im Falle eines verschwindenden Drehmoments die maximale Rotorgeschwindigkeit endlich ist.

# 8 Strömung in offenen Gerinnen

*Eisbach im Englischen Garten in München. Zu sehen ist ein Wassersprung.*

Trotz vieler Gemeinsamkeiten mit der Strömung in geschlossenen Rohrleitungen besitzt die Strömung in offenen Gerinnen einige wesentliche Unterschiede. Die Gerinneströmung weist eine freie Oberfläche auf, auf die der Atmosphärendruck wirkt. Bei natürlichen Gerinnen können die begrenzenden Wände aus beweglichen Körpern wie Sand oder Geröll bestehen, was einen erheblichen Einfluss auf die Wandrauhigkeit hat. In unseren folgenden Überlegungen werden die Gerinneberandungen jedoch als fest angenommen.

Im Folgenden leiten wir zunächst die Ausbreitungsgeschwindigkeit einer Welle ab, diskutieren anschließend das Verhalten von Störungen in Gerinneströmungen und gehen nach Energiebetrachtungen auf das Phänomen des Wassersprungs ein.

## 8.1 Wellengeschwindigkeit

Wir betrachten eine einzelne Elementarwelle geringer Höhe $\Delta z$, die durch eine plötzlich in Bewegung gesetzte Wand mit der Geschwindigkeit $\Delta v$ erzeugt wird. Zum Zeitpunkt $t = 0$ war das Wasser im Kanal in Ruhe. Ein ruhender Beobachter sieht eine Welle der Geschwindigkeit $c$, wobei das Fluid stromab der Welle in Ruhe ist, stromauf der Welle eine Geschwindigkeit $\Delta v$

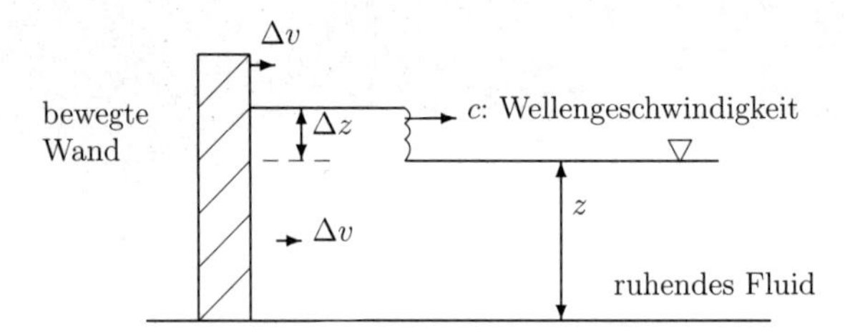


aufweist. Im mit der Geschwindigkeit $c$ mitbewegtem Bezugssystem wird die Strömung stationär wahrgenommen, rechts der Welle ist $v = -c$, links $v = -c + \Delta v$. Zur Bestimmung von $c$ greifen wir auf die Kontinuitätsgleichung und den Impulssatz zurück.

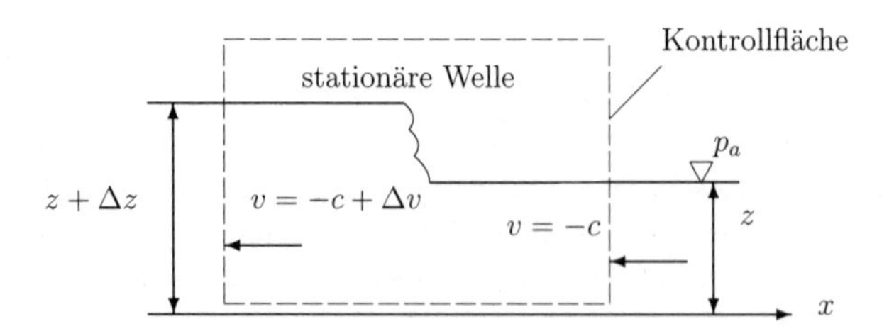


Bei uniformer eindimensionaler Strömung ergibt die Erhaltung der Masse

$$-czb = (-c + \Delta v)(z + \Delta z)b \qquad ,$$

wobei $b$ die Kanalbreite ist. Daraus ergibt sich

$$c = \frac{(z + \Delta z)\Delta v}{\Delta z}$$

bzw. für Wellen geringer Amplitude $\Delta z \ll z$

$$c = z\frac{\Delta v}{\Delta z} \quad .$$

Der Impulssatz besagt

$$p_a b z'_\Delta + \int_0^{z+\Delta z} (p_a + \rho g z) b dz - p_a b z' - \int_0^z (p_a + \rho g z) b dz = \rho c b z(-c + \Delta v + c)$$
$$\frac{1}{2}\rho g b z^2 - \frac{1}{2}\rho g b(z + \Delta z)^2 = -\rho c b z \Delta v \quad .$$

Bedenkt man

$$\Delta z^2 \ll z\Delta z \quad ,$$

so folgt

$$\frac{\Delta v}{\Delta z} = \frac{g}{c}$$

bzw.

$$c^2 = gz \quad .$$

Somit lautet die Geschwindigkeit einer Welle kleiner Amplitude

$$c = \sqrt{gz} \quad .$$

Sie ist unabhängig von der Dichte des Fluids, jedoch abhängig von der Erdbeschleunigung $g$, da eine derartige Wellenbewegung aus einem Gleichgewicht zwischen Trägheitseffekten, die zu $\rho$ proportional sind, und Gewichtseffekten, die sich proportional zu $\rho g$ verhalten, besteht. Ein Verhältnis dieser Kräfte enthält somit lediglich $g$.

## 8.2 Strömungsformen der Gerinneströmung

In obiger Betrachtung sind wir davon ausgegangen, dass sich eine Welle in einem ruhendem Fluid mit einer Geschwindigkeit $c$ relativ zum Fluid und zu einem festen Beobachter rechtslaufend ausbreitet. Strömt das Fluid mit einer Geschwindigkeit $v < c$ nach links, bewegt sich die Welle für einen ruhenden Beobachter mit einer Geschwindigkeit $c - v$ nach rechts. Im Falle $v = c$ ruht die Welle und für $v > c$ wandert die Welle mit $v - c$ nach links.

Dieser Zusammenhang kann auch mittels der Froudezahl $Fr$, die das Verhältnis von Fluid- und Wellengeschwindigkeit darstellt $Fr = v/c = v/\sqrt{gz}$ ausgedrückt werden. Zur Wellenerzeugung wird ein Stein in einen Fluss geworfen. Sofern keine Strömung vorliegt, breitet sich die Welle in sämtliche Richtungen aus. Ist die Fließgeschwindigkeit $v < c$, kann die Welle stromauf wandern. Das heißt ein Beobachter stromauf der Störung, die durch den Stein erzeugt wird, nimmt diese wahr, er wird von ihr beeinflusst. Derartige Strömungen mit $v < c$ bzw. $Fr < 1$ werden als unterkritisch bezeichnet. Demgegenüber stehen die überkritischen Strömungen, in denen die Strömungsgeschwindigkeit größer als die Wellengeschwindigkeit ist $v > c$ bzw. $Fr > 1$. In ihnen werden Störungen stromauf nicht festgestellt, sie wandern alle stromab. Ist $v = c$ bzw. $Fr = 1$ spricht man von einer kritischen Strömung.

Der Charakter der offenen Gerinneströmung hängt stark davon ab, ob sie unter- oder überkritisch ist. So kann z. B. eine Bodenwelle im Flussbett Ursache dafür sein, dass die Spiegelhöhe des Flusses unter diejenige absinkt, die ohne „Störung“ auftreten würde, oder sie könnte ein höheres Niveau aufweisen. Welche Strömung sich einstellt, hängt von der Froudezahl ab. In überkritischen Strömungen können nahezu diskontinuierliche Tiefenänderungen auftreten, während in unterkritischen Strömungen die Veränderungen glatt und stetig verlaufen.

Interessanterweise existieren gewisse Ähnlichkeiten zwischen der offenen Gerinneströmung einer Flüssigkeit und der kompressiblen Strömung eines Gases. In beiden Fällen ist der entscheidende Parameter ein Verhältnis aus Fluidgeschwindigkeit und Wellengeschwindigkeit; im Falle der Gerinneströmung wird die Ausbreitungsgeschwindigkeit der Oberflächenwellen herangezogen und bei der Analyse kompressibler Strömungen die Schallgeschwindigkeit. Viele der Differenzen zwischen unterkritischen ($Fr < 1$) und überkritischen ($Fr > 1$) Strömungen haben Analoga in subsonischen ($M < 1$) und supersonischen ($M > 1$) Strömungen, wobei $M$ der Machzahl, dem Verhältnis zwischen Fluidgeschwindigkeit und Schallgeschwindigkeit entspricht.

## 8.3 Energiehöhendiagramm

Die unterschiedlichen Strömungsformen können in einem Energiediagramm zusammengefasst werden. Dazu betrachten wir ein typisches Segment der offenen Gerinneströmung. Die Steigung der Sohle ist $s_0 = y_1 - y_2/l$, sie ist in den meisten offenen Gerinneströmungen sehr klein.

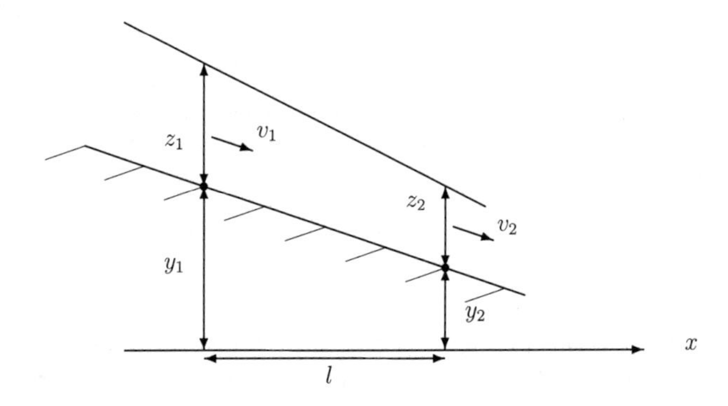


Berücksichtigt man ein uniformes Geschwindigkeitsprofil, ergibt die eindimensionale Energiegleichung

$$z_1 + \frac{v_1^2}{2g} + s_0 l = z_2 + \frac{v_2^2}{2g} + h_v \quad ,$$

wobei $h_v$ einen Verlustterm darstellt, der als $s_v l$ geschrieben werden kann. Somit ist

$$z_1 - z_2 = \frac{v_2^2 - v_1^2}{2g} + (s_v - s_0)l \quad .$$

Im Falle einer verlustfreien, horizontalen offenen Gerinneströmung gilt

$$z_1 - z_2 = \frac{v_2^2 - v_1^2}{2g}$$

bzw.

$$H_1 = H_2 \quad ,$$

wobei $H = z + v^2/2g$ als Energiehöhe bezeichnet wird. Sofern die Sohle geneigt ist, liefert die Bernoulli-Gleichung

$$H_1 + y_1 = H_2 + y_2 = \text{konst} \quad .$$

Führt man in die Energiehöhe den auf die Kanalbreite $b$ bezogenen Volumenstrom $q = \dot{V}/b$ ein, wobei wir ein Gerinne mit rechteckigem Querschnitt untersuchen, ergibt sich

$$H = z + \frac{q^2}{2gz^2} \quad .$$

Da $q$ bei einem festen Kanal konstant ist, ändert sich die Energiehöhe $H$ mit $z$. Der Graph von $H(z)$ ist für mehrere $q$-Werte im folgenden Diagramm dargestellt.

Sind $H$ und $q$ gegeben, so ist obige Beziehung eine kubische Gleichung mit 3 Lösungen $z_{\text{sup}}$, $z_{\text{sub}}$ und $z_{\text{neg}}$. Für $H > H_{\text{min}}$, wobei $H_{\text{min}} = f(q)$ ist, existieren zwei positive und eine negative Lösung. Letztere hat keine physikalische Bedeutung und kann somit außer acht gelassen werden. Die beiden übrigen Lösungen repräsentieren zwei mögliche Tiefen bzgl. einer Energiehöhe $H$ und einem bezogenen Volumenstrom $q$.

Ist die Energiehöhe sehr groß, nähern sich die Äste $z_{\text{sup}} = 0$ und $z_{\text{sub}} = H$ an. Diese Grenzen entsprechen einem sehr langsam fließenden Kanal großer Tiefe ($H \to z$ für $z \to \infty$) bzw. einem Flachwasserkanal mit großer Strömungsgeschwindigkeit ($H \to v^2/2g$ für $z \to 0$).

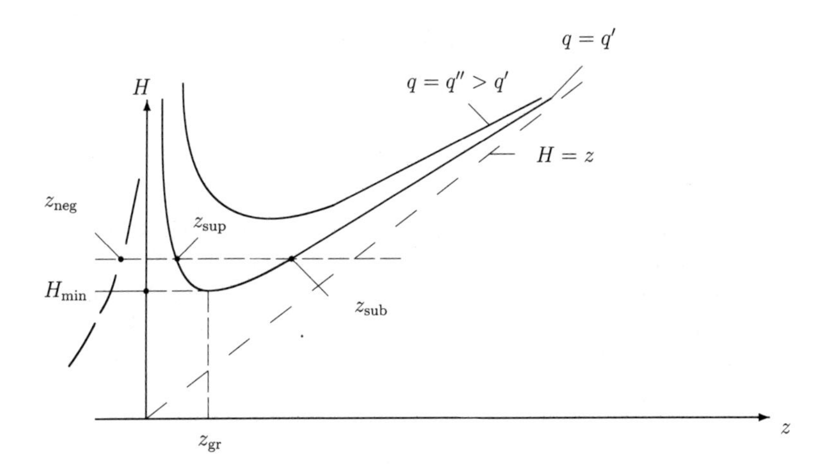


Anhand des Diagramms wird deutlich, dass $z_{\text{sup}} < z_{\text{sub}}$; demnach ist $v_{\text{sup}} > v_{\text{sub}}$, da $q = vz$ entlang einer Kurve konstant ist. Man kann zeigen, dass die Strömungsbedingungen bei $H_{\text{min}}$ zur kritischen Strömung $Fr = 1$ gehören, während der rechte Teil der Graphen der unterkritischen Strömungsform (Index: sub) und der linke Teil der überkritischen Strömungsform (Index: sup) entspricht. Differentiation der Energiehöhengleichung $H(z)$ liefert

$$\frac{dH}{dz} = 1 - \frac{q^2}{gz^3} = 0$$

bzw. die Grenztiefe

$$z_{\text{gr}} = \left(\frac{q^2}{g}\right)^{\frac{1}{3}} \quad .$$

Eingesetzt in $H(z)$ erhält man

$$H_{\text{min}} = z_{\text{gr}} + \frac{1}{2} z_{\text{gr}} = \frac{3}{2} z_{\text{gr}} \quad .$$

Berücksichtigt man $z_{\text{gr}}$ in $v_{\text{gr}} = q/z_{\text{gr}}$, ergibt sich die zur Grenztiefe $z_{\text{gr}}$ gehörende Grenzgeschwindigkeit

$$v_{\text{gr}} = \frac{q}{z_{\text{gr}}} = \frac{z_{\text{gr}}^{\frac{3}{2}} g^{\frac{1}{2}}}{z_{\text{gr}}} = \sqrt{g z_{\text{gr}}}$$

bzw.

$$Fr_{\text{gr}} = \frac{v_{\text{gr}}}{\sqrt{g z_{\text{gr}}}} = 1 \qquad .$$

Das bedeutet, im Punkt $H_{\text{min}}$ liegen kritische Bedingungen $Fr = 1$ vor. Rechts von diesem Punkt ist die Wassertiefe größer und die Fluidgeschwindigkeit kleiner als bei $H_{\text{min}}$, so dass unterkritische Strömungsbedingungen ($Fr < 1$) herrschen, während im übrigen Gebiet überkritische Bedingungen ($Fr > 1$) vorliegen. Demnach gilt, dass für einen festen Wert $q$ bei $H > H_{\text{min}}$ zwei mögliche Wassertiefen, eine unter- und eine überkritische, auftreten können.

Beispiel 1:

Wasser strömt in einem rechteckigen Kanal mit einem auf die Kanalbreite bezogenen Volumenstrom $q = 0.5342$ m$^2$/s über eine rampenförmige Erhöhung von 0.1542 m. Sofern die Wassertiefe stromauf der Rampe 0.701 m beträgt, bestimmen sie die Höhe des Wasserspiegels stromab der Rampe $z_2 + y_2$, wobei Reibungseffekte zu vernachlässigen sind.

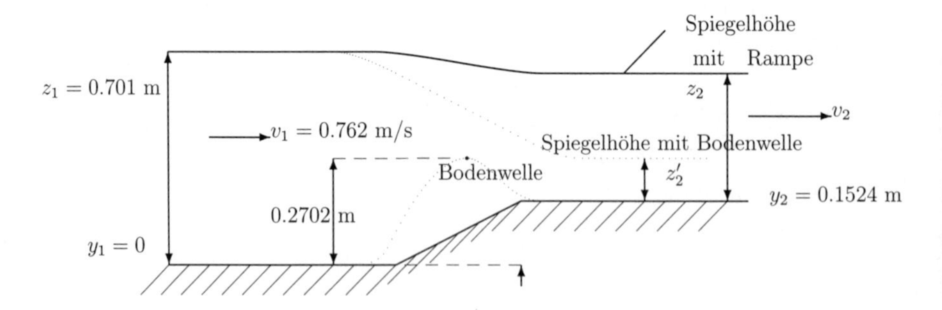

Lösung 1:

Die Energiegleichung ohne Verluste $h_v = 0$ lautet

$$z_1 + \frac{v_1^2}{2g} + y_1 = z_2 + \frac{v_2^2}{2g} + y_2 \qquad .$$

Mit $y_1 = 0$, $y_2 = 0.1524$ m, $z_1 = 0.701$ m und $v_1 = q/z_1 = 0.762$ m/s ergibt sich

$$0.5791 = z_2 + \frac{v_2^2}{19.6291} \qquad .$$

Zieht man die Kontinuitätsgleichung

$$v_2 z_2 = v_1 z_1 = 0.5342 \mathrm{m}^2/\mathrm{s}$$

heran, erhält man eine kubische Gleichung für $z_2$

$$z_2^3 - 0.5791 z_2^2 + 0.0145 = 0 \qquad ,$$

die die Lösungen

$$z_{2,1} = 0.5243 \text{ m}$$
$$z_{2,2} = 0.1945 \text{ m}$$
$$z_{2,3} = -0.1420 \text{ m}$$

besitzt. Da die negative Lösung keine physikalische Bedeutung hat, bleiben als Lösungen für die Spiegelhöhe

$$z_2 + y_2 = 0.5243 \mathrm{m} + 0.1524 \mathrm{m} = 0.6767 \mathrm{m}$$

bzw.

$$z_2 + y_2 = 0.1945 \mathrm{m} + 0.1524 \mathrm{m} = 0.3469 \mathrm{m} \qquad .$$

Welche von beiden Spiegelhöhen wird sich einstellen? Die Antwort ergibt sich aus der Betrachtung des Energiehöhendiagramms. Die Energiehöhe

$$H = z + \frac{q^2}{2gz^2}$$

ist in diesem Beispiel

$$H = z + \frac{0.0145}{z^2} \qquad .$$

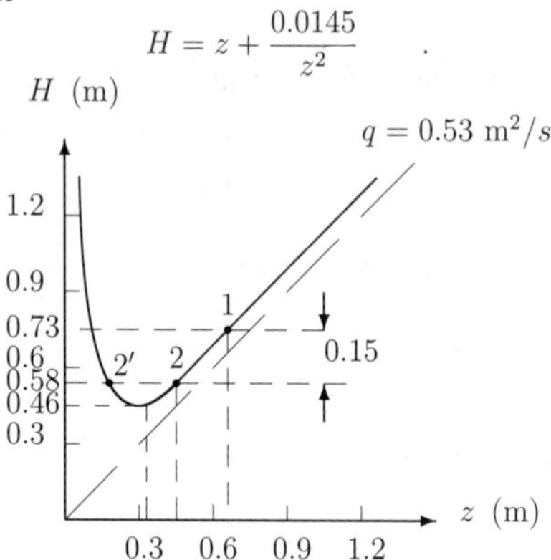


Stromauf der Rampe liegen unterkritische Strömungsbedingungen vor (1). Die Strömungsform stromab ist entweder (2) unter- oder (2') überkritisch. Aus der Konstanz der Summe der Energiehöhe und der geodätischen Höhe

$$H + y = \text{konst} \qquad .$$

folgt

$$H_1 = H_2 + (y_2 - y_1) = H_2 + 0.1524$$

dass die Stromabbedingungen 0.1524 m unterhalb von den Stromaufbedingungen liegen.

Da $q =$ konst ist, müssen alle Punkte der Strömung von (1) bis (2) oder (2') auf dieser $q$-Kurve liegen. Um von (1) nach (2') zu gelangen, müsste $H_{\min}$ in einem Punkt vorhanden sein, wobei $H_{\min}$ den Wert

$$H_{\min} = \frac{3}{2} z_{\text{gr}} = \frac{3}{2} \left( \frac{q^2}{g} \right)^{\frac{1}{3}} = 0.4613 \text{ m}$$

hat. Aus

$$H_{\min} + y_{\text{gr}} = H_1 + y_1$$

folgt

$$H_1 - H_{\min} = y_{\text{gr}} - y_1 = 0.7315 - 0.4613 = 0.2702 \text{ m} \qquad ,$$

dass dazu eine Erhöhung der Sohle um 0.2702 m auftreten müsste. In diesem Fall werden überkritische Bedingungen ($Fr_{2'} > 1$) erreicht. Die Rampe weist jedoch nur eine Erhöhung um 0.1524 m auf, so dass im gesamten Strömungsregime unterkritische Bedingungen beobachtet werden. Somit beträgt die Spiegelhöhe hinter der Rampe

$$z_2 + y_2 = 0.6767 \text{ m} \qquad ,$$

d. h. im Vergleich zur Spiegelhöhe vor der Rampe $z_1 + y_1 = 0.701$ m nimmt sie ab.

Wäre die Strömung stromauf der Rampe überkritisch ($Fr_1 > 1$), würde die Spiegelhöhe $z + y$ zunehmen, da sowohl $y_2 > y_1$ als auch $z_2 > z_1$ wäre.

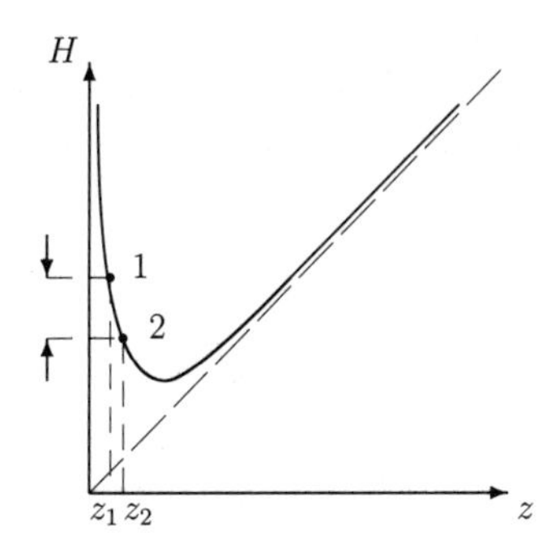


## 8.4 Wassersprung

Beobachtungen von Gerinneströmungen zeigen, dass unter gewissen Bedingungen sich die Tiefe des Fluids extrem stark auf einer sehr kurzen Strecke ändert, ohne dass dafür eine Variation der Kanalgeometrie notwendig ist. Eine derartige Änderung geschieht immer von flachem zu tiefem Wasser, niemals umgekehrt. Dieses Phänomen wird Wassersprung genannt. Es tritt auf, wenn die Strömungsbedingungen stromauf und stromab eines gewissen Strömungsgebietes lediglich durch eine nahezu diskontinuierliche Anpassung in Einklang zu bringen sind. Dies kann z. B. unmittelbar hinter einem Schleusentor auftreten. Die Strömung ist zunächst überkritisch, d. h. die Strömungsgeschwindigkeit ist größer als die Wellengeschwindigkeit, jedoch erfordern weit stromab gelegene Einbauten eine unterkritische Strömung $v < \sqrt{gz}$. Der ï¿½bergang zwischen beiden Strömungsformen geschieht mit Hilfe des Wassersprungs.

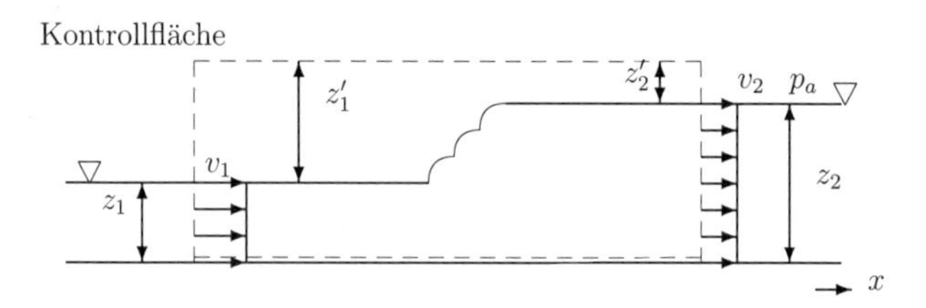


Im Folgenden betrachten wir den Wassersprung in einem horizontalen, rechteckigen Kanal. Wir gehen davon aus, dass stromauf und stromab vom Wassersprung die Strömung uniform, stationär und eindimensional ist sowie im gesamten zu untersuchenden Gebiet reibungsfrei ist. Somit lautet der Impulssatz in $x$-Richtung

$$\dot{m}(v_2 - v_1) = p_a b z_1' + \int_0^{z_1} (p_a + \rho g z) b dz - p_a b z_2' - \int_0^{z_2} (p_a + \rho g z) b dz \quad ,$$

wobei $b$ die Kanalbreite ist. Umgeformt ergibt sich

$$(v_2 - v_1)\frac{v_1 z_1}{g} = \frac{z_1^2}{2} - \frac{z_2^2}{2} \quad ,$$

da der Massenstrom durch

$$\dot{m} = \rho v_1 b z_1 = \rho v_2 b z_2$$

angegeben werden kann. Die Energiegleichung liefert unter Berücksichtigung des Energieverlustes, der durch ausgeprägte turbulente Mischung und Dissipation im Wassersprung hervorgerufen wird,

$$z_1 + \frac{v_1^2}{2g} = z_2 + \frac{v_2^2}{2g} + h_v \quad .$$

Ohne Wassersprung ergibt das Gleichungssystem aus Impuls-, Massen- und Energieerhaltung die triviale Lösung $z_1 = z_2, \quad v_1 = v_2, \quad h_v = 0$. Da das Gleichungssystem jedoch nichtlinear ist, können mehrere Lösungen existieren.

Elimination von $v_2$ in der Impulsgleichung liefert

$$\frac{z_1^2}{2} - \frac{z_2^2}{2} = \frac{v_1 z_1}{g}\left(\frac{v_1 z_1}{z_2} - v_1\right) = \frac{v_1^2 z_1}{g z_2}(z_1 - z_2) \ .$$

Umformen und Einführen der Froudezahl $Fr_1 = v_1/\sqrt{g z_1}$ ergibt

$$\left(\frac{z_2}{z_1}\right)^2 + \left(\frac{z_2}{z_1}\right) - 2Fr_1^2 = 0 \ .$$

Die Lösung der quadratischen Gleichung lautet

$$\frac{z_2}{z_1} = \frac{1}{2}(-1 \pm \sqrt{1 + 8Fr_1^2}\ ) \ ,$$

wobei lediglich das „+“-Vorzeichen relevant ist, da das „−“-Vorzeichen auf ein unphysikalisches negatives Verhältnis von $z_2/z_1$ führt. Somit gilt

$$\frac{z_2}{z_1} = \frac{1}{2}\left(-1 + \sqrt{1 + 8Fr_1^2}\right) \quad . \quad (*)$$

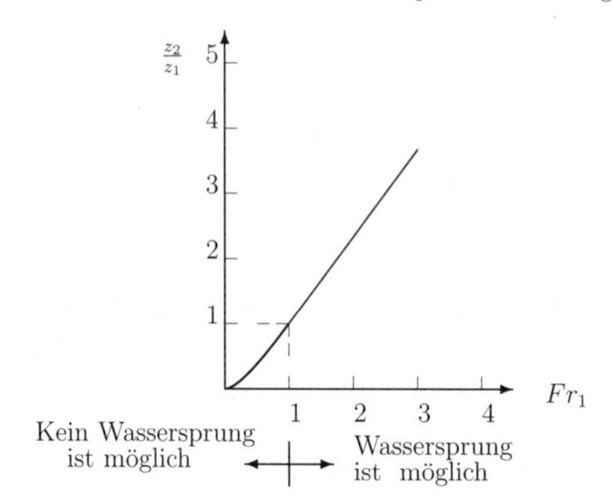


Damit ein Wassersprung $z_2/z_1 > 1$ auftritt, muss $Fr$-Zahl $> 1$ gelten, d. h. die Strömung muss überkritisch sein. Nur für diesen Fall ist die Gleichung für $z_2/z_1$ gültig. Dies lässt sich anhand der Energiegleichung zeigen. Es ist

$$\frac{h_v}{z_1} = 1 - \frac{z_2}{z_1} + \frac{v_1^2}{2gz_1} - \frac{v_2^2}{2gz_1}$$

$$\frac{h_v}{z_1} = 1 - \frac{z_2}{z_1} + \frac{Fr_1^2}{2}\left[1 - \left(\frac{z_1}{z_2}\right)^2\right] \quad .$$

Berücksichtigt man Werte für $z_2/z_1$ aus Gleichung $(*)$, erhält man negative Werte für $h_v/z_1$, sofern die $Fr$-Zahl$< 1$ ist. Dies widerspricht jedoch dem 2. Gesetz der Thermodynamik. Demnach kann die Schlussfolgerung gezogen werden, dass ein Wassersprung nur in überkritischer Strömung auftreten kann. Das heißt jedoch nicht, dass in jeder überkritischen Strömung ein Wassersprung beobachtet werden muss.

In einigen Strömungen ist der mit dem Wassersprung einhergehende große Energieverlust von Vorteil. Zum Beispiel könnte aufgrund der verhältnismässig großen Energie, die in der Strömung eines Überlaufkanals eines Staudamms vorhanden ist, der Abströmkanal unterhalb des Dammes beschädigt werden. Um dies zu verhindern, werden Hindernisse in die überkritische Strömung gesetzt, so dass ein Wassersprung auftritt. In diesem dissipiert ein erheblicher Teil der Energie der Strömung und die Strömung stromab der Einbauten ist unterkritisch, wofür der Kanal unterhalb des Dammes ausgelegt ist.

Die tatsächliche Struktur des Wassersprungs ist eine äußerst komplexe Funktion der Froudezahl. Jedoch werden der Energieverlust und das Wassertiefenverhältnis erstaunlich genau durch die eindimensionale Analyse wiedergegeben.

In Kanälen mit nicht rechteckigem Querschnitt treten ebenfalls Wassersprünge auf, deren allgemeines Verhalten mit dem in rechteckigen Rinnen vergleichbar ist. Die Unterschiede werden erkennbar, wenn Einzelheiten des Tiefenverhältnisses und des Energieverlustes untersucht werden.

# 9 Reibungsbehaftete laminare Strömungen

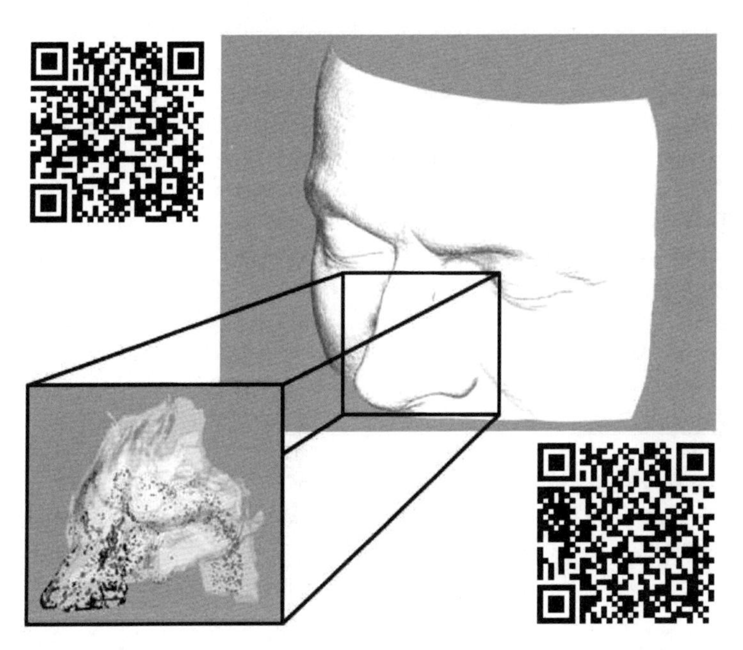

*Analyse der Strömung in der menschlichen Nase; der Nasenkanal wird als eine verallgemeinerte Rohrgeometrie angesehen. Visualisiert sind die Netzerzeugung für die numerische Berechnung und die Bahnlinien bei der Atmung. (Das Urheberrecht des mit dem QR Code verbundenen Films liegt beim Aerodynamischen Institut der RWTH Aachen. Der QR Code ist ein eingetragenes Handelszeichen von DENSO WAVE INCORPORATED.)*

Zahlreiche fluidmechanische Fragestellungen können ohne Berücksichtigung von Reibungseinflüssen analysiert werden. Andererseits ist es zum Verständnis gewisser Strömungsphänomene notwendig, die Reibungskräfte mit in die Betrachtung einzubeziehen, d. h. reibungsbehaftete Strömungen zu untersuchen.

Das Verhalten reibungsbehafteter Fluide ist dadurch gekennzeichnet, dass bei der Bewegung der einzelnen Fluidelemente gegeneinander vorwiegend Tangentialspannungen auftreten. Die daraus resultierenden Tangentialkräfte sind unmittelbar mit einer Eigenschaft der Fluide, die als Zähigkeit oder Viskosität bezeichnet wird, verbunden. Abhängig vom Zähigkeitsgesetz, das das Reibungsverhalten des Fluids beschreibt, spricht man von Newtonschen und nicht-Newtonschen Fluiden.

Strömungen, in denen die Viskosität von Bedeutung ist, können im Wesentlichen in zwei Kategorien eingeteilt werden: laminare und turbulente Strömungen. Die grundlegenden Unterschiede zwischen beiden Strömungsformen wurden bereits von Reynolds 1883 nachgewiesen. Er injizierte einen feinen Tintenstrom in eine Wasserströmung in einem Rohr. Bei kleinen Strömungsgeschwindigkeiten blieb der Tintenstrom wohl geordnet. Das Fluid bewegte sich in parallelen Schichten (lamina: die Schicht), ohne irgendeine makroskopische Austauschbewegung zwischen diesen anzudeuten. Eine solche Strömung wird laminar genannt. Überstieg die Wasserströmung eine gewisse Geschwindigkeit, zeigte der Tintenfaden unregelmässige Bewegungen, so dass bereits nur wenige Rohrdurchmesser hinter dem Eingabequerschnitt die Tinte aufgrund der Mischungsbewegung senkrecht zur Hauptströmungsrichtung über den gesamten Rohrdurchmesser verteilt war. Eine derartige chaotische Fluidbewegung wird als turbulente Strömung bezeichnet. Aufgrund der ungeordneten Bewegung der Fluidelemente werden in turbulenten Strömungen zusätzliche Reibungsspannungen hervorgerufen.

## 9.1 Viskosität

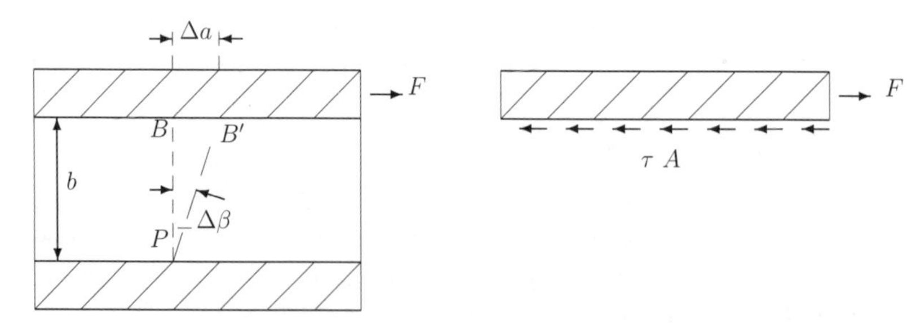


Um die Eigenschaft der Viskosität zu erläutern, betrachten wir folgendes hypothetisches Experiment. Zwischen zwei unendlich ausgedehnten, parallelen Platten befindet sich irgendeine Substanz. Die untere Platte ist fest, während sich die obere bewegen kann. Sofern die Substanz zwischen den Platten Stahl wäre und an der oberen Platte eine Kraft $F$ angreifen würde, würde sich diese um $\Delta a$ verschieben, vorausgesetzt die Stahlschicht wäre mit beiden Platten fest verbunden. Die Strecke $PB$ wäre um den Winkel $\Delta\beta$ nach $PB'$ gedreht. Um die Kraft $F$ auszugleichen, hätte sich eine Scherspannung $\tau$ zwischen Deckel und Stahl aufgebaut, so dass $F$ und $\tau A$ im Gleichgewicht wären, wobei $A$ die effektive Fläche der oberen Platte ist, an der $\tau$ angreift. Für elastische Festkörper, wie Stahl, ist bekannt, dass die Winkelverschiebung $\Delta\beta$ der Scherspannung $\tau$ proportional ist.

Wir ersetzen nun den Festkörper Stahl durch ein Fluid, z. B. Wasser. Wirkt die Kraft $F$ auf die obere Platte, wird sie sich mit einer konstanten Geschwindigkeit $u_\infty$ bewegen. Zwischen den Platten stellt sich ein Geschwindigkeitsprofil ein, da sich ein Fluid unter der Einwirkung einer Schubspannung stetig verformt.

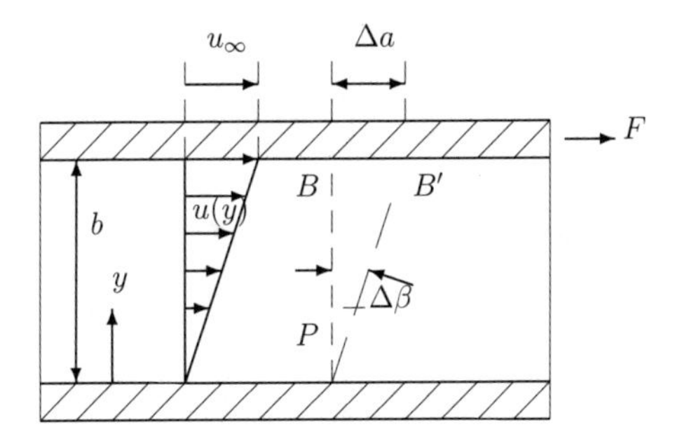


Weiterhin zeigt der Versuch, dass aufgrund der intermolekularen Kräfte die Strömung in unmittelbarer Wandnähe die Geschwindigkeit der Deckel annimmt. Das heißt oben bewegt sich das Fluid mit $u_\infty$, unten ruht es $u = 0$. Zwischen den Platten weist die Strömung ein lineares Geschwindigkeitsprofil $u(y) = u_\infty y/b$ auf, so dass ein Geschwindigkeitsgradient $du/dy = u_\infty/b$ existiert, der in diesem Sonderfall konstant ist. Die Beobachtung, dass das Fluid an den Wänden haftet, gilt allgemein für Fluide; diese Randbedingung wird als Haftbedingung bezeichnet.

Um den Begriff der Zähigkeit einzuführen, stellen wir folgende Überlegungen an. In einem kleinen Zeitintervall $\Delta t$ rotiert die Strecke $PB$ um den Winkel $\Delta\beta$, so dass

$$\tan\Delta\beta \approx \Delta\beta = \frac{\Delta a}{b} \quad .$$

Weiterhin ist $\Delta a = u_\infty \Delta t$, weshalb

$$\Delta\beta = \frac{u_\infty \Delta t}{b} \quad .$$

Somit ist $\Delta\beta$ nicht nur abhängig von $F$ – die Kraft bestimmt die Geschwindigkeit $u_\infty$ –, sondern auch von der Zeit. Aus diesem Grund betrachten wir die Winkeländerung $\Delta\beta$ mit der Zeit $\Delta t$, die sogenannte Schergeschwindigkeit $\dot{\gamma}$, die folgendermaßen definiert ist

$$\dot{\gamma} = \lim_{\Delta t \to 0} \frac{\Delta\beta}{\Delta t} \quad .$$

Im Fall unseres Experiments erhält man

$$\dot{\gamma} = \frac{u_\infty}{b} = \frac{du}{dy}$$

Würde diese Untersuchung fortgeführt, käme man zu dem Ergebnis, dass die Schubspannung der Schergeschwindigkeit direkt proportional ist

$$\tau \sim \dot{\gamma}$$

bzw.

$$\tau \sim \frac{du}{dy} \quad .$$

Dieser Zusammenhang deutet an, dass für gewöhnliche Fluide wie Wasser, Öl, Luft etc. zwischen der Schubspannung und der Schergeschwindigkeit bzw. dem Geschwindigkeitsgradient eine Beziehung der Form

$$\tau = \eta \frac{du}{dy}$$

gefunden werden kann, wobei die Proportionalitätskonstante $\eta$ als dynamische Viskosität oder einfach Viskosität bezeichnet wird. Sie zeigt eine starke Abhängigkeit von der Temperatur des Fluids und lediglich eine geringe vom Druck $\eta = \eta(T,p) \approx \eta(T)$. Trägt man $\tau$ als Funktion von $du/dy$ auf, ergibt sich eine lineare Darstellung, wobei die dynamische Zähigkeit der Steigung entspricht. Fluide, für die ein linearer Zusammenhang zwischen Schubspannung und Schergeschwindigkeit gültig ist, werden als Newtonsche oder normalviskose Fluide bezeichnet. Darunter fallen die meisten üblichen Fluide. Die Einheit der dynamischen Viskosität wird i. a.

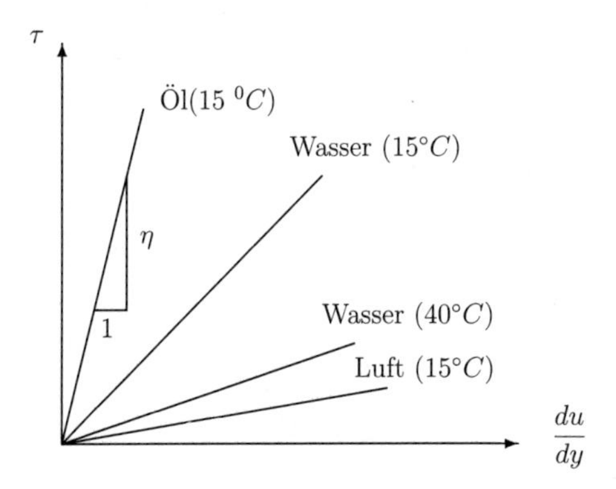


in Ns/m$^2$ angegeben. Die deutlichen Unterschiede in den Zähigkeitswerten verschiedener Fluide sind in folgender Darstellung zu erkennen. Darüber hinaus zeigt die Abbildung, dass die Viskosität von Flüssigkeiten mit der Temperatur abnimmt, während sie bei Gasen ansteigt.

In Strömungsproblemen wird häufig die auf die Dichte bezogene Viskosität $\nu$

$$\nu = \frac{\eta}{\rho}$$

verwendet. Die Einheit m$^2$/s von $\nu$ zeigt, dass $\nu$ unabhängig von der Masse ist und somit eine kinematische Stoffgröße darstellt. Sie wird dementsprechend als kinematische Viskosität bezeichnet.

Fluide, die nicht dem Newtonschen Elementargesetz der Zähigkeitsreibung gehorchen, werden als nicht-Newtonsche oder anomalviskose Fluide bezeichnet. Diejenigen, die am häufigsten in technischen Fragestellungen auftreten, sind im folgenden Diagramm dargestellt. Im Falle der strukturviskosen Fluide nimmt die Viskosität – die Steigung – mit wachsender Scherung ab. Je stärker die Scherung ist, die auf das Fluid wirkt, desto weniger viskos ist es. Viele gallertartige Suspensionen und Polymere sind strukturviskose Fluide. Zum Beispiel tropft Latexfarbe nicht von der Rolle, da die Scherung klein und die Zähigkeit groß ist. Jedoch ist sie leicht auf die Wand aufzutragen, da die dünne Schicht zwischen Wand und Rolle eine große Scherung $(du/dy)$ hervorruft und somit für eine kleine Viskosität sorgt.

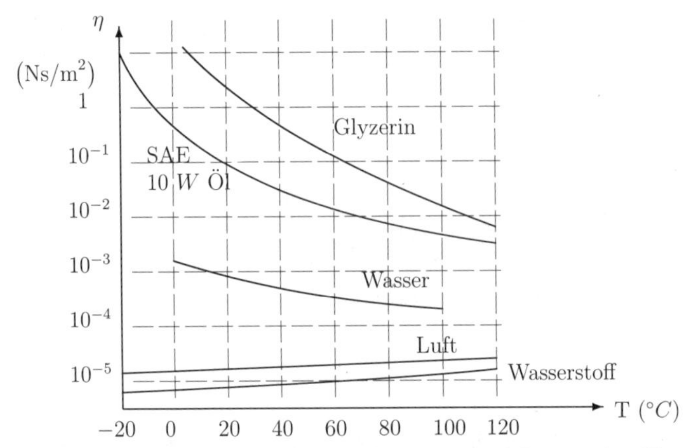


Fluide, deren Viskosität mit steigender Scherung anwächst, werden dilatante Fluide genannt; je größer die aufgebrachte Schubspannung ist, umso viskoser verhält sich das Fluid. Eine derartige Eigenschaft wird z. B. bei Treibsand beobachtet. Möchte man ein Objekt aus einem Treibsandgebiet entfernen, so erhöht sich der viskose Effekt dramatisch, wenn man die Geschwindigkeit vergrößert, um den Gegenstand herauszuziehen.

Die Bingham-Plastik ist weder ein Fluid noch ein Festkörper. Sie verträgt, ohne in Bewegung zu geraten, eine endliche Schubspannung $\tau_0$, so dass sie nicht als Fluid angesehen werden kann. Wird auf der anderen Seite die Schubspannung $\tau_0$ überschritten, strömt sie wie ein Fluid. Sie ist demnach auch kein Festkörper. Beispiele, denen man täglich begegnet, sind u. a. Zahnpasta oder Mayonnaise.

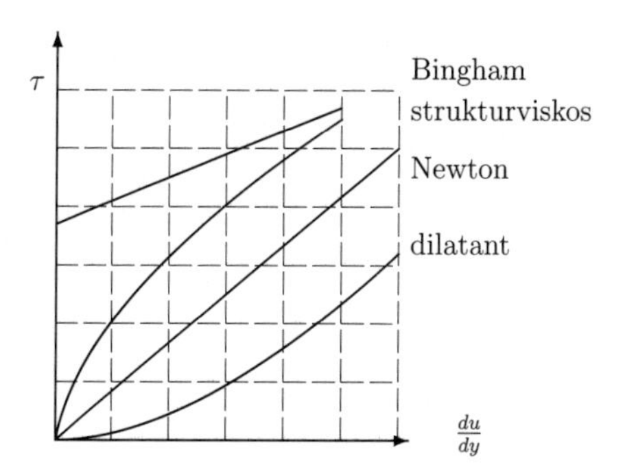


Da die Newtonschen Fluide die wesentliche Rolle in der Strömungsmechanik bilden, werden wir uns im Folgenden auf Strömungen dieser normalviskosen Fluide beschränken.

## 9.2 Stationäre Strömung zwischen parallelen Platten

Die Strömung zwischen zwei horizontal angeordneten, parallelen Platten wird durch einen Druckgradienten in $x$-Richtung, der Hauptströmungsrichtung, hervorgerufen. Normal zu den Platten ist die Geschwindigkeit null, so dass ein Gleichgewicht zwischen Druck- und Reibungskräften herrscht. Für eine

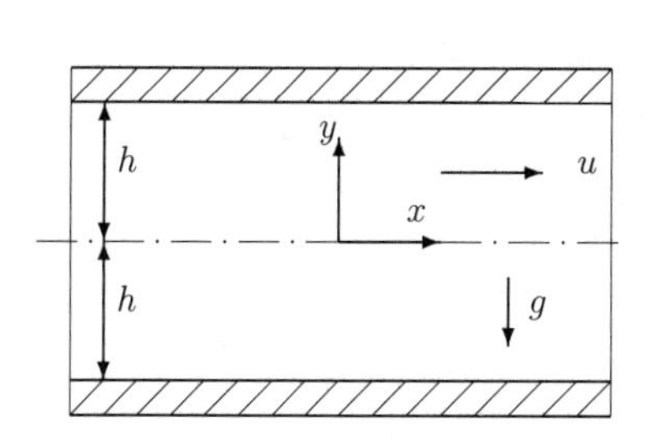


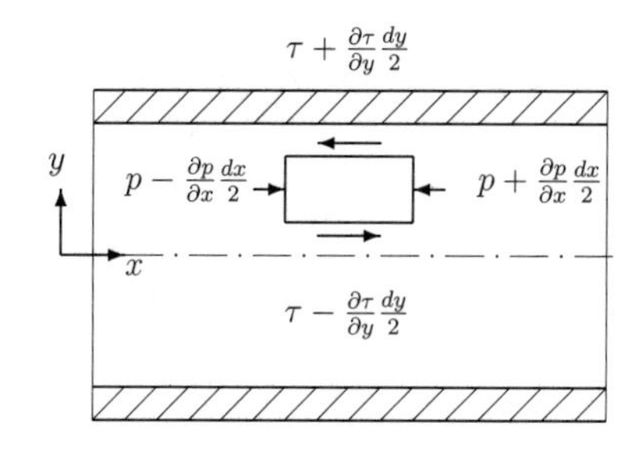

stationäre Strömung $\partial u/\partial t = 0$ erhält man

$$\left(p - \frac{\partial p}{\partial x}\frac{dx}{2}\right)dy - \left(p + \frac{\partial p}{\partial x}\frac{dx}{2}\right)dy + \left(\tau - \frac{\partial \tau}{\partial y}\frac{dy}{2}\right)dx - \left(\tau + \frac{\partial \tau}{\partial y}\frac{dy}{2}\right)dx = 0$$

$$-\frac{\partial p}{\partial x} - \frac{\partial \tau}{\partial y} = 0 \quad .$$

Setzt man das Newtonsche Gesetz der Zähigkeitsreibung in der Form $\tau = -\eta \partial u/\partial y$ ein, wobei das „−“Zeichen eingeführt wurde, um für den negativen Geschwindigkeitsgradienten ein positives $\tau$ zu erhalten, ergibt sich

$$-\frac{\partial p}{\partial x} + \eta \frac{\partial^2 u}{\partial y^2} = 0 \quad .$$

Das Kräftegleichgewicht in $y$-Richtung liefert

$$\left(p - \frac{\partial p}{\partial y}\frac{dy}{2}\right)dx - \left(p + \frac{\partial p}{\partial y}\frac{dy}{2}\right)dx - \rho g dx dy = 0$$

$$-\frac{\partial p}{\partial y} - \rho g = 0 \quad .$$

Nach Integration dieser Gleichung erhält man eine Beziehung

$$p = -\rho g y + f_1(x) \quad ,$$

die der hydrostatischen Änderung des Druckes in $y$-Richtung entspricht.

Um das Geschwindigkeitsprofil $u(y)$ zu bestimmen, integrieren wir die Differentialgleichung aus dem Kräftegleichgewicht in $x$-Richtung. Die erste Integration ergibt

$$\frac{du}{dy} = \frac{1}{\eta}\frac{\partial p}{\partial x} y + c_1 \quad ,$$

nochmalige Integration liefert

$$u(y) = \frac{1}{\eta}\frac{\partial p}{\partial x}\frac{y^2}{2} + c_1 y + c_2 \quad ,$$

wobei $c_1$ und $c_2$ konstante Größen sind, da die Geschwindigkeit $u$ infolge der verschwindenden Normalgeschwindigkeit nur von $y$ abhängt. Darüber hinaus ist der Druckgradient $\partial p/\partial x$ bezüglich der Integration aufgrund seiner Unabhängigkeit von $y$ konstant. Die Größen werden mittels der Randbedingungen

$$y = \pm h : \qquad u = 0$$

bestimmt. Aus

$$0 = \frac{1}{\eta}\frac{\partial p}{\partial x}\frac{h^2}{2} + c_1 h + c_2$$
$$0 = \frac{1}{\eta}\frac{\partial p}{\partial x}\frac{h^2}{2} - c_1 h + c_2$$

folgt

$$c_1 = 0$$
$$c_2 = -\frac{1}{\eta}\frac{\partial p}{\partial x}\frac{h^2}{2} \qquad ,$$

so dass die Geschwindigkeit $u(y)$

$$u(y) = \frac{1}{2\eta}\left(\frac{\partial p}{\partial x}\right)\left(y^2 - h^2\right)$$

eine Parabel darstellt.

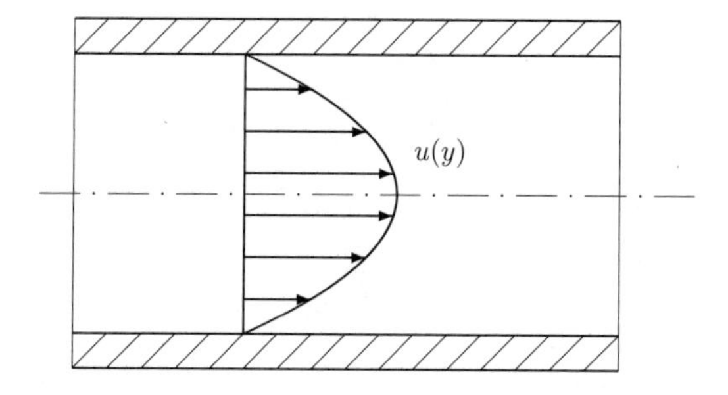

Der auf die Einheitsbreite $b$ bezogene Volumenstrom $q = \dot{V}/b$ ergibt sich aus

$$\frac{\dot{V}}{b} = q = \int_{-h}^{h} u(y)dy = \int_{-h}^{h} \frac{1}{2\eta}\left(\frac{\partial p}{\partial x}\right)\left(y^2 - h^2\right)dy$$

$$q = -\frac{2h^3}{3\eta}\left(\frac{\partial p}{\partial x}\right) \quad .$$

Prüfungsfrage:

Die Größe $q$ ist positiv, da der Druckgradient negativ ist; der Druck fällt in Strömungsrichtung ab. Nimmt man an, dass der Druck über die Strecke $l$ um $\Delta p$ sinkt, gilt

$$\frac{\Delta p}{l} = -\frac{\partial p}{\partial x} \quad .$$

Eingesetzt in $q$ folgt

$$q = \frac{2h^3 \Delta p}{3\eta l} \quad .$$

Die Strömung ist demnach proportional zum Druckgradient, umgekehrt proportional zur Viskosität und sehr stark abhängig von der Spalthöhe ($\sim h^3$). Für die mittlere Geschwindigkeit $\bar{u} = q/2h$ erhält man

$$\bar{u} = \frac{h^2 \Delta p}{3\eta l} \quad .$$

Die maximale Geschwindigkeit, die bei $y = 0$ auftritt, beträgt

$$u_{\max} = -\frac{h^2}{2\eta}\left(\frac{\partial p}{\partial x}\right)$$

bzw.

$$u_{\max} = \frac{3}{2}\bar{u} \quad .$$

Ist der Druckgradient, die Viskosität und die Spalthöhe bekannt, können die Geschwindigkeitsverteilung, der bezogene Volumenstrom und die mittlere und die maximale Geschwindigkeit bestimmt werden. Für einen Referenzdruck $p_0$ an der Stelle $x = y = 0$ ergibt sich aus der hydrostatischen Druckgleichung die Funktion $f_1(x)$

$$f_1(x) = \left(\frac{\partial p}{\partial x}\right)x + p_0 \quad ,$$

wodurch die Druckverteilung $p(x, y)$ zu

$$p = -\rho g y + \left(\frac{\partial p}{\partial x}\right) x + p_0$$

ermittelt wird. Diese Analyse ist für laminare Strömungen gültig.

## 9.3 Couette-Strömung

Wird die obere der beiden parallel angeordneten Platten mit der konstanten Geschwindigkeit $u_\infty$ bewegt, erhält man unter Beachtung der geänderten Randbedingungen

$$y = 0 : u = 0$$
$$y = h : u = u_\infty$$

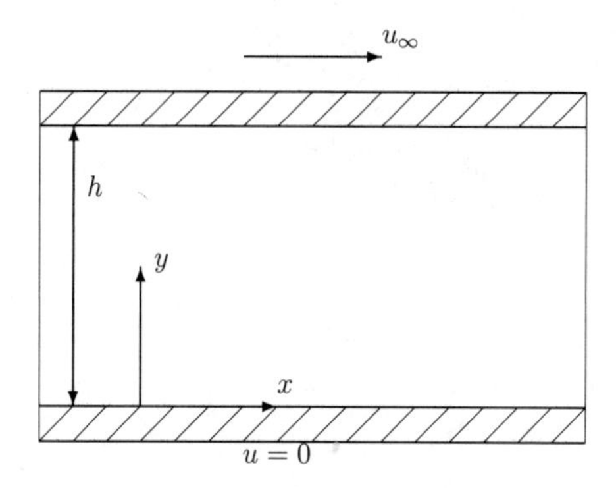


für die Konstanten $c_1$ und $c_2$ des allgemeinen Geschwindigkeitsprofils $u(y)$

$$c_1 = \frac{u_\infty}{h} - \frac{1}{2\eta}\left(\frac{\partial p}{\partial x}\right)h$$
$$c_2 = 0 \qquad ,$$

so dass

$$u(y) = u_\infty \frac{y}{h} + \frac{1}{2\eta}\left(\frac{\partial p}{\partial x}\right)(y^2 - hy)$$

bzw. in dimensionsloser Form

$$\frac{u(y)}{u_\infty} = \frac{y}{h} - \frac{h^2}{2\eta u_\infty}\left(\frac{\partial p}{\partial x}\right)\left(\frac{y}{h}\right)\left(1 - \frac{y}{h}\right) \quad .$$

Abhängig von dem Parameter $P = -h^2/2\eta u_\infty\,(\partial p/\partial x)$, der vorwiegend durch den Druckgradienten variiert, stellen sich verschiedene Geschwindigkeitsprofile ein. Diese Strömung wird als Couette-Strömung bezeichnet.

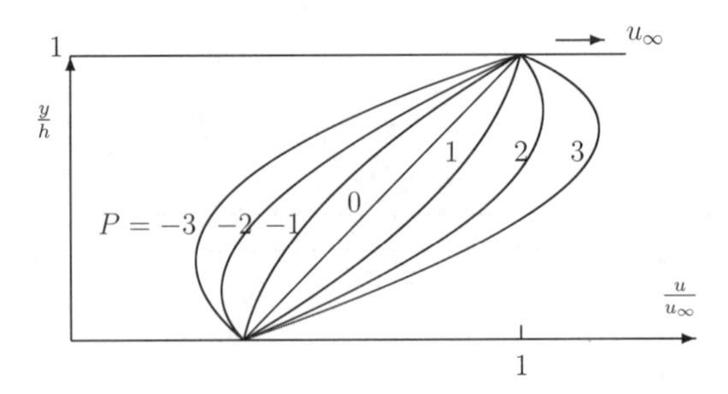


Die einfachste Couette-Strömung stellt sich für $\partial p/\partial x = 0$ ein. In diesem Fall ergibt sich ein lineares Geschwindigkeitsprofil

$$u = u_\infty \frac{y}{h} \quad .$$

Diese Strömung lässt sich experimentell sehr gut approximieren, indem zwei konzentrisch angeordnete Zylinder aufgestellt werden, wovon sich der äußere mit einer Umfangsgeschwindigkeit $U = R\omega$ dreht, während der innere ruht. Eine derartige Näherung ist jedoch nur gültig, wenn gewährleistet ist, dass die Spaltweite $h$ bedeutend keiner als der Radius des inneren Zylinders ist.

## 9.4 Stationäre Strömung in Rohren mit Kreisquerschnitt

Im Folgenden betrachten wir die laminare Strömung durch ein um den Winkel $\alpha$ geneigtes zylindrisches Rohr mit dem Radius $R$. Aufgrund der Zylindergeometrie ist es naheliegend auf Zylinderkoordinaten zurückzugreifen. Wir gehen davon aus, dass die Strömung parallel zur Rohrwand verläuft, so dass $v = w = 0$ gilt sowie stationär und achsensymmetrisch ist $\partial u / \partial t = 0, \quad \partial u / \partial \Theta = 0$. Somit kann das Geschwindigkeitsprofil nur noch vom Radius abhängen $u = f(r)$. Aus dem Kräftegleichgewicht in $x$-Richtung ergibt sich

$$\begin{aligned}
\left(p - \frac{\partial p}{\partial x}\frac{dx}{2}\right) 2\pi r dr - \left(p + \frac{\partial p}{\partial x}\frac{dx}{2}\right) 2\pi r dr \; + \\
\left(\tau - \frac{\partial \tau}{\partial r}\frac{dr}{2}\right) 2\pi \left(r - \frac{dr}{2}\right) dx - \left(\tau + \frac{\partial \tau}{\partial r}\frac{dr}{2}\right) 2\pi \left(r + \frac{dr}{2}\right) dx \; + \\
\rho g 2\pi r dr dx \sin\alpha = 0 \\
-\frac{\partial p}{\partial x} - \frac{\tau}{r} - \frac{\partial \tau}{\partial r} + \rho g \sin\alpha = 0
\end{aligned}$$

bzw.

$$-\frac{\partial p}{\partial x} - \frac{1}{r}\frac{\partial (r\tau)}{\partial r} + \rho g \sin\alpha = 0 \qquad .$$

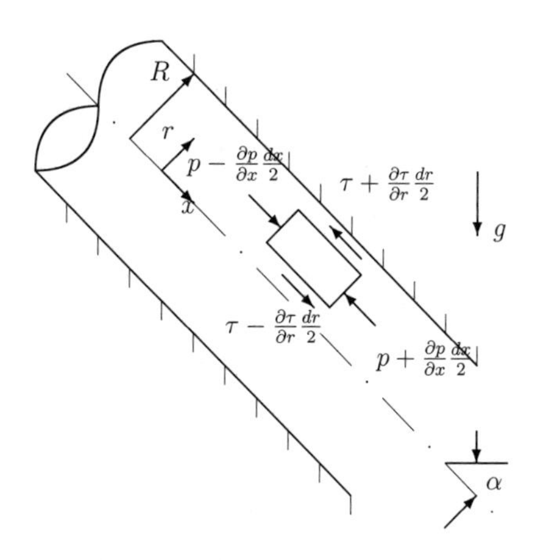

Radiale Integration liefert unter Beachtung der Konstanz von $\partial p/\partial x$

$$\tau = \left( - \left( \frac{\partial p}{\partial x} \right) + \rho g \sin\alpha \right) \frac{r}{2} + \frac{c_1}{r}$$

sowie mit $\tau = -\eta \partial u/\partial r$, um analog zur ebenen Strömung bei $\partial u/\partial r < 0$ für $\tau > 0$ zu sorgen,

$$u = \frac{r^2}{4\eta} \left[ \left( \frac{\partial p}{\partial x} \right) - \rho g \sin\alpha \right] - \frac{c_1}{\eta} \ln r + c_2 \qquad .$$

Berücksichtigt man die Randbedingungen, dass die Geschwindigkeit $u$ auf der Achse bei $r = 0$ endlich ist und bei $r = R$ verschwindet $u = 0$, erhält man

$$c_1 = 0, \qquad \text{da} \qquad \ln(0) = -\infty$$

und

$$c_2 = -\frac{R^2}{4\eta} \left[ \left( \frac{\partial p}{\partial x} \right) - \rho g \sin\alpha \right] \qquad .$$

Eingesetzt ermittelt man die Geschwindigkeitsverteilung

$$u(r) = \frac{1}{4\eta} \left[ \left( \frac{\partial p}{\partial x} \right) - \rho g \sin\alpha \right] (r^2 - R^2) \qquad ,$$

die wiederum parabolisch ist. Der Volumenstrom $\dot{V}$

$$\dot{V} = 2\pi \int_0^R u(r) r dr$$

errechnet sich zu

$$\dot{V} = -\frac{\pi R^4}{8\eta} \left[ \left( \frac{\partial p}{\partial x} \right) - \rho g \sin\alpha \right] \qquad .$$

Formuliert man den Druckgradienten über den Druckabfall entlang der Länge $l$

$$\frac{\Delta p}{l} = -\frac{\partial p}{\partial x} \qquad ,$$

lautet der Volumenstrom

$$\dot{V} = \frac{\pi R^4}{8\eta}\left[\frac{\Delta p}{l} + \rho g \sin\alpha\right] \quad ,$$

der für $\alpha = 0$ von dem französischen Physiker Poiseuille und dem deutschen Ingenieur Hagen unabhängig voneinander um 1840 experimentell angegeben worden ist. Die Gleichung

$$\dot{V} = \frac{\pi R^4}{8\eta}\frac{\Delta p}{l}$$

wird häufig als Hagen-Poiseuille-Gesetz der Rohrströmung bezeichnet.

Die mittlere Geschwindigkeit $\bar{u} = \dot{V}/\pi R^2$ ist

$$\bar{u} = \frac{R^2}{8\eta}\left[\left(\frac{\Delta p}{l}\right) + \rho g \sin\alpha\right] \quad .$$

Sie entspricht der Hälfte der maximalen Geschwindigkeit $u_{\max}$

$$u_{\max} = \frac{R^2}{4\eta}\left[\frac{\Delta p}{l} + \rho g \sin\alpha\right] = 2\bar{u} \quad ,$$

die auf der Rohrachse auftritt. Formuliert man das Geschwindigkeitsprofil bezogen auf $u_{\max}$, ergibt sich die Gleichung

$$\frac{u}{u_{\max}} = 1 - \left(\frac{r}{R}\right)^2 \quad .$$

Ebenso wie die vorigen Untersuchungen ist die Analyse zur Hagen-Poiseuille-Strömung für laminare Strömungen gültig.

Vernachlässigt man die Schwerkraft, ergibt sich aus dem Gleichgewicht zwischen Druck- und Schubspannung

$$\tau = -\left(\frac{\partial p}{\partial x}\right)\frac{r}{2}$$

ein Ausdruck für die Wandschubspannung $\tau_w$, die die vom Fluid auf die Wand ausgeübte Schubspannung darstellt

$$\tau_w = \frac{R}{2}\frac{\Delta p}{l} \quad .$$

Bezieht man die Druckdifferenz auf den Staudruck der mittleren Geschwindigkeit, erhält man

$$\frac{\Delta p}{\frac{\varrho}{2}\bar{u}^2} = \frac{8\eta l}{R^2\frac{\varrho}{2}\bar{u}} = \frac{64\eta}{D\rho\bar{u}}\frac{l}{D} = \frac{2\tau_w l}{R\frac{\varrho}{2}\bar{u}^2} = \frac{8\tau_w}{\rho\bar{u}^2}\frac{l}{D} \quad ,$$

so dass

$$\frac{8\tau_w}{\rho\bar{u}^2} = \frac{64\eta}{D\rho\bar{u}} = \frac{64}{Re} \quad ,$$

wobei die dimensionslose Kennzahl $Re = \rho D\bar{u}/\eta$, die als Reynoldszahl bezeichnet wird, eingeführt worden ist. Der Ausdruck $\frac{8\tau_w}{\rho\bar{u}^2}$, der umgekehrt proportional zur Reynoldszahl ist, wird Rohrreibungszahl $\lambda$

$$\lambda = 8\tau_w/\rho\bar{u}^2 = \frac{64}{Re}$$

genannt. Kennt man die Reynoldszahl der Strömung, ist demnach der Beiwert $\lambda$ bestimmt.

## 9.5 Rohreinlaufstrecke, ausgebildete Strömung

Jedes in einem Rohr strömende Fluid muss zunächst an einer Stelle in das Rohr eintreten. Dieser Eintrittsbereich, in dem die Berechnung der Geschwindigkeits- und Druckverteilung äußerst komplex ist, wird Einlaufstrecke genannt. Sie nimmt den Teil des Rohres ein, der z. B. unmittelbar hinter einem Wassertank liegt oder mit einem Brenner verbunden ist.

Im Allgemeinen tritt das Fluid mit einem rechteckigen Geschwindigkeitsprofil in das Rohr ein. Fließt das Fluid im Rohr, bewirkt die Haftbedingung, dass sich ein Strömungsgebiet entwickelt, in dem viskose Effekte eine wesentliche Rolle spielen. Dadurch verändert sich das anfängliche Geschwindigkeitsprofil mit der Lauflänge $x$, bis das Ende der sogenannten Einlaufstrecke erreicht ist. Weiter stromab ist das Geschwindigkeitsprofil unabhängig von $x$; man spricht in diesem Fall von ausgebildeter Strömung. Diese bleibt erhalten bis das Rohr Veränderungen aufweist, wie Änderungen im Durchmesser oder in der Strömungsführung durch einen Krümmer oder andere Einbauten. Hinter derartigen Störungen nimmt die Strömung nach einer ausreichend langen Beruhigungsstrecke wieder den ausgebildeten Zustand an. Überlicherweise sind Rohrleitungen so ausgelegt, dass im größten Teil der Rohrstrecke die Strömung ausgebildet ist.

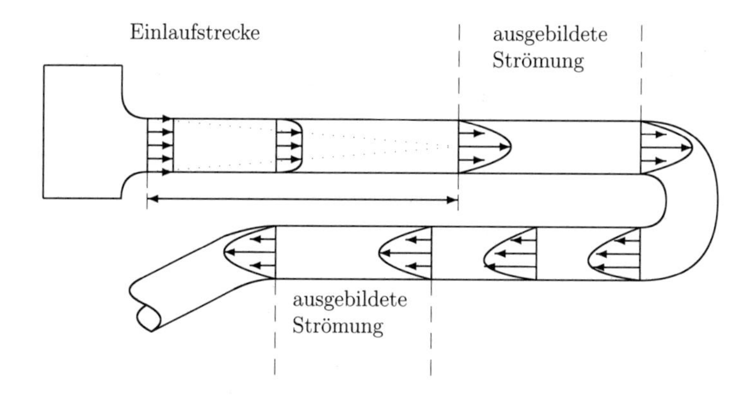


Die Kenntnis der Größe der Einlaufstrecke $l_e$ ist für experimentelle Untersuchungen und technische Anwendungen von Rohrströmungen von wesentlicher Bedeutung. Wie viele andere Eigenschaften der Rohrströmungen korreliert die mit dem Rohrdurchmesser $D$ dimensionslos formulierte Einlaufstrecke $l_e/D$ sehr gut mit der Reynoldszahl. Für laminare Strömungen in kreisförmigen Rohren gilt die Näherung

$$\frac{l_e}{D} = 0.06\ Re \qquad ,$$

so dass eine Reynoldszahl von $Re = 1000$ bereits eine Einlaufstrecke von $l_e = 60D$ zur Folge hat. Im Falle turbulenter Strömungen, die in den meisten praktischen Problemen anzutreffen sind, sind die Einlaufstrecken jedoch deutlich geringer.

Die Veränderung des Geschwindigkeitsprofils in der Einlaufstrecke hat eine im Vergleich zur ausgebildeten Strömung größere Wandschubspannung zur Folge, die einen zusätzlichen Druckabfall bedingt. Dieser wird durch den Verlustbeiwert der Einlaufströmung $\zeta_e$ in dem dimensionslosen Druckbeiwert

$$\frac{p_1 - p_2}{\frac{\varrho}{2}\bar{u}^2} = \lambda \frac{L}{D} + \zeta_e$$

berücksichtigt. Experimentelle Untersuchungen zeigen, dass bei laminaren Strömungen durch das Kreisrohr $\zeta_e$ im Bereich $1.12 \leq \zeta_e \leq 1.45$ liegt.

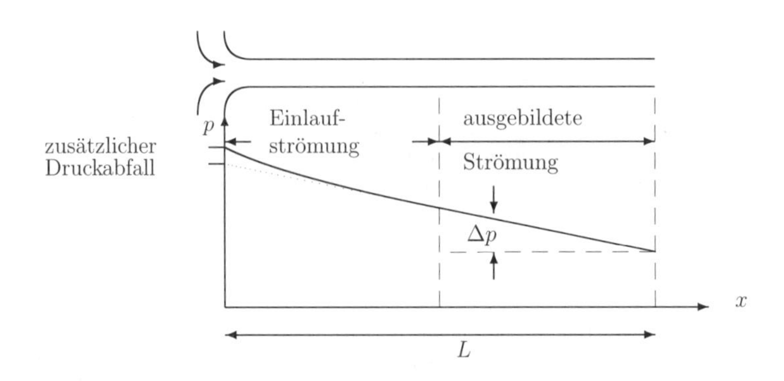

# 10 Turbulente Rohrströmung

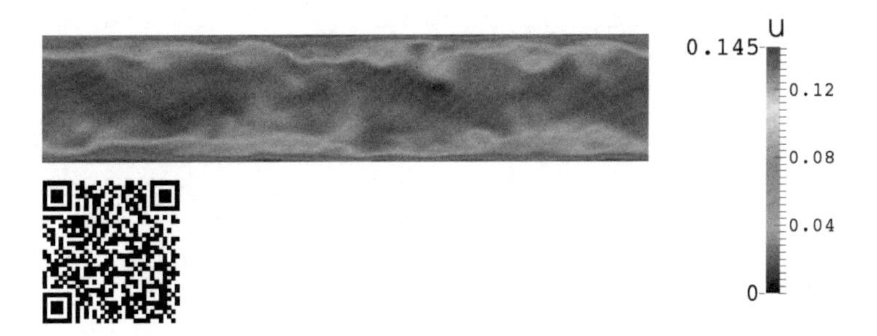


*Darstellung der turbulenten Geschwindigkeitsverteilung. (Das Urheberrecht des mit dem QR Code verbundenen Films liegt beim Aerodynamischen Institut der RWTH Aachen. Der QR Code ist ein eingetragenes Handelszeichen von DENSO WAVE INCORPORATED.)*

Die Strömung eines Fluids durch ein Rohr kann entweder laminar, turbulent oder transitionell sein. Zur Verdeutlichung der Unterschiede zwischen diesen Strömungsformen betrachten wir das zeitliche Verhalten der Strömung in einem Punkt $P$ im Rohr. Bei laminarer Strömung existiert lediglich eine von null verschiedene Geschwindigkeitskomponente $u_P$, die unabhängig von der Zeit ist. Wird der Volumenstrom deutlich erhöht, treten zufällige Schwankungsbewegungen auf, die sich der Geschwindigkeitskomponente in $x$-Richtung überlagern. Aufgrund dieser Schwankungen werden darüber hinaus Fluktuationen normal zur Hauptachse hervorgerufen. Ein derartiges Strömungsfeld wird als turbulent bezeichnet. Bevor die Strömung turbulent wird, d. h. bei einem etwas geringeren Volumenstrom, wird das glatte, laminare Strömungsbild nur kurzzeitig gestört, ohne den regulären Charakter zu verlieren. Diese intermittierend auftretenden Unregelmässigkeiten zeigen, dass die Strömung weder laminar noch turbulent ist. Diese Übergangsform oder dieser Zwischenzustand wird transitionell genannt.

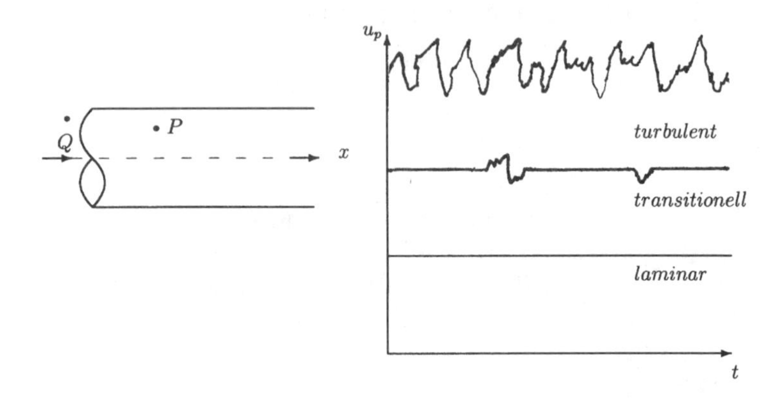


Die sich einstellende Strömungsform ist nicht nur von der Geschwindigkeit des Fluids abhängig, sondern ebenfalls von dessen Dichte und Viskosität sowie vom Rohrdurchmesser. Aus diesen Größen lässt sich die Reynoldszahl bilden, die die bedeutendste Kennzahl der Rohrströmung darstellt. Die Bereiche der Reynoldszahl, in denen laminare, transitionelle oder turbulente Strömung beobachtet wird, besitzen keine scharfen Grenzen. Abhängig von den Störungen, die durch Rohrvibrationen, Oberflächenbeschaffenheit des Rohres, Geometrie des Einlaufs etc. in die Strömung gelangen, kann die Strömung vom laminaren in den turbulenten Zustand bei verschiedenen Reynoldszahlen übergehen. Für viele technische Anwendungen können jedoch folgende Werte angegeben werden. Die Strömung in einem kreisförmigen Rohr ist für $Re \leq 2100$ laminar. Sofern $Re \geq 4000$ gilt, herrscht turbulente Strömung, während für $2100 < Re < 4000$ transitionelle Strömung beobachtet wird.

Experimentell können die Strömungsformen z. B. folgendermaßen verwirklicht werden. Zunächst ist das Fluid in einem Rohr in Ruhe. Anschließend wird eine Düse langsam geöffnet, so dass eine Strömung in Gang gesetzt wird. Die Geschwindigkeit und somit die Reynoldszahl wachsen bis ihr maximaler Wert erreicht ist. Sofern dieser Prozess ausreichend langsam durchfahren wird, d. h. instationäre Effekte können vernachlässigt werden, da die Strömung als quasistationär angesehen werden kann, ergibt sich folgende graphische Darstellung für die Strömungsbereiche der Rohrströmung.

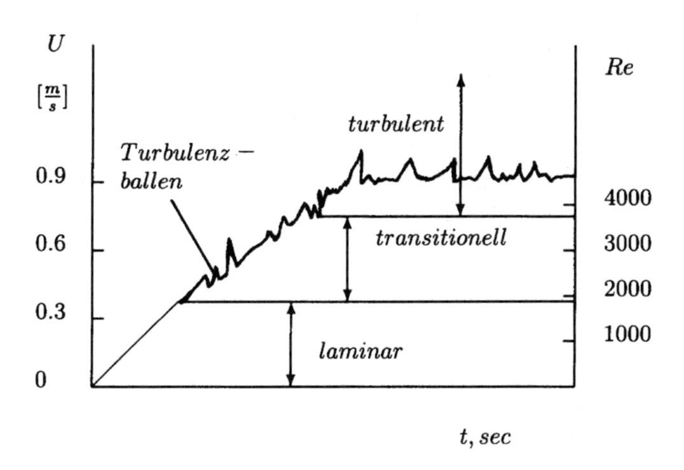


## 10.1 Turbulente Schubspannung

Bevor wir die turbulente Rohrströmung analysieren, ist es angebracht, kurz auf einige mathematische Zusammenhänge bezüglich der zeitlichen Mittelung einzugehen. Turbulente Strömungen sind durch chaotische, zufällige Schwankungsbewegungen verschiedener Strömungsgrößen gekennzeichnet. Aus diesem Grund wird in der Reynoldsschen Mittelung die Strömungsgröße $f$ in einen zeitlichen Mittelwert $\overline{f}$

$$\overline{f} = \frac{1}{T} \int_t^{t+T} f(x, y, z, t) dt$$

und einen Schwankungsanteil $f'$ aufgeteilt

$$f = \overline{f} + f' \quad ,$$

wobei das Zeitintervall $T$ deutlich größer als die Schwankungsdauer, jedoch auch gleichzeitig erheblich kürzer als jede Instationarität der gemittelten Größe ist.

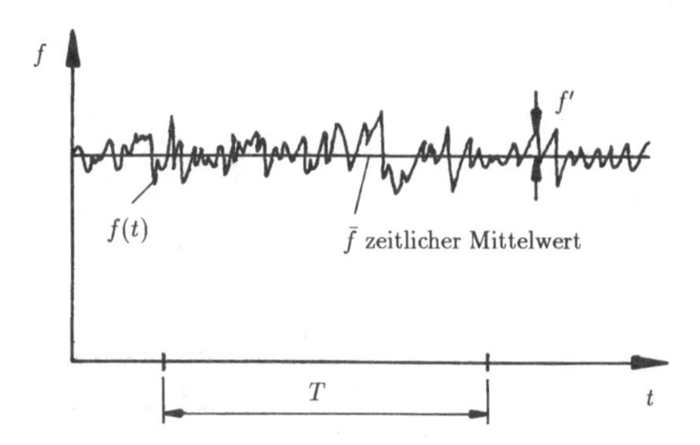


Es ist klar, dass die zeitliche Mittelung der Schwankungsgröße $f'$ verschwindet

$$\overline{f'} = \frac{1}{T}\int_t^{t+T}(f-\overline{f})dt = \frac{1}{T}[\int_t^{t+T} f dt - \overline{f}\int_t^{t+T} dt] = \frac{1}{T}(T\overline{f} - T\overline{f}) = 0 \quad ,$$

da die Fluktuationen „gleichverteilt" oberhalb und unterhalb des Mittelwertes liegen. Darüber hinaus ist verständlich, dass das Quadrat der Schwankungsanteile und dessen Mittelwert positiv ist

$$\overline{(f')^2} = \frac{1}{T}\int_t^{t+T}(f')^2 dt > 0 \quad .$$

Ähnliches gilt für Produkte verschiedener Schwankungsgrößen. Das heißt Ausdrücke wie $\overline{f'g'}$ können zwar null sein, werden aber im allgemeinen Werte ungleich null aufweisen.

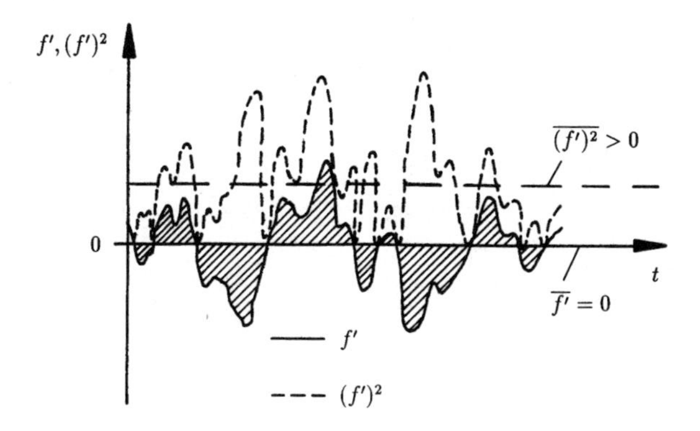


Bei der Summation und Multiplikation können Operation und Mittelung vertauscht werden, so dass

$$\overline{f + g} = \overline{f} + \bar{g}$$
$$\overline{\overline{f} \cdot g} = \overline{f} \cdot \overline{g} \quad .$$

Das gleiche gilt für die Differentiation und Integration bezüglich einer unabhängigen Variablen $x, y, z$ oder t. So ist z. B.

$$\overline{\frac{\partial f}{\partial y}} = \frac{\partial \overline{f}}{\partial y}$$
$$\overline{\int f dy} = \int \overline{f} dy \quad ,$$

was über den Differenzenquotienten bzw. die Riemann-Summen gezeigt werden kann. Weiterhin ergibt die Mittelung einer bereits gemittelten Größe wiederum den Durchschnittswert

$$\overline{\overline{f}} = \overline{f} \quad .$$

Bemerkung: Neben der von Reynolds eingeführten zeitlichen Mittelung wird bei der Berechnung turbulenter Strömungen anhand der Methode der Grobstruktursimulation eine räumliche Mittelung, auch als Filterung bezeichnet, verwendet. Es sei darauf hingewiesen, dass die genannten Rechenregeln für die räumliche Mittelung keine Gültigkeit besitzen. Insbesondere der Verlust der Kommutation zwischen Differentiations- und Filteroperator verursacht bei der Grobstruktursimulation turbulenter Strömungen Schwierigkeiten.

Die Struktur und der Grad der Turbulenz kann auch in vergleichbaren Strömungsvorgängen sehr unterschiedlich sein. So ist im Allgemeinen die Intensität der Turbulenz in einem sehr böigen Wind bedeutend größer als in einem stetigen, aber auch turbulenten Wind. Als Turbulenzmaß wird der sogenannte Turbulenzgrad verwendet

$$Tu = \frac{1}{u_\infty}\sqrt{\frac{1}{3}\left(\overline{u'^2} + \overline{v'^2} + \overline{w'^2}\right)} \quad ,$$

der der auf die ungestörte Strömungsgeschwindigkeit bezogenen Quadratwurzel des arithmetischen Mittelwertes der zeitlich gemittelten, quadrierten Schwankungsgeschwindigkeiten entspricht. Im Falle isotroper Turbulenz ($u' = v' = w'$) wird $Tu = \sqrt{\overline{u'^2}}/u_\infty$. Üblicherweise haben Einrichtungen zur Untersuchung aerodynamischer Eigenschaften, sogenannte Windkanäle, Werte von $Tu \approx 10^{-2}$. In extrem turbulenzarmen Windkanälen können jedoch auch Werte von $Tu \approx 2 \cdot 10^{-4}$ erreicht werden.

Nach diesen einführenden Worten untersuchen wir die turbulente Rohrströmung. Dazu formulieren wir zunächst unter Berücksichtigung der Geschwindigkeit

$$\vec{v} = (\bar{u} + u')\vec{i} + v'\vec{j} \quad ,$$

die gemittelte Größen und Schwankungsgrößen enthält, den Impulssatz an

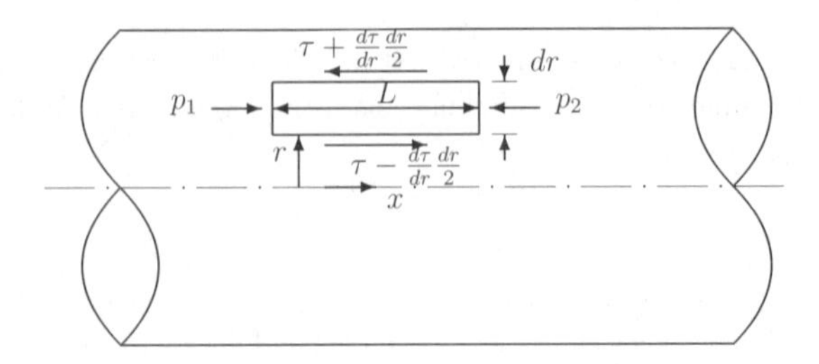

einem Element im Rohr und führen anschließend die zeitliche Mittelung der einzelnen Terme durch. Somit betrachten wir

$$\frac{1}{T}\int_0^T \left[\int_{\mathrm{KV}} \frac{\partial}{\partial t}(\rho\vec{v})dV + \int_{\mathrm{KF}} \rho\vec{v}(\vec{v}\cdot\vec{n})dA\right] dt = \frac{1}{T}\int_0^T (\vec{F}_p + \vec{F}_r)dt \quad .$$

Die Bilanz der Druckkräfte ergibt $(p_1 - p_2)2\pi r dr$, so dass radiale Integration und integrale zeitliche Mittelung

$$\frac{1}{T}\int_0^T \left[\int_0^r (p_1 - p_2)2\pi r dr\right] dt = (p_1 - p_2)\pi r^2$$

liefert. Für die Reibungskräfte erhält man analog zur Betrachtung der laminaren Rohrströmung

$$-\left(\tau + \frac{d\tau}{dr}r\right) 2\pi L dr = -2\pi L d\,(r\tau) \quad .$$

Demnach führt der zeitliche Mittelwert auf

$$\frac{1}{T}\int_0^T \left[-\int_0^{r\tau} 2\pi L d(r\tau)\right] dt = -\tau 2\pi r L \quad .$$

Die Strömung wird als stationär angesehen, wodurch $\partial\bar{u}/\partial t = 0$. Darüber hinaus verschwinden die zeitlich gemittelten Werte der Schwankungsterme $\partial u'//\partial t$ und $\partial v'/\partial t$, da

$$\frac{1}{T}\int_0^T \frac{\partial f'}{\partial t}dt = \frac{\partial}{\partial t}\left(\frac{1}{T}\int_0^T f'dt\right) = 0 \quad ,$$

wobei $f'$ die Größen $u'$ und $v'$ repräsentiert. Die Impulsbilanz in $x$-Richtung für das Element liefert

$$\begin{aligned}
&-\rho(\bar{u}+u')(\bar{u}+u')2\pi r dr + \rho(\bar{u}+u')(\bar{u}+u')2\pi r dr \\
&-\rho\left[(\bar{u}+u')v' - \frac{d(\bar{u}+u')v'}{dr}\frac{dr}{2}\right] 2\pi\left(r - \frac{dr}{2}\right) L \\
&+\rho\left[(\bar{u}+u')v' + \frac{d(\bar{u}+u')v'}{dr}\frac{dr}{2}\right] 2\pi(r + \frac{dr}{2})L = \rho 2\pi L d(r(\bar{u}+u')v') \quad .
\end{aligned}$$

Aus der Integration am Fluidelement errechnet sich der Ausdruck, der noch in der Zeit zu mitteln ist

$$\int_0^{r(\bar{u}+u')v'} \rho 2\pi L d(r(\bar{u}+u')v') = \rho 2\pi L r(\bar{u}+u')v' \quad .$$

Infolge

$$\frac{1}{T}\int_0^T \bar{u}v'dt = \frac{\bar{u}}{T}\int_0^T v'dt = 0$$

erhält man

$$\frac{1}{T}\int_0^T \rho 2\pi L r(\bar{u}+u')v'dt = \rho 2\pi L r\frac{1}{T}\int_0^T u'v'dt = \rho 2\pi L r\overline{u'v'} \quad .$$

Einsetzen des Newtonschen Zähigkeitsgesetzes und Zusammenfassung sämtlicher zeitlich gemittelter Terme ergibt

$$2\pi r L\rho\overline{u'v'} = (p_1 - p_2)\pi r^2 + 2\pi r L\eta\frac{d\bar{u}}{dr}$$

bzw.

$$(p_2 - p_1)\frac{r}{2L} = -\rho\overline{u'v'} + \eta\frac{d\bar{u}}{dr} \quad .$$

Der Ausdruck $-\rho\overline{u'v'}$ wird turbulente Schubspannung $\tau_t$ genannt. Somit setzt sich in der turbulenten Rohrströmung die Schubspannung aus dem molekularen oder laminaren $\tau_l$ und dem turbulenten Anteil $\tau_t$

$$\tau = -\rho\overline{u'v'} + \eta\frac{d\bar{u}}{dr} = \tau_t + \tau_l$$

zusammen. Anhand von Plausibilitätsbetrachtungen kann gezeigt werden, dass $\tau_t = -\rho\overline{u'v'}$ immer positiv ist, wodurch die Schubspannung in turbulenten Strömungen größer als in laminaren Strömungen ist. Zwar ist der Zusammenhang zwischen $\tau_l$ äußerst komplex, jedoch zeigen Messungen den im folgenden Diagramm dargestellten Verlauf. Der Druck hängt nur von $x$ ab, während $\tau$ lediglich in radialer Richtung variiert. Aufgrund des Kräftegleichgewichts müssen somit beide Terme konstant sein bzw. $\tau$ muss eine lineare Funktion des Radius sein. In einer sehr dünnen Schicht in unmittelbarer Wandnähe, der sogenannten viskosen Unterschicht, ist die laminare Schubspannung dominant, während in einiger Entfernung von der Wand die turbulente Schubspannung die wesentliche Rolle spielt; dieser Bereich wird äußere Schicht genannt. Zwischen diesen beiden Gebieten liegt die Übergangsschicht. Typischerweise ist in der äußeren Schicht $\tau_t$ 100 bis 1000 mal größer als $\tau_l$, während in der viskosen Unterschicht sich das Verhältnis nahezu umkehrt.

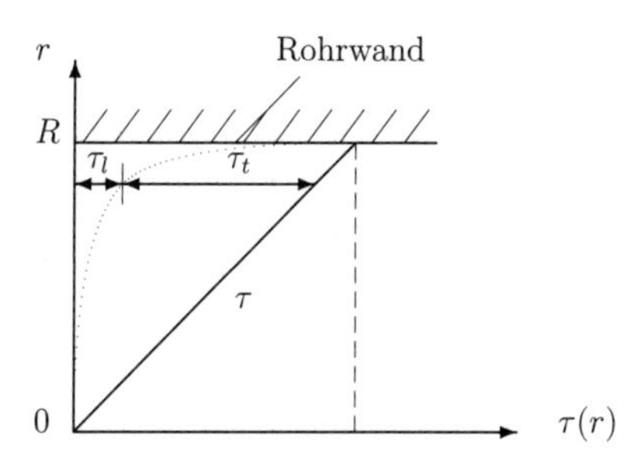


Um analog zur laminaren Rohrströmung das Geschwindigkeitsprofil aus der zeitlich gemittelten Impulsgleichung zu bestimmen, muss die Korrelation der Schwankungsgrößen $u'$ und $v'$ bekannt sein. Jedoch existiert für die turbulente Schubspannung keine Bestimmungsgleichung, so dass auf eine Hypothese zurückgegriffen wird, die einen Zusammenhang zwischen den Fluktuationen und der mittleren Geschwindigkeit herstellt. Da das Gleichungssystem zur Ermittlung der unbekannten Variablen durch diese Vorgehensweise geschlossen wird, wird die Formulierung der Schwankungsgrößen in Abhängigkeit der mittleren Größen Schließungsansatz genannt.

## 10.2 Prandtlsche Mischungsweghypothese

Der Reynoldssche Ansatz, in dem die Strömungsgrößen als Summe der gemittelten und der Schwankungsanteile ausgedrückt werden, und die anschließende zeitliche Mittelung rufen aufgrund der Nichtlinearität der physikalischen Zusammenhänge eine neue Unbekannte, die turbulente Schubspannung $-\rho\overline{u'v'}$, die auch als scheinbare Schubspannung bezeichnet wird, hervor. Zur Schließung des Systems, d. h. zur Bereitstellung einer ausreichenden Anzahl von Gleichungen zur Bestimmung der Unbekannten, wird ein Zusammenhang zwischen den zeitlich gemittelten Größen und den Fluktuationen gesucht. Grundlegende Arbeiten wurden auf diesem Gebiet von Boussinesq und Prandtl gemacht.

In Anlehnung an das Newtonsche Reibungsgesetz in laminaren Strömungen

$$\tau_l = \eta \frac{d\bar{u}}{dy}$$

schreibt Boussinesq die zusätzliche scheinbare Spannung $-\rho\overline{u'v'}$ in der Form

$$\tau_t = -\rho\overline{u'v'} = \eta_t \frac{d\bar{u}}{dy} \quad .$$

Dabei wird der Koeffizient $\eta_t$ häufig als scheinbare oder turbulente oder Eddy (Wirbel) Viskosität bezeichnet. Vor allen Dingen die letzte Bezeichnung spiegelt das Bild der Struktur turbulenter Strömungen wider. Man geht davon aus, dass die Turbulenz aus einer Reihe zufälliger, dreidimensionaler wirbelähnlicher Bewegungen besteht. Die Größe der Wirbel variiert von Durchmessern, die in der Ordnung der Größe der Fluidteilchen liegen, bis hin zu Durchmessern in der Ordnung der Größe des umströmten Körpers oder der Strömungsgeometrie. Die Wirbel bewegen sich zufällig und transportieren Masse mit einer durchschnittlichen Geschwindigkeit $\bar{u}$, wodurch die Mischung innerhalb des Fluids extrem unterstützt wird. Aufgrund dieses Austausches der Fluidpakete ist die Scherspannung in turbulenten Strömungen deutlich größer als in laminaren Strömungen.

Im Gegensatz zur molekularen Viskosität $\eta$ ist die scheinbare Viskosität $\eta_t$ keine Stoffgröße. Sie ist abhängig vom Fluid und von den Strömungsbedingungen. Um die Formulierung von Boussinesq zur Lösung der turbulenten Rohrströmung heranziehen zu können, muss noch eine Beziehung zwischen der Größe $\eta_t$ und der mittleren Geschwindigkeit aufgestellt werden.

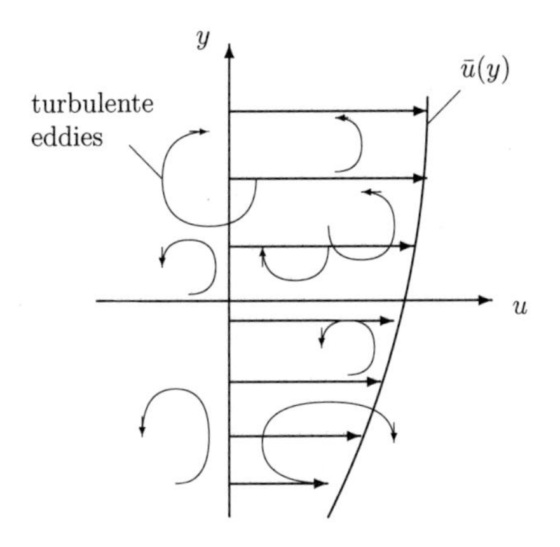


Prandtl stellte dazu folgende Überlegungen an, die wir kurz für den Fall $\bar{u} = \bar{u}(y), \bar{v} = 0$ skizzieren. In einer turbulenten Strömung bilden sich aus mehreren Fluidteilchen Turbulenzballen, die über eine gewisse Strecke normal und tangential zur Körperoberfläche bestehen bleiben und ihren $x$-Impuls erhalten.

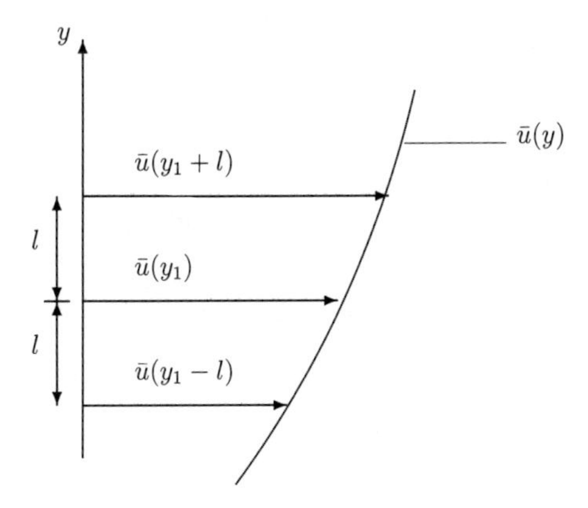

Wandert ein Turbulenzballen der Schicht $y_1 - l$ mit der Geschwindigkeit $\bar{u}(y_1 - l)$ normal zur Strömungsrichtung in eine um die Länge $l$ entfernte Schicht $y_1$, so ergibt sich eine Geschwindigkeitsdifferenz von

$$\Delta u_- = \bar{u}(y_1) - \bar{u}(y_1 - l) \approx l \left(\frac{d\bar{u}}{dy}\right)_{y_1} \quad ,$$

wobei die Approximation durch den Differentialausdruck mittels einer Taylorreihe unter Vernachlässigung der Terme höherer Ordnung erreicht wird. Bewegt sich ein Turbulenzballen von $y_1 + l$ in die Ebene $y_1$, lautet die Geschwindigkeitsdifferenz

$$\Delta u^+ = \bar{u}(y_1 + l) - \bar{u}(y_1) \approx l \left(\frac{d\bar{u}}{dy}\right)_{y_1} \quad .$$

Die Geschwindigkeitsdifferenzen werden als turbulente Geschwindigkeitskomponenten interpretiert. Somit ergibt sich

$$|\overline{u'}| = \frac{1}{2}(|\Delta u_-| + |\Delta u^+|) = l \left|\frac{d\bar{u}}{dy}\right|_{y_1} \quad ,$$

wobei die Größe $l$ den Mischungsweg darstellt. Der Mischungsweg ist demnach die Strecke in Richtung der Normalen, die ein sich mit seiner ursprünglichen Geschwindigkeit bewegender Turbulenzballen zurücklegen muss, damit die Differenz zwischen seiner Geschwindigkeit und der Geschwindigkeit der neuen Schicht der gemittelten absoluten Schwankungsgröße entspricht. Das Prandtlsche Mischungswegkonzept ist somit zu einem gewissen Grad an die mittlere freie Weglänge aus der kinetischen Gastheorie angelehnt.

Treffen Turbulenzballen der Schichten $y_1 - l$ und $y_1 + l$ in der Ebene $y_1$ aufeinander, so ist es plausibel, dass die auftretende Quergeschwindigkeitsschwankung $v'$ zur Fluktuation $u'$ proportional ist, d. h.

$$|\overline{v'}| = \text{konst } |\overline{u'}| = \text{konst } l \frac{d\bar{u}}{dy} \quad .$$

Um die turbulente Spannung $-\rho\overline{u'v'}$ über die gemittelte Geschwindigkeit $\bar{u}$ ausdrücken zu können, muss noch ein Zusammenhang zwischen $\overline{u'v'}$ sowie $|\overline{u'}|$ und $|\overline{v'}|$

hergestellt werden. Sofern ein Turbulenzballen mit einer positiven Geschwindigkeit $v'$ in die Schicht $y_1$ gelangt, hat dies im Allgemeinen ein negatives $u'$ zur Folge, so dass das Produkt $u'v'$ negativ ist. Im Falle einer Geschwindigkeit $v' < 0$, wird $u'$ meistens positiv sein und somit $u'v' < 0$. Aus diesem Grund ist der Ansatz

$$\overline{u'v'} = -\text{konst}\ |\overline{u'}||\overline{v'}| = -\text{konst}\ l^2 \left(\frac{d\bar{u}}{dy}\right)^2$$

gerechtfertigt. Berücksichtigt man die Konstante im Mischungsweg, folgt

$$\overline{u'v'} = -l^2 \left(\frac{d\bar{u}}{dy}\right)^2$$

bzw.

$$\tau_t = -\rho\overline{u'v'} = \rho l^2 \left(\frac{d\bar{u}}{dy}\right)^2 .$$

Da das Vorzeichen von $\tau_t$ durch den Gradienten $d\bar{u}/dy$ bestimmt wird, ist die turbulente Spannung $\tau_t$ folgendermaßen umzuschreiben

$$\tau_t = \rho l^2 \left|\frac{d\bar{u}}{dy}\right| \frac{d\bar{u}}{dy} .$$

Dies ist die Prandtlsche Mischungsweghypothese, die bei der Berechnung turbulenter Strömungen von extremer Bedeutung ist. Vergleicht man obige Darstellung mit der Boussinesq-Form, erhält man eine Gleichung für die Eddy-Viskosität

$$\eta_t = \rho l^2 \left|\frac{d\bar{u}}{dy}\right| .$$

Somit ist das Problem der Ermittlung der turbulenten Schubspannung auf die Bestimmung des Mischungsweges übertragen worden. Um das Geschwindigkeitsprofil der turbulenten Rohrströmung angeben zu können, müssen zusätzlich Annahmen getroffen werden, wie sich der Mischungsweg im Strömungsfeld verändert.

Der Prandtlsche Mischungswegansatz in seiner ursprünglichen Form sowie in den zahlreichen Erweiterungen gehört zu den am häufigsten eingesetzten Turbulenzmodellen, obwohl er den Nachteil besitzt, abhängig vom Koordinatensystem zu sein.

## 10.3 Universelles Wandgesetz

Unter Berücksichtigung der mittels der Mischungsweghypothese formulierten turbulenten Schubspannung lautet der Impulssatz der Rohrströmung

$$\frac{p_1 - p_2}{2L}(R - y) = \eta \frac{d\bar{u}}{dy} + \rho l^2 \left| \frac{d\bar{u}}{dy} \right| \frac{d\bar{u}}{dy} \quad ,$$

wobei die Koordinate $y = R - r$ eingeführt worden ist. Aufgrund des zusätzlichen Schubspannungsterms kann die Geschwindigkeitsverteilung nicht mehr unmittelbar durch Integration gewonnen werden. Um jedoch trotzdem ein Geschwindigkeitsprofil zu ermitteln, treffen wir einige Annahmen bezüglich des Zusammenwirkens der molekularen und turbulenten Schubspannung.

In einer endlichen, äußerst geringen Entfernung von der Rohrwand sind die laminaren Spannungen gegenüber den turbulenten Spannungen vernachlässigbar. Darüber hinaus setzen wir in Anlehnung an Prandtl voraus, dass über diese sehr dünne Schicht die Spannung $\tau_t$ konstant ist und somit der Wandschubspannung $\tau_w$ entspricht

$$\tau_w = \rho l^2 \left| \frac{d\bar{u}}{dy} \right| \frac{d\bar{u}}{dy} \quad .$$

Da die Schwankungsanteile in unmittelbarer Wandnähe verschwinden bzw. auf der Wand exakt null sind, wird die Mischungslänge proportional zum Wandabstand angesetzt

$$l = ky,$$

so dass

$$\tau_w = \rho k^2 y^2 \left( \frac{d\bar{u}}{dy} \right)^2 \quad ,$$

wobei die Konstante $k$ anhand experimenteller Untersuchungen zu $k = 0.4$ bestimmt worden ist. Es ist aufgrund physikalischer Überlegungen plausibel, dass das Geschwindigkeitsprofil in Wandnähe nur von Größen abhängt, die in diesem Gebiet relevant sind. Somit erwarten wir für die wandnahe Geschwindigkeitsverteilung

$\bar{u} = \bar{u}(\rho, \tau_w, \nu, y)$. Da die Dimension der Masse nur in der Dichte $\rho$ und in der Wandschubspannung $\tau_w$ auftritt, enthält jede dimensionslose Größe ein Verhältnis dieser beiden Variablen. Der Ausdruck $\sqrt{\frac{\tau_w}{\rho}}$ wird aufgrund seiner Dimension Schubspannungsgeschwindigkeit $u_*$

$$u_* = \sqrt{\tau_w/\rho}$$

genannt. Berücksichtigt man $u_*$ in der Gleichheit zwischen $\tau_w$ und $\tau_t$, ergibt sich die Gleichung

$$ky\frac{d\bar{u}}{dy} = \sqrt{\frac{\tau_w}{\rho}} = u_* \qquad ,$$

deren Integration

$$\frac{\bar{u}}{u_*} = \frac{1}{k}\ln y + c_1$$

liefert. Es ist zu beachten, dass diese Beziehung nur oberhalb der viskosen Unterschicht, also nicht in unmittelbarer Wandnähe, gültig ist. Die Konstante $c_1$ wird derart bestimmt, dass obige Geschwindigkeitsverteilung an die in der Unterschicht angepasst wird.

In der zähen Unterschicht gilt

$$\tau_w = \eta\frac{d\bar{u}}{dy} \qquad .$$

Umgeformt ergibt sich

$$\frac{\tau_w}{\rho} = u_*^2 = \nu\frac{d\bar{u}}{dy} \qquad ,$$

woraus sich

$$\frac{\bar{u}}{u_*} = \frac{u_* y}{\nu}$$

errechnet. Die Dicke der Unterschicht sei $y_*$, die aus Dimensionsbetrachtungen als

$$y_* = c_2\frac{\nu}{u_*}$$

geschrieben werden kann. Bei $y = y_*$ ist $\bar{u} = \bar{u_*}$, so dass

$$\frac{\bar{u_*}}{u_*} = \frac{1}{k}\ln y_* + c_1 = \frac{1}{k}\ln\frac{\nu}{u_*} + \frac{1}{k}\ln c_2 + c_1$$

ist. Verwendet man $\bar{u}/u_*$, erhält man

$$\frac{\bar{u}}{u_*} = \frac{1}{k}\ln y - \frac{1}{k}\ln\frac{\nu}{u_*} + \frac{\bar{u_*}}{u_*} - \frac{1}{k}\ln c_2$$

$$\frac{\bar{u}}{u_*} = \frac{1}{k}\ln\frac{yu_*}{\nu} + C$$

das universelle Wandgesetz für turbulente Strömungen. Für $k = 0.4$ lautet es

$$\frac{\bar{u}}{u_*} = 2.5\ln y^+ + C \qquad ,$$

wobei der dimensionslose Wandabstand $y^+ = yu_*/\nu$ eine mit der Wandschubspannungsgeschwindigkeit $u_*$ gebildete Reynoldszahl darstellt. Experimentelle Untersuchungen haben ergeben, dass für glatte Rohre die Konstante $C = 5.5$ ist.

Bedenkt man, dass das logarithmische Geschwindigkeitsprofil unter den Annahmen des linearen Zusammenhangs zwischen Mischungsweg und Wandabstand und konstanter Schubspannung $\tau_t = \tau_w$ über den Strömungsquerschnitt aufgestellt worden ist, ist es bemerkenswert, dass Experimente seine Gültigkeit in guter Näherung bis zur Rohrachse zeigen. Im Gegensatz zur laminaren Rohrströmung wird jedoch eine geringe Abhängigkeit der Geschwindigkeitsverteilung von der Reynoldszahl beobachtet.

Führt man die maximale Geschwindigkeit $\bar{u}_{\max}$

$$\bar{u}_{\max} = \bar{u}(y = R) = u_*\left[2.5\ln\frac{Ru_*}{\nu} + C\right]$$

ein, ergibt sich die mit der Schubspannungsgeschwindigkeit $u_*$ dimensionslos formulierte Geschwindigkeitsdifferenz $\bar{u}_{\max} - \bar{u}$ als Funktion von $y/R$ bzw. $r/R$

$$\frac{\bar{u}_{max} - \bar{u}}{u_*} = -2.5\ln\frac{y}{R} = -2.5\ln\left(1 - \frac{r}{R}\right) \qquad ,$$

die die Reynoldszahl nicht explizit enthält.

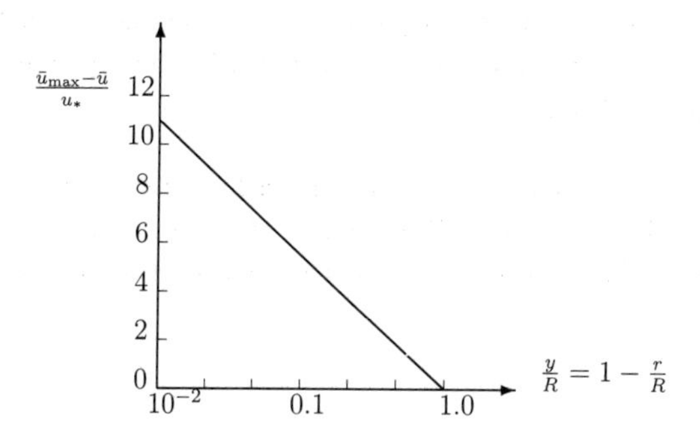


Da die viskose Unterschicht nicht berücksichtigt ist, wird die Haftbedingung an der Rohrwand $r = R$ nicht eingehalten; die Geschwindigkeiten streben dort gegen unendlich.

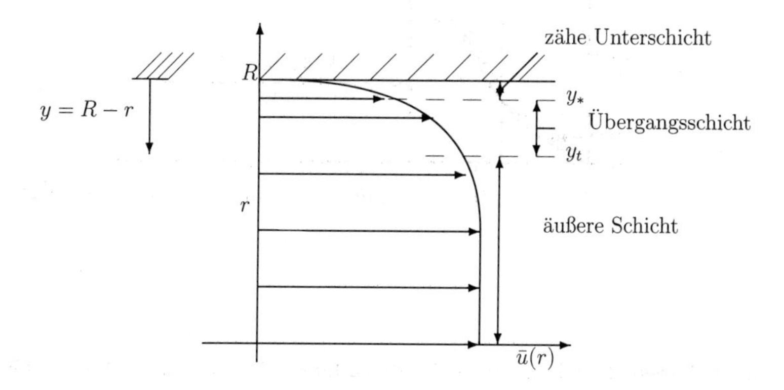


In dem Diagramm ist das Geschwindigkeitsprofil der turbulenten Rohrströmung schematisch dargestellt sowie die Schichten in der Geschwindigkeitsverteilung angedeutet. Die zähe Unterschicht liegt im Bereich $0 \leq y \leq y_*$. Sie wird mit der äußeren

äußeren oder logarithmischen Schicht, die sich innerhalb $y_t \leq y \leq R$ erstreckt, durch die Übergangsschicht $y_* \leq y \leq y_t$ verbunden. In dieser Übergangs- oder Zwischenschicht erreicht die Turbulenzproduktion aufgrund der gegenüber der zähen Unterschicht verringerten Dämpfung und der ebenfalls ausgeprägten Geschwindigkeitsgradienten ein Maximum.

Im Allgemeinen wird die Geschwindigkeit in der Literatur in dimensionsloser Form $\bar{u}/u_*$ über dem dimensionslosen Wandabstand $y^+$ halblogarithmisch aufgetragen. In diesem Fall ist das universelle logarithmische Wandgesetz der turbulenten Strömung eine Gerade.

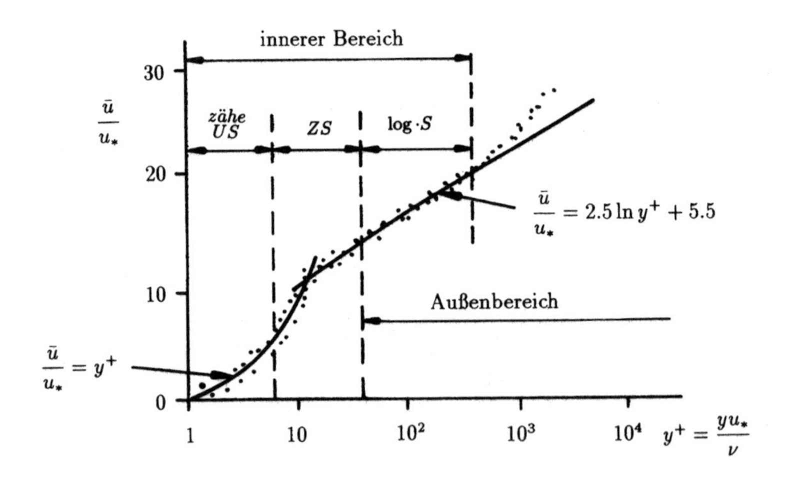


Für ein kreisförmiges Rohr ergibt sich durch Integration über den Rohrquerschnitt die mittlere Durchströmungsgeschwindigkeit $\bar{u}_m$

$$\bar{u}_m = \frac{\dot{V}}{\pi R^2} = \frac{1}{\pi R^2} \int_0^R 2\pi \bar{u}(r) r dr = \frac{2}{R^2} \int_0^R \bar{u}(r) r dr$$

Mit $\hat{u}_* = u_* 2.5$ erhält man

$$\bar{u}_m = 2\int_0^1 \left[\bar{u}_{\max} + \hat{u}_* \ln\left(1 - \frac{r}{R}\right)\right] \frac{r}{R} d\left(\frac{r}{R}\right)$$
$$= 2\left[\int_0^1 \bar{u}_{\max}\left(\frac{r}{R}\right) d\left(\frac{r}{R}\right) + \hat{u}_* \int_0^1 \frac{r}{R} \ln\left(1 - \frac{r}{R}\right) d\left(\frac{r}{R}\right)\right] .$$

Einsetzen von $y/R = 1 - r/R$ in den zweiten Integralausdruck führt auf

$$-\int_1^0 \ln\left(\frac{y}{R}\right) d\left(\frac{y}{R}\right) + \int_1^0 \left(\frac{y}{R}\right) \ln\left(\frac{y}{R}\right) d\left(\frac{y}{R}\right) =$$
$$-\left[\frac{y}{R}\left(\ln\left(\frac{y}{R}\right) - 1\right)\right]_1^0 + \left[\left(\frac{y}{R}\right)^2 \left(\frac{1}{2}\ln\left(\frac{y}{R}\right) - \frac{1}{4}\right)\right]_1^0 = -\frac{3}{4} .$$

Damit errechnet sich $\bar{u}_m$ zu

$$\frac{\bar{u}_m}{u_*} = \frac{\bar{u}_{\max}}{u_*} - 3.75 \qquad .$$

Messungen zeigen, dass der Wert 3.75 durch 4.07 zu ersetzen ist.

## 10.4 Universelles Widerstandsgesetz

In technischer Anwendung ist jedoch weniger die Kenntnis der exakten Geschwindigkeitsverteilung als vielmehr der strömungsmechanische Verlust, der mittels der Rohrreibungszahl $\lambda$ wiedergegeben wird, von Interesse. Um einen Zusammenhang zwischen dem Rohrreibungsbeiwert $\lambda$ und der Reynoldszahl $Re = \bar{u}_m D/\nu$ herzuleiten, greifen wir auf die Definition von $\lambda$

$$\lambda = \frac{8\tau_w}{\rho \bar{u}_m^2} = 8\frac{{u_*}^2}{\bar{u}_m^2}$$

und das logarithmische Geschwindigkeitsgesetz für die mittlere Geschwindigkeit zurück

$$\frac{\bar{u}_m}{u_*} = \frac{\bar{u}_{\max}}{u_*} - 3.75 = 2.5\ln\left(\frac{Ru_*}{\nu}\right) + 5.5 - 3.75 = 2.5\ln\left(\frac{Ru_*}{\nu}\right) + 1.75 \qquad .$$

Mit $\frac{\bar{u}_m}{u_*} = \sqrt{\frac{8}{\lambda}}$ und $\frac{Ru_*}{\nu} = \frac{u_*}{\bar{u}_m}\frac{\bar{u}_m 2R}{2\nu} = Re\sqrt{\lambda}\frac{1}{4\sqrt{2}}$ folgt

$$\frac{1}{\sqrt{\lambda}} = \frac{2.5}{\sqrt{8}}\ln\left(Re\sqrt{\lambda}\right) + \frac{2.5}{\sqrt{8}}\ln\left(\frac{1}{4\sqrt{2}}\right) + \frac{1.75}{\sqrt{8}}$$

$$\frac{1}{\sqrt{\lambda}} = 0.884\ln(Re\sqrt{\lambda}) - 0.913$$

bzw. unter Berücksichtigung von $\ln(x) = \log(x)/\log(e)$

$$\frac{1}{\sqrt{\lambda}} = 2.035\log(Re\sqrt{\lambda}) - 0.913 \quad .$$

Versuchswerte bestätigen diesen Zusammenhang, sofern die Zahlenwerte folgendermaßen angepasst werden

$$\frac{1}{\sqrt{\lambda}} = 2.0\log(Re\sqrt{\lambda}) - 0.8 \quad .$$

Dieses universelle Widerstandsgesetz nach Prandtl gilt für die vollturbulente Strömung durch kreisförmige Rohre, sofern diese Rohre als hydraulisch glatt betrachtet werden können. Für Reynoldszahlen im Bereich $2300 < Re < 10^5$ hat Blasius anhand experimenteller Daten eine einfache empirische Potenzformel

$$\lambda = \frac{0.316}{\sqrt[4]{Re}}$$

als Näherung für die obige Beziehung zwischen $\lambda$ und $Re$ angegeben, die unmittelbar auszuwerten ist.

## 10.5 Turbulente Strömung durch rauhe Rohre

Bisher wurden ausschließlich Strömungen durch glatte Rohre betrachtet. Jedoch ist dies natürlich die Ausnahme, da in der Praxis verwendete Rohre mehr oder weniger rauhe Innenwände aufweisen. Während bei laminaren Strömungen die strömungsmechanischen Verluste unabhängig von der Rauheit sind, muss die Rauhigkeit bei turbulenten Rohrströmungen berücksichtigt werden. In turbulenten Strömungen existiert in Wandnähe die relativ dünne viskose Unterschicht, d. h. $y_*/D \ll 1$, wobei $y_*$

die Dicke der Unterschicht ist. Sofern ein typisches Rauhigkeitselement ausreichend tief in diese Schicht hineinragt oder sogar die gesamte Unterschicht durchdringt, wird sich die Struktur und die Eigenschaft der viskosen Unterschicht im Vergleich zur Wandschubspannung in einem glatten Rohr verändern. Somit erwartet man, dass in turbulenten Strömungen die strömungsmechanischen Verluste eine Funktion der Wandrauhigkeit sind.

Ob ein Rohr rauh oder glatt ist, definiert man mittels des Verhältnisses der Wandunebenheit oder Rauheitshöhe $k$ und der Dicke der Unterschicht $y_*$. Mit $y_* \sim \nu/u_*$ folgt $k/y_* \sim ku_*/\nu$; ein Rohr ist umso rauher, je größer dieser Wert ist. Werden die Wandunebenheiten, die unvermeidbar sind, komplett von der zähen Unterschicht bedeckt, kann man den Einfluss der Rauheit auf die Strömungsverluste vernachlässigen. In diesem Fall wird das Rohr als glatt oder hydraulisch glatt angesehen. Da die Dicke der zähen Unterschicht von der Reynoldszahl abhängt, ist somit auch die strömungsmechanische Rohrbezeichnung eine Funktion von $Re$. Bei vollkommen rauhen Rohren gilt $k > y_*$, wodurch zusätzliche Widerstände in der Rohrströmung hervorgerufen werden.

Nach *von Kármán* kann für die turbulente vollkommen rauhe Strömung in kreiszylindrischen Rohren ein Gesetz für die Rohrreibungszahl in Abhängigkeit von $k_s\,/(D/2) = k_s/R$, wobei $k_s$ der Höhe einer Sandkornrauheit entspricht, die künstlich in Experimenten eingeführt worden ist, aufgestellt werden. Bedenkt man, dass in diesem Fall $k_s > y_*$, so kann $u_*/\nu \sim 1/k_s$ vorausgesetzt werden. Damit lautet das logarithmische Geschwindigkeitsgesetz

$$\frac{\bar{u}_m}{u_*} = 2.5 \ln\left(\frac{R}{k_s}\right) + 4.75 \quad ,$$

wobei die zu addierende Konstante geändert wurde. Führt man die Rohrreibungszahl anhand $\lambda/8 = (u_*/\bar{u}_m)^2$ ein, erhält man die Gleichung

$$\frac{1}{\sqrt{\lambda}} = 0.884 \ln\left(\frac{R}{k_s}\right) + 1.679$$

bzw.

$$\frac{1}{\sqrt{\lambda}} = 2.035 \log\left(\frac{D}{k_s}\right) + 1.067 \quad .$$

Werden die Zahlenwerte geändert, ergibt das quadratische Widerstandsgesetz des Rohrreibungsbeiwertes

$$\frac{1}{\sqrt{\lambda}} = 2.0 \log\left(\frac{D}{k_s}\right) + 1.14$$

eine gute Übereinstimmung mit Versuchswerten für große Reynoldszahlen. Im Übergangsgebiet zwischen glatter und rauher Rohrwand verliert dieses Gesetz seine Gültigkeit, da die Annahme $k_s > y_*$ nicht mehr zutrifft. Für dieses Gebiet wurde von Colebrook durch Korrelation der Messdaten von Nikuradse ein Übergangsgesetz entwickelt

$$\begin{aligned} \frac{1}{\sqrt{\lambda}} &= -2.0 \log\left(\frac{\frac{k_s}{D}}{3.7} + \frac{2.51}{Re\sqrt{\lambda}}\right) \\ \frac{1}{\sqrt{\lambda}} &\approx 2.0 \log\left[\frac{Re\sqrt{\lambda}}{1 + 0.1(\frac{k_s}{D})Re\sqrt{\lambda}}\right] - 0.8 \qquad , \end{aligned}$$

welches für $k_s \to 0$ das Widerstandsgesetz des hydraulisch glatten Rohres wiedergibt und für $Re \to \infty$ den Sonderfall der vollkommen rauhen Rohrströmung enthält. Das heißt dieses Gesetz gilt im gesamten nichtlaminaren Bereich.

Aufgrund von detaillierten Messungen sind Tabellen aufgebaut worden, in denen der in der Praxis auftretenden natürlichen Rauheit eine äquivalente Sandkornrauheit zugeordnet wird, so dass obige Beziehungen, die im Moody-Diagramm dargestellt sind, auch unmittelbar zur Bestimmung der Rohrreibungszahl angewendet werden können. Es ist jedoch weiterhin zu bedenken, dass sich in technischen Anwendungen die Rohrwände aufgrund von Rostbildung, Verschmutzung etc. permanent verändern, was wiederum Auswirkungen auf die strömungsmechanischen Verluste hat.

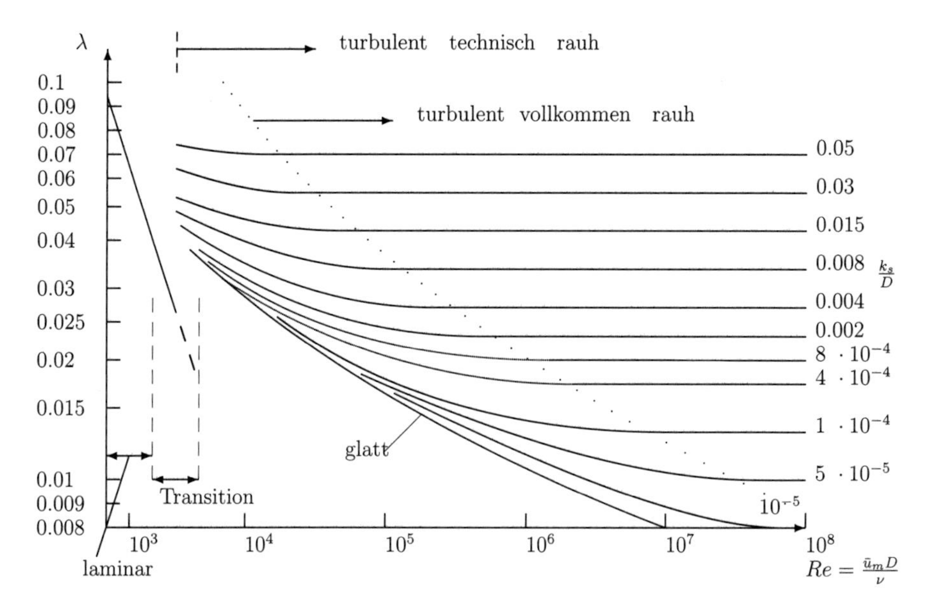


laminar: $\lambda = \frac{64}{Re}$

glatt: $\frac{1}{\sqrt{\lambda}} = 2.0 \log(Re\sqrt{\lambda}) - 0.8$ oder $\lambda = 0.316/Re^{\frac{1}{4}}$ (Näherung)

turbulent vollkommen rauh: $1/\sqrt{\lambda} = 2.0 log(D/k_s) + 1.14$

turbulent technisch rauh: $1/\sqrt{\lambda} = -2.0 \log\left(\frac{k_s/D}{3.7} + \frac{2.51}{Re\sqrt{\lambda}}\right)$

# 11 Ähnlichkeitstheorie

*Windkanalmodell eines Tragflügels mit Hochauftriebshilfen und Triebwerk.*

Lediglich eine geringe Anzahl von Problemen ermöglicht eine exakte Lösung der strömungsmechanischen Erhaltungsgleichungen, die ein System nichtlinearer partieller Differentialgleichungen bilden. Sehr viele realistische Aufgabenstellungen werden durch experimentelle Untersuchungen analysiert, so dass es erforderlich ist, die grundlegenden Ansätze der experimentellen Problemlösung zu kennen.

Im Folgenden werden wir einige wesentliche Überlegungen vorstellen, um Experimente zu planen und durchzuführen bzw. um Daten, die im Experiment gewonnen wurden, auf die Realausführung zu übertragen.

Um ein Experiment so allgemein wie möglich zu konzipieren und um möglichst generelle Resultate zu erhalten, greift man auf die Ähnlichkeitstheorie zurück. Mittels Ähnlichkeitsparameter kann man die auf dem Modell des Experiments basierenden empirischen Formulierungen zum Transfer der Ergebnisse auf die realistische Problemstellung verwenden. Ähnlichkeit wird als eine Beziehung zwischen Modell und Realausführung verstanden. Sofern sie existiert, kann sie auf eine systematische Art hergeleitet werden.

## 11.1 Dimensionsanalyse

In Anlehnung an die vorigen Ausführungen betrachten wir als einfaches Problem der Strömungsmechanik das Pipeline-Problem. Es soll die stationäre, inkompressible Strömung eines Newtonschen Fluids durch ein langes, glattes, horizontal liegendes Rohr mit kreisförmigen Querschnitt untersucht werden. Die interessierende Frage betrifft den Druckverlust pro Einheitslänge. Selbst diese einfache Strömung ist nicht vollständig analytisch zu beschreiben, so dass auf experimentelle Analysen zurückzugreifen ist.

Bei der Planung des Experiments ist zunächst zu überlegen, welche Variable einen Einfluss auf den Druckverlust pro Einheitslänge $\Delta p_l$ haben. Beim Pipeline-Problem sind dies der Rohrdurchmesser $D$, die Dichte des Fluids $\rho$, die Viskosität $\eta$ des Fluids sowie die mittlere Geschwindigkeit $\bar{v}$. Somit wird der Zusammenhang $\Delta p_l = f(D, \rho, \eta, \bar{v})$ gesucht, wobei die Funktion $f(D, \rho, \eta, \bar{v})$ unbekannt ist; mittels des Experiments wird versucht, die Funktion $f(D, \rho, \eta, \bar{v})$ zu formulieren.

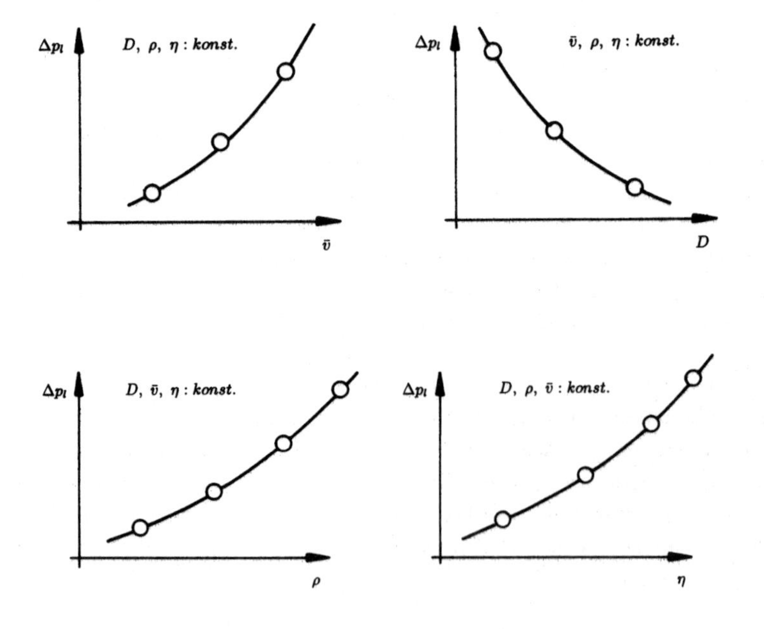

Es werden mehrere Experimente durchgeführt, in denen jeweils nur eine Variable verändert wird. Diese Art der Findung des funktionalen Zusammenhangs zwischen $\Delta p_l$ und $D, \rho, \eta, \bar{v}$ ist sehr aufwendig und teilweise auch sehr schwierig; so ist die Veränderung der Dichte $\rho$ bei konstanter Viskosität $\eta$ nicht ohne weiteres möglich. Selbst wenn die Daten bekannt wären, wäre noch vollkommen unklar, wie man die allgemeine Form $\Delta p_l = f(D, \rho, \eta, \bar{v})$ findet, so dass die Ergebnisse von einer Pipeline zu einer anderen – mit unterschiedlichen Strömungsbedingungen – übertragen werden können.

Zu diesem Problem existiert ein einfacher Zugang. Die Variablen $(D, \rho, \eta, \bar{v})$ werden zu dimensionslosen Parametern, sog. Kennzahlen, nach einer bestimmten Methode kombiniert. Für das Pipeline-Problem erhält man

$$\frac{\Delta p_l \, D}{\rho \, \bar{v}^2} = \phi \left( \frac{\rho \, \bar{v} \, D}{\eta} \right) \qquad ,$$

so dass nur noch zwei Variable übrigbleiben. Im Experiment wird die Variable $\rho \; \bar{v} \; D/\eta$ verändert und die Größe $\Delta p_l \; D/\rho \; \bar{v}^2$ bestimmt, so dass eine Kurve für das gesamte Experiment ermittelt wird.

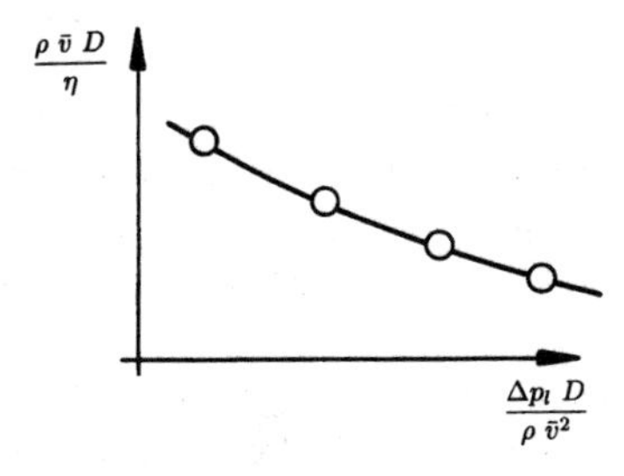


Es werden nicht mehrere Fluide oder Rohre benötigt, so dass das Experiment einfacher und kostengünstiger wird.

Die Grundlage für die Vereinfachung bilden die Dimensionen der Variablen, anhand der sich eine qualitative Beschreibung des physikalischen Vorgangs ergibt. Die Basisdimensionen sind i. a. $M$ - Masse, $L$ - Länge, $t$ - Zeit. Für die Variablen des Pipeline-Problems erhält man

$$\Delta p_l \left[\frac{M}{t^2\, L^2}\right], \quad D\,[L], \quad \rho \left[\frac{M}{L^3}\right], \quad \bar{v}\left[\frac{L}{t}\right], \quad \eta\left[\frac{M}{L\, t}\right] \quad .$$

Die Kennzahlen $\frac{\Delta p_l\, D}{\rho\, \bar{v}^2}$ und $\frac{\rho\, \bar{v}\, D}{\eta}$ sind demnach dimensionslos

$$\frac{\Delta p_l\, D}{\rho\, \bar{v}^2} \doteq \frac{M\ L\ L^3\, t^2}{t^2\ L^2\ M\ L^2} \doteq M^0\ L^0\ t^0$$
$$\frac{\rho\, \bar{v}\, D}{\eta} \doteq \frac{M\ L\ L\ L\ t}{L^3\ t\ M} \doteq M^0\ L^0\ t^0 \quad .$$

Das Zeichen $\doteq$ wird zum Ausdruck der Dimensionsgleichheit verwendet.

Aufgrund dieser Dimensionsanalyse konnte die Anzahl der zur Beschreibung des physikalischen Vorgangs nötigen Variablen reduziert werden und das Ergebnis unabhängig vom verwendeten Einheitensystem dargestellt werden. Die Basis für diese Methode – die Dimensionsanalyse – bildet das Kennzahl- oder PI-Theorem von Buckingham. Es bestimmt, wieviele dimensionslose Kennzahlen notwendig sind, um die ursprüngliche Liste von Variablen zu ersetzen.

PI-Theorem: Sofern eine Gleichung mit $k$ Variablen bezüglich der Dimensionen homogen ist, kann sie auf eine Beziehung mit $k$-$r$ unabhängigen dimensionslosen Variablen reduziert werden, wobei $r$ der minimalen Anzahl von Bezugsgrößen entspricht, die zur Beschreibung der ursprünglichen Variablen nötig ist.

Die dimensionslosen Größen werden i. a. Kennzahlen oder auch PI-Terme genannt, da die Terme jeweils als Produkt geschrieben werden, wobei in der Mathematik der Buchstabe $\Pi$ als kompakte Multiplikationsdarstellung verwendet wird. Unter dimensionaler Homogenität versteht man, dass die Dimensionen auf der linken und rechten Seite einer Gleichung übereinstimmen.

Physikalisch sinnvolle Gleichungen mit $k$ Variablen kann man als

$$u_1 \ = \ f\ \left(\ u_2, u_3, ..., u_k\ \right)$$

schreiben. Umgeformt erhält man nach dem PI-Theorem $\Pi_1 = \phi\,(\Pi_2, \Pi_3, ..., \Pi_{k-r})$, wobei die Anzahl der Basisgrößen $r$ i. a. drei ist. Werden Kombinationen wie $M/t^2$ als Referenzgrößen herangezogen, kann $r < 3$ auftreten. Im Folgenden stellen wir eine systematische Vorgehensweise zur Herleitung der Kennzahlen vor.

Das Verfahren wird als Methode der wiederkehrenden Variablen bezeichnet. Es besteht aus folgenden Schritten.

1. Auflistung von allen in dem Problem auftretenden Variablen. Werden nicht alle Variablen aufgenommen, ist die Dimensionsanalyse fehlerhaft. Dabei ist unter Variable jede dimensionsbehaftete oder dimensionslose Größe oder Konstante zu verstehen. In diese Aufstellung geht sehr viel physikalische Intuition ein. Im Allgemeinen treten Größen wie die Geometrie ($D$), die Eigenschaften des Fluids ($\eta$) und die äußeren Effekte ($\Delta p_l$) auf. Es ist darauf zu achten, dass die Variablen unabhängig voneinander sind. Zum Beispiel darf nicht die Querschnittsfläche $A$ und der Durchmesser $D$ eingeführt werden, denn $A$ ist abhängig von $D$.

2. Alle Variablen sind in Referenzgrößen (z. B. $M$, $L$, $t$) auszudrücken.

3. Anzahl der Kennzahlen $k$-$r$ festlegen, wobei $k$ der Anzahl der Variablen und $r$ der Anzahl der Basisgrößen entspricht.

4. Auswahl der wiederkehrenden Variablen, deren Anzahl der Zahl der Referenzdimensionen entspricht. Das heißt aus der Originalliste der Variablen werden mehrere Größen herangezogen, die, kombiniert mit einer übrigen Variablen, einen PI-Term bilden. In der Auswahlliste müssen alle relevanten Bezugsdimensionen enthalten sein, und jede wiederkehrende Variable muss dimensional unabhängig von den übrigen wiederkehrenden Variablen sein. Das bedeutet, die Dimensionen einer wiederkehrenden Variablen können nicht durch Kombination der übrigen wiederkehrenden Variablen erzeugt werden.

   In jedem Problem gibt es i. a. eine herausragende Variable, deren Abhängigkeit von den übrigen Größen des physikalischen Problems zu analysieren ist. Diese Variable ist nicht als wiederkehrende Variable zu definieren.

5. Ermittlung einer Kennzahl durch Multiplikation einer nichtwiederkehrenden Variablen mit den wiederkehrenden Variablen, wobei die Exponenten so gebildet werden, dass die Kennzahl dimensionslos ist. Dieser Schritt ist für jede nichtwiederkehrende Variable durchzuführen.

6. Prüfung, ob die Kennzahlen dimensionslos sind.

7. Angabe der allgemeinen Beziehung zwischen den Kennzahlen; z. B. $\Pi_1 = \phi\ (\ \Pi_2, \Pi_3, ..., \Pi_{k-r})$. Der tatsächliche funktionale Zusammenhang zwischen den Termen muss durch das Experiment bestimmt werden.

Angewendet auf das Pipeline-Problem ergeben die formulierten Schritte:

1. $\Delta p_l = f(D, \rho, \eta, \bar{v})$

2. $\Delta p_l \doteq \dfrac{M}{t^2\ L^2}\ ,\quad D \doteq L\ ,\quad \rho \doteq \dfrac{M}{L^3}\ ,\quad \eta \doteq \dfrac{M}{L\ t}\ ,\quad \bar{v} \doteq \dfrac{L}{t}$

3. $k\ =\ 5,\quad r\ =\ 3,\quad k\ -\ r = 2$ Kennzahlen

4. Aus der Liste $D$, $\rho$, $\eta$, $\bar{v}$ werden $D$, $\rho$, $\bar{v}$ gewählt, da diese Größen dimensional unabhängig sind.

5. $\Pi_1\ =\ \Delta p_l\ D^a\ \bar{v}^b\ \rho^c$

   $M^0\ L^0\ t^0 \doteq M\ t^{-2}\ L^{-2}\ L^a\ (\ L\ t^{-1}\ )^b\ (\ M\ L^{-3}\ )^c$

$$\begin{aligned} M:&\quad 0 = 1 + c \\ L:&\quad 0 = -2 + a + b - 3c \\ t:&\quad 0 = -2 - b \end{aligned}$$

   $a\ =\ 1,\ \ b\ =\ -2,\ \ c\ =\ -1$

$$\Pi_1 = \frac{\Delta p_l\ D}{\rho\ \bar{v}^2}$$

$$\Pi_2 = \eta\ D^a\ \bar{v}^b\ \rho^c$$

   $M^0\ L^0\ t^0 \doteq M\ t^{-1}\ L^{-1}\ L^a\ (\ L\ t^{-1}\ )^b\ (\ M\ L^{-3}\ )^c$

$$\begin{aligned} M\ :&\quad 0 = 1 + c \\ L\ :&\quad 0 = -1 + a + b - 3c \\ t\ :&\quad 0 = -1 - b \end{aligned}$$

$$a = -1, \; b = -1, \; c = -1$$

$$\Pi_2 = \frac{\eta}{D\,\rho\,\bar{v}}$$

6. Prüfung der Dimension von $\Pi_1$ und $\Pi_2$. Beide sind dimensionslos.
7. $\dfrac{\Delta p_l\, D}{\rho\,\bar{v}^2} = \varphi\left(\dfrac{\eta}{D\,\rho\,\bar{v}}\right)$, wobei $\varphi$ durch das Experiment bestimmt wird. Setzt man statt $\Pi_2$ den Kehrwert $1/\Pi_2$ ein, ergibt sich ein anderer funktionaler Zusammenhang $\dfrac{\Delta p_l\, D}{\rho\,\bar{v}^2} = \phi\left(\dfrac{D\,\rho\,\bar{v}}{\eta}\right)$, der mittels experimenteller Untersuchungen zu ermitteln ist.

Als weiteres Beispiel betrachten wir eine dünne, rechteckige Platte der Breite $w$ und der Höhe $h$, die senkrecht zur Strömungsrichtung steht. Die Widerstandskraft $D$ des Fluids auf die Platte ist abhängig von $w$, $h$ sowie $\rho$, $\eta$ und $\bar{v}$. Bestimmen Sie geeignete Kennzahlen, um das Problem experimentell untersuchen zu können.

$$D = f\,(w,\, h,\, \rho,\, \eta,\, \bar{v})$$

$$D \doteq M\,L\,t^{-2} \;,\quad w \doteq L \;,\quad h \doteq L \;,\quad \rho \doteq M\,L^{-3} \;,\quad \eta \doteq M\,L^{-1}\,t^{-1} \;,\quad \bar{v} \doteq L\,t^{-1}$$

Insgesamt sind sechs Variable und drei Referenzdimensionen zur Beschreibung des Problems nötig, die durch $k - r = 3$ Kennzahlen ersetzt werden können.

Als wiederkehrende Variable werden $w$, $\bar{v}$, $\rho$ verwendet.

$$\Pi_1 = D\,w^a\,\bar{v}^b\,\rho^c$$

$$M^0\,L^0\,t^0 \doteq M\,L\,t^{-2}\,L^a\,(\,L\,t^{-1}\,)^b\,(\,M\,L^{-3}\,)^c$$

$$\begin{aligned} M &: 0 = 1 + c \\ L &: 0 = -1 + a + b - 3c \\ t &: 0 = -2 - b \end{aligned}$$

$$a = -2, \; b = -2, \; c = -1$$

$$\Pi_1 = \frac{D}{w^2\,\bar{v}^2\,\rho}$$

$$\Pi_2 = h\,w^a\,\bar{v}^b\,\rho^c$$

$$M^0\, L^0\, t^0 \doteq L\, L^a\, (\, L\, t^{-1}\, )^b\, (\, M\, L^{-3}\, )^c$$

$$\begin{aligned} M &: 0 = c \\ L &: 0 = -1 + a + b - 3c \\ t &: 0 = -b \end{aligned}$$

$a = -1,\ b = 0,\ c = 0$

$$\Pi_1 = \frac{h}{w}$$

$$\Pi_2 = \eta\, w^a\, \bar{v}^b\, \rho^c$$

$$M^0\, L^0\, t^0 \doteq M\, L^{-1}\, t^{-1}\, L^a\, (\, L\, t^{-1}\, )^b\, (\, M\, L^{-3}\, )^c$$

$a = -1,\ b = -1,\ c = -1$

$$\Pi_3 = \frac{\eta}{w\, \bar{v}\, \rho}$$

$$\frac{D}{w^2\, \bar{v}^2\, \rho} = \phi\left(\frac{w}{h}, \frac{w\, \bar{v}\, \rho}{\eta}\right)$$

## 11.2 Methode der Differentialgleichungen

Ein weiteres Verfahren zur Herleitung der für einen Strömungsvorgang wichtigen Kennzahlen beruht auf den Erhaltungsgleichungen. Anhand der zweidimensionalen Strömung eines inkompressiblen, Newtonschen Fluids soll die Vorgehensweise beschrieben werden.

Die zur Beschreibung des Strömungsproblems notwendigen Erhaltungsgleichungen lauten

$$\frac{\partial u}{\partial x} + \frac{\partial v}{\partial y} = 0$$

$$\rho\left(\frac{\partial u}{\partial t} + u\frac{\partial u}{\partial x} + v\frac{\partial u}{\partial y}\right) = -\frac{\partial p}{\partial x} + \eta\left(\frac{\partial^2 u}{\partial x^2} + \frac{\partial^2 u}{\partial y^2}\right)$$

$$\rho\left(\frac{\partial v}{\partial t} + u\frac{\partial v}{\partial x} + v\frac{\partial v}{\partial y}\right) = -\frac{\partial p}{\partial y} - \rho\, g + \eta\left(\frac{\partial^2 v}{\partial x^2} + \frac{\partial^2 v}{\partial y^2}\right) \quad .$$

Die zur vollständigen mathematischen Formulierung notwendigen Anfangs- und Randbedingungen werden als bekannt vorausgesetzt.

Die Variablen des Problems sind $u$, $v$, $p$, $x$, $y$, $t$. Um dimensionslose Größen zu erhalten, führen wir für jede Variable eine für das Strömungsfeld charakteristische Referenzgröße ein. Die Größen seien $u_\infty$, $p_\infty$, $l$ und $\tau$, wobei z. B. $l$ eine charakteristische Körperlänge ist und $u_\infty$ die ungestörte Anströmung darstellt. Es ergeben sich folgende dimensionslose Variable

$$\bar{u} = \frac{u}{u_\infty} \quad , \quad \bar{v} = \frac{v}{u_\infty} \quad , \quad \bar{p} = \frac{p}{p_\infty}$$
$$\bar{x} = \frac{x}{l} \quad , \quad \bar{y} = \frac{y}{l} \quad , \quad \bar{t} = \frac{t}{\tau} \quad .$$

Eingesetzt in die Differentialausdrücke erhält man z. B.

$$\frac{\partial u}{\partial x} = \frac{\partial(u_\infty\, \bar{u})}{\partial \bar{x}}\,\frac{\partial \bar{x}}{\partial x} = \frac{u_\infty}{l}\,\frac{\partial \bar{u}}{\partial \bar{x}}$$
$$\frac{\partial^2 u}{\partial x^2} = \frac{u_\infty}{l}\,\frac{\partial}{\partial \bar{x}}\left(\frac{\partial \bar{u}}{\partial \bar{x}}\right)\frac{\partial \bar{x}}{\partial x} = \frac{u_\infty}{l^2}\,\frac{\partial^2 \bar{u}}{\partial \bar{x}^2} \quad .$$

Für die dimensionslosen Größen lauten demnach die Erhaltungsgleichungen

$$\frac{\partial \bar{u}}{\partial \bar{x}} + \frac{\partial \bar{v}}{\partial \bar{y}} = 0$$
$$\frac{\rho\, u_\infty}{\tau}\,\frac{\partial \bar{u}}{\partial \bar{t}} + \frac{\rho\, u_\infty^2}{l}\left(\bar{u}\frac{\partial \bar{u}}{\partial \bar{x}} + \bar{v}\frac{\partial \bar{u}}{\partial \bar{y}}\right) = -\,\frac{p_\infty}{l}\,\frac{\partial \bar{p}}{\partial \bar{x}} + \frac{\eta\, u_\infty}{l^2}\left(\frac{\partial^2 \bar{u}}{\partial \bar{x}^2} + \frac{\partial^2 \bar{u}}{\partial \bar{y}^2}\right)$$
$$\underbrace{\frac{\rho\, u_\infty}{\tau}}_{F_{Il}}\,\frac{\partial \bar{v}}{\partial \bar{t}} + \underbrace{\frac{\rho\, u_\infty^2}{l}}_{F_{Ic}}\left(\bar{u}\frac{\partial \bar{v}}{\partial \bar{x}} + \bar{v}\frac{\partial \bar{v}}{\partial \bar{y}}\right) = -\,\underbrace{\frac{p_\infty}{l}}_{F_p}\,\frac{\partial \bar{p}}{\partial \bar{y}} - \underbrace{\rho\, g}_{F_G}$$
$$+\,\underbrace{\frac{\eta\, u_\infty}{l^2}}_{F_v}\left(\frac{\partial^2 \bar{v}}{\partial \bar{x}^2} + \frac{\partial^2 \bar{v}}{\partial \bar{y}^2}\right) \quad ,$$

wobei die aus den Bezugsgrößen gebildeten Koeffizienten als lokale Trägheitskraft ($F_{Il}$), konvektive Trägheitskraft ($F_{Ic}$), Druckkraft ($F_p$), Gravitationskraft ($F_G$) und Reibungskraft ($F_v$) pro Einheitsvolumen interpretiert werden können. Um ein dimensionsloses Gleichungssystem zu erhalten, wird i. a. durch den Ausdruck $F_{Ic}$ dividiert.

$$\frac{l}{\tau\, u_\infty}\,\frac{\partial \bar{u}}{\partial \bar{t}} + \bar{u}\frac{\partial \bar{u}}{\partial \bar{x}} + \bar{v}\frac{\partial \bar{u}}{\partial \bar{y}} = -\,\frac{p_\infty}{\rho\, u_\infty^2}\,\frac{\partial \bar{p}}{\partial \bar{x}} + \frac{\eta}{\rho\, u_\infty\, l}\left(\frac{\partial^2 \bar{u}}{\partial \bar{x}^2} + \frac{\partial^2 \bar{u}}{\partial \bar{y}^2}\right)$$

$$\frac{l}{\tau\, u_\infty}\,\frac{\partial \bar{v}}{\partial \bar{t}} + \bar{u}\frac{\partial \bar{v}}{\partial \bar{x}} + \bar{v}\frac{\partial \bar{v}}{\partial \bar{y}} = -\,\frac{p_\infty}{\rho\, u_\infty^2}\,\frac{\partial \bar{p}}{\partial \bar{y}} - \frac{g\, l}{u_\infty^2} + \frac{\eta}{\rho\, u_\infty\, l}\left(\frac{\partial^2 \bar{v}}{\partial \bar{x}^2} + \frac{\partial^2 \bar{v}}{\partial \bar{y}^2}\right)$$

Die dimensionslosen, aus den Referenzgrößen zusammengesetzten Ausdrücke sind die Kennzahlen des Systems. Es sind $l/\tau\, u_\infty$ die Strouhalzahl, $p_\infty/\rho\, u_\infty^2$ die Eulerzahl, $g\, l/u_\infty^2$ der Kehrwert des Quadrats der Froudezahl und $\eta\rho\, u_\infty\, l$ der Kehrwert der Reynoldszahl. Anhand der Herleitung ist verständlich, dass die Kennzahlen als Verhältnis zweier Kräfte interpretiert werden können.

Selbstverständlich sind die Gleichungen durch Einführung der dimensionslosen Größen nicht einfacher hinsichtlich einer analytischen Lösung geworden. Jedoch erkennt man, sofern zwei physikalische Systeme durch Gleichungssysteme mit gleichen Differentialausdrücken zu beschreiben sind, stimmen die Lösungen überein, wenn die Kennzahlen der Systeme gleich sind. Man spricht von dynamischer Ähnlichkeit. Dies trifft jedoch nur unter der Voraussetzung zu, dass Anfangs- und Randbedingungen beider Systeme in dimensionsloser Form einander entsprechen. Im Falle dynamischer Ähnlichkeit kann die Lösung für einen komplexen Strömungsvorgang durch ein vergleichsweise einfaches Experiment gewonnen werden.

Während bei der Dimensionsanalyse die Gefahr besteht, wesentliche Variable des zu analysierenden physikalischen Phänomens außer acht zu lassen, wodurch fehlerhafte Ergebnisse hervorgerufen werden können, treten bei der Methode der Differentialgleichungen die entscheidenden Größen in den Erhaltungsgleichungen auf, vorausgesetzt die korrekten Gleichungen werden herangezogen. Abhängig vom Gleichungssystem und den eingeführten Bezugsgrößen werden unterschiedliche Kennzahlen ermittelt. Im Folgenden werden einige wichtige Kennzahlen der Fluiddynamik und ihre physikalische Bedeutung erläutert.

## 11.3 Bedeutung der Kennzahlen

Die Reynoldszahl $Re = \rho\, u_\infty\, l/\eta$ wird als Verhältnis von Trägheits- und Zähigkeitskraft interpretiert. Bei Strömungen mit sehr großen Reynoldszahlen ist der

Reibungseinfluss auf die Strömungsgrenzschicht beschränkt, während er sich bei kleinen Reynoldszahlen auf weite Bereiche des Strömungsfeldes erstreckt. Sind die Trägheitskräfte wesentlich kleiner als die Reibungskräfte spricht man von der schleichenden Strömung. Um zwei Strömungen hinsichtlich des Reibungseinflusses ähnlich zu gestalten, müssen die Reynoldszahlen übereinstimmen, jedoch können die Größen $v$, $l$, $\nu = \eta/\rho$ beliebig geändert werden. Üblicherweise sind die Modellabmessungen sehr viel kleiner als die der Realausführung, so dass die Reynoldsche Ähnlichkeit häufig über große Geschwindigkeiten realisiert wird. Sofern Strömungen von Gasen untersucht werden, könnten im Versuch Geschwindigkeiten erforderlich sein, die größer als die Schallgeschwindigkeit sind, wodurch sich die Strömungsverhältnisse drastisch ändern. Dies stellt eines der wesentlichen Probleme der experimentellen Strömungsmechanik dar.

Bei instationären Strömungsvorgängen ist die Strouhalzahl $Sr = l/(\tau\, u_\infty)$ von Interesse. Sie ist das Verhältnis der Zeit $l/u_\infty$, die ein Fluidteilchen der Geschwindigkeit $u_\infty$ benötigt, um die Strecke $l$ zurückzulegen, und einer für den instationären Vorgang charakteristischen Zeit $\tau$. Sofern $Sr \to 0$ wird die Strömung als quasistationär angesehen. Bei der Untersuchung periodischer Strömungsvorgänge wird $1/\tau$ durch die Frequenz $f$ ersetzt, so dass $Sr = l\, f/u_\infty$.

Die Eulerzahl $Eu = p_\infty/(\rho\, u_\infty^2)$ kann als Verhältnis von Druck- und Trägheitskräften gedeutet werden. Hängen das Strömungsfeld und die Druckdifferenzen nicht vom Druckniveau ab, kann als Bezugsdruck statt $p_\infty$ der Ausdruck $\rho\, u_\infty^2$ herangezogen werden, so dass die Eulerzahl kein Ähnlichkeitsparameter mehr ist. Werden jedoch Probleme analysiert, in denen Kavitation auftreten kann, d. h. der Druck erreicht in gewissen Punkten im Strömungsfeld den Dampfdruck, spielt das Druckniveau eine wesentliche Rolle.

Bei Flüssigkeitsströmungen mit freier Oberfläche ist die Froudezahl $Fr = u_\infty/\sqrt{gl}$ von Bedeutung, die als Verhältnis von Trägheits- zu Schwerekräften interpretiert wird. Bei Untersuchungen, bei denen Schwerewellen an schwimmenden Körpern auftreten, ist die Froudesche Ähnlichkeit einzuhalten. Darüber hinaus muss sie i. a. bei der Analyse von Wasserbauproblemen bedacht werden.

Bei der Betrachtung von Gasströmungen mit Dichteänderungen ist die Machzahl, die als Verhältnis von Strömungs- zur Schallgeschwindigkeit $M = u/c$ definiert ist, zu berücksichtigen. Für Werte $M < 0,3$ ist das Fluid als dichtebeständig anzusehen.

Spielt die Wärmeübertragung in einer Strömung eine Rolle, ist die Prandtlzahl $Pr$ von Bedeutung. Sie ist das Verhältnis der in einer Strömung durch Reibung erzeugten Wärme zur fortgeleiteten Wärme $Pr = \nu/a = \eta\ c_p/\lambda$, wobei $\nu$ die kinematische Viskosität und $a$ die Temperaturleitfähigkeit darstellt sowie $\lambda$, $c_p$, $\eta$ die Wärmeleitfähigkeit, die spezifische Wärmekapazität und die dynamische Viskosität sind. Diese Kennzahl ist eine reine Stoffgröße des Fluids. Für Luft ist ihr Wert bei üblichen Temperaturen und Drücken $Pr = 0,72$.

Bei der Wärmeübertragung durch eine Strömung auf eine Wand ist die Nusseltzahl $Nu = \alpha\ l/\lambda$ zu beachten. Sie ist als Verhältnis der übergehenden zur geleiteten Wärme zu deuten; $\alpha$ entspricht der Wärmeübertragungszahl und $\lambda$ der Wärmeleitfähigkeit. In diesem Zusammenhang ist auch die Stantonzahl

$$St = Nu/(RePr) = \alpha/(\rho\ c_p\ u_\infty)$$

zu nennen, die das Verhältnis der übergehenden zur konvektiv transportierten Wärme repräsentiert. Im Falle der Wärmeübertragung durch Konvektion ist auf die Pécletzahl zurückzugreifen, die das Verhältnis der konvektiven zur geleiteten Wärme in einer Strömung darstellt $Pe = \rho u_\infty l c_p/\lambda = u_\infty l/a$.

Die Knudsenzahl $Kn = \bar{l}/l$ misst das Verhältnis der mittleren freien Weglänge der Gasmoleküle $\bar{l}$ zu einer geometrischen Bezugslänge $l$. Sie ist somit ein Maß für die Dichte der Gasströmung. Für $Kn \ll 1$ gelten die Gesetze der Gasdynamik kontinuierlicher Medien, während für $Kn \gg 1$ die Gasdichte derart klein ist, dass die Gesetze der kinetischen Gastheorie stark verdünnter Medien anzuwenden sind.

# 12 Schleichende Strömungen

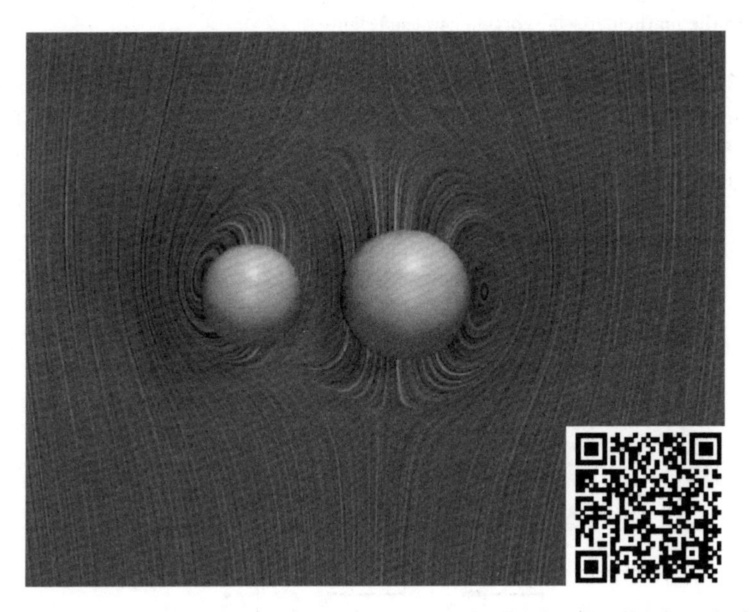

*Visualisierung des Strömungsfeldes zweier interagierender Kugeln. (Das Urheberrecht des mit dem QR Code verbundenen Films liegt beim Aerodynamischen Institut der RWTH Aachen. Der QR Code ist ein eingetragenes Handelszeichen von DENSO WAVE INCORPORATED.)*

Im Folgenden werden Strömungen betrachtet, in denen die Reibungskräfte bedeutend größer als die Trägheitskräfte sind, d. h. es gilt

$$\frac{\text{Trägheitskräfte}}{\text{Reibungskräfte}} \ll 1 \qquad .$$

Da die Trägheitskräfte proportional zum Quadrat der Geschwindigkeit sind, während die Reibungskräfte linear von der Geschwindigkeit abhängen, ist verständlich, dass derartige Strömungen u. a. durch kleine Geschwindigkeiten gekennzeichnet sind. Sie werden aus diesem Grund schleichende Strömungen genannt.

Für den Fall der schleichenden Strömungen können die Erhaltungsgleichungen vereinfacht und geschlossen gelöst werden. Anhand eines Modells der Gleitlagerströmung wird die mathematische Vorgehensweise erläutert.

Das Modell des Gleitlagers wird als Gleitschuh auf einer unendlich ausgedehnten ebenen Wand angenommen, die sich mit konstanter Geschwindigkeit $u_\infty$ bewegt. Der keilförmige Spalt zwischen den Körpern ist vollkommen mit Schmiermittel gefüllt, wodurch eine Berührung verhindert und die Reibungskraft reduziert wird.

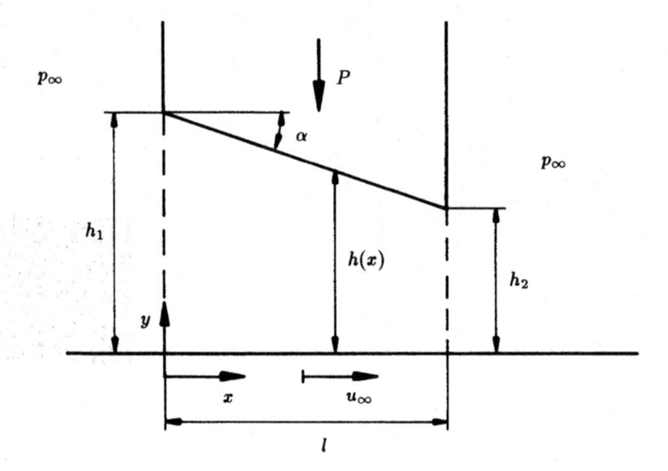


Bei einer stationären, inkompressiblen Strömung lauten die Erhaltungsgleichungen mit der Annahme einer konstanten Temperatur

$$\frac{\partial u}{\partial x} + \frac{\partial v}{\partial y} = 0$$

$$\rho \left( u \frac{\partial u}{\partial x} + v \frac{\partial u}{\partial y} \right) = -\frac{\partial p}{\partial x} + \eta \left( \frac{\partial^2 u}{\partial x^2} + \frac{\partial^2 u}{\partial y^2} \right)$$

$$\rho \left( u \frac{\partial v}{\partial x} + v \frac{\partial v}{\partial y} \right) = -\frac{\partial p}{\partial y} + \eta \left( \frac{\partial^2 v}{\partial x^2} + \frac{\partial^2 v}{\partial y^2} \right) \quad .$$

Die Bezugsgrößen werden derart gewählt, dass die dimensionslosen Variablen und deren Ableitungen von der Größenordnung $\mathcal{O}(1)$ sind. Bedenkt man, dass für die Stromlinie

$$\frac{dy}{dx} = \frac{v}{u}$$

gilt, und für kleine Winkel

$$\tan\alpha \sim \alpha = \mathcal{O}\left(\frac{h}{l}\right) \ll 1$$

ist, wobei $h$ als Mittelwert verstanden wird, wird verständlich, dass aufgrund von

$$\frac{v}{u_\infty} = \mathcal{O}\left(\frac{h}{l}\right)$$

die Geschwindigkeitskomponente in $y$-Richtung mit $u_\infty h/l$ dimensionslos gemacht werden muss. Insgesamt lauten die dimensionslosen Variablen

$$\begin{aligned}
\bar{u} &= \frac{u}{u_\infty} \quad , \quad \bar{v} = \frac{v}{u_\infty}\,\frac{l}{h} \quad , \quad \bar{p} = \frac{p}{\rho\, u_\infty^2} \quad , \\
\bar{x} &= \frac{x}{l} \quad , \quad \bar{y} = \frac{y}{h} \quad .
\end{aligned}$$

Eingesetzt in die Erhaltungsgleichungen erhält man

$$\begin{aligned}
&\frac{\partial\bar{u}}{\partial\bar{x}} + \frac{\partial\bar{v}}{\partial\bar{y}} = 0 \\
\frac{\rho\, u_\infty^2}{l}\left(\bar{u}\frac{\partial\bar{u}}{\partial\bar{x}} + \bar{v}\frac{\partial\bar{u}}{\partial\bar{y}}\right) &= -\,\frac{\rho\, u_\infty^2}{l}\,\frac{\partial\bar{p}}{\partial\bar{x}} + \frac{\eta\, u_\infty}{h^2}\left[\frac{\partial^2\bar{u}}{\partial\bar{x}^2}\,\frac{h^2}{l^2} + \frac{\partial^2\bar{u}}{\partial\bar{y}^2}\right] \\
\frac{\rho\, u_\infty^2\, h}{l^2}\left(\bar{u}\frac{\partial\bar{v}}{\partial\bar{x}} + \bar{v}\frac{\partial\bar{v}}{\partial\bar{y}}\right) &= -\,\frac{\rho\, u_\infty^2}{h}\,\frac{\partial\bar{p}}{\partial\bar{y}} + \frac{\eta\, u_\infty}{h\, l}\left[\frac{\partial^2\bar{v}}{\partial\bar{x}^2}\,\frac{h^2}{l^2} + \frac{\partial^2\bar{v}}{\partial\bar{y}^2}\right] \quad .
\end{aligned}$$

Division durch $\rho\, u_\infty^2/l$ und $\rho\, u_\infty^2/h$ und Umstellung nach den Drucktermen ergibt

$$\begin{aligned}
\frac{\partial\bar{p}}{\partial\bar{x}} &= \frac{1}{Re}\frac{l^2}{h^2}\left[\frac{\partial^2\bar{u}}{\partial\bar{y}^2} + \frac{h^2}{l^2}\,\frac{\partial^2\bar{u}}{\partial\bar{x}^2} - Re\,\frac{h^2}{l^2}\left(\bar{u}\frac{\partial\bar{u}}{\partial\bar{x}} + \bar{v}\frac{\partial\bar{u}}{\partial\bar{y}}\right)\right] \\
\frac{\partial\bar{p}}{\partial\bar{y}} &= \frac{1}{Re}\left[\frac{\partial^2\bar{v}}{\partial\bar{y}^2} + \frac{h^2}{l^2}\,\frac{\partial^2\bar{v}}{\partial\bar{x}^2} - Re\,\frac{h^2}{l^2}\left(\bar{u}\frac{\partial\bar{v}}{\partial\bar{x}} + \bar{v}\frac{\partial\bar{v}}{\partial\bar{y}}\right)\right] \quad .
\end{aligned}$$

Aufgrund verschiedener Längenmaßstäbe $h \ll l$ gilt für das Verhältnis von Trägheitskraft zu Reibungskraft

$$\frac{\rho\, u \, \dfrac{\partial u}{\partial x}}{\eta \, \dfrac{\partial^2 u}{\partial\, y^2}} \rightarrow \frac{\rho\, u_\infty^2/l}{\eta\, u_\infty/h^2} = Re \left(\frac{h}{l}\right)^2 \ll 1 \quad ,$$

obwohl $Re \gg 1$ sein kann. Damit vereinfachen sich nach Vergleich der Größenordnung der Terme in den eckigen Klammern die Impulsgleichungen zu

$$\begin{aligned} \frac{\partial \bar{p}}{\partial \bar{x}} &= \frac{1}{Re}\,\frac{l^2}{h^2}\,\frac{\partial^2 \bar{u}}{\partial \bar{y}^2} \\ \frac{\partial \bar{p}}{\partial \bar{y}} &= \frac{1}{Re}\,\frac{\partial^2 \bar{v}}{\partial \bar{y}^2} \quad . \end{aligned}$$

Der Vergleich der rechten Seiten liefert

$$\frac{\partial \bar{p}}{\partial \bar{y}} \ll \frac{\partial \bar{p}}{\partial \bar{x}}$$

so dass die Annahme gerechtfertigt ist, die Abhängigkeit des Druckes von der $y$-Richtung gegenüber der $x$-Richtung zu vernachlässigen. Die verbleibende Differentialgleichung

$$\frac{dp}{dx} = \eta \frac{\partial^2 u}{\partial y^2}$$

kann mittels der Randbedingungen

$$\begin{aligned} &y = 0 : u = u_\infty, v = 0 \qquad && y = h(x) : u = v = 0 \\ &x = 0 : p = p_\infty && x = l : p = p_\infty \end{aligned}$$

gelöst werden. Es wird gezeigt, dass lediglich die Spaltgeometrie, d. h. die Funktion $h(x)$ benötigt wird, um die Druck- und Geschwindigkeitsverteilung innerhalb des Spalts zu berechnen. Integration der Differentialgleichung liefert

$$\begin{aligned} \frac{\partial u}{\partial y} &= \frac{1}{\eta}\,\frac{dp}{dx}\, y \, + \, C_1 \\ u &= \frac{1}{\eta}\,\frac{dp}{dx}\,\frac{y^2}{2} \, + \, C_1 y \, + \, C_2 \quad . \end{aligned}$$

Aus den Randbedingungen folgt

$$C_2 = u_\infty$$
$$C_1 = -\frac{1}{h}\left[u_\infty + \frac{1}{\eta}\frac{dp}{dx}\frac{h^2}{2}\right] \quad ,$$

so dass man für die Geschwindigkeit

$$u = u_\infty\left(1-\frac{y}{h}\right) - \frac{dp}{dx}\frac{h^2}{2\eta}\frac{y}{h}\left(1-\frac{y}{h}\right)$$

erhält. Aus der Bedingung der Konstanz des Volumenstroms für jeden Querschnitt

$$\dot{V} = \int_0^{h(x)} u\,dy = \text{konst}$$

folgt

$$\dot{V} = \frac{u_\infty h}{2} - \frac{h^3}{12\eta}\frac{dp}{dx} \quad .$$

Aufgelöst nach $dp/dx$ lautet die Gleichung

$$\frac{dp}{dx} = 12\eta\left(\frac{u_\infty}{2h^2} - \frac{\dot{V}}{h^3}\right) \quad .$$

Da der Volumenstrom konstant ist, liefert die Integration

$$p(x) = p_\infty + 6\eta u_\infty\int_0^x \frac{dx}{h^2(x)} - 12\eta\dot{V}\int_0^x \frac{dx}{h^3(x)} \quad .$$

An der Stelle $x = l$ ist $p = p_\infty$, so dass

$$\dot{V} = \frac{1}{2}u_\infty\frac{\int_0^l \frac{dx}{h^2(x)}}{\int_0^l \frac{dx}{h^3(x)}} = \frac{1}{2}u_\infty H \quad .$$

Vorausgesetzt $h(x)$ ist bekannt, kann der Volumenstrom $\dot{V}$ berechnet werden. Die Größe $H$ wird charakteristische Höhe genannt. Eingeführt in die Gleichung für den Druckgradienten lautet $dp/dx$

$$\frac{dp}{dx} = \frac{6\eta\, u_\infty}{h^2}\left(1 - \frac{H}{h}\right) \quad .$$

Daraus folgt, dass der Druckverlauf an der Stelle einen Extremwert aufweist, an der die Spalthöhe mit der charakteristischen Höhe übereinstimmt $h = H$.

Unter der Annahme einer linearen Abhängigkeit der Spalthöhe von der Bewegungsrichtung $x$

$$h(x) = h_1 - \frac{h_1 - h_2}{l}\, x = \beta + \alpha x$$

erhält man unter Verwendung von

$$\int \frac{dx}{(ax+b)^n} = \frac{-1}{a(n-1)(ax+b)^{n-1}} + C$$

$$\int_0^l \frac{dx}{(\alpha x+\beta)^2} = \left[\frac{-1}{\alpha(\alpha x+\beta)}\right]_0^l = \frac{1}{\alpha}\left[\frac{1}{h_1} - \frac{1}{h_2}\right]$$

$$\int_0^l \frac{dx}{(\alpha x+\beta)^3} = \left[\frac{-1}{\alpha 2(\alpha x+\beta)^2}\right]_0^l = \frac{1}{2\alpha}\left[\frac{1}{h_1^2} - \frac{1}{h_2^2}\right] \quad ,$$

so dass die charakterische Höhe $H$ dem harmonischen Mittel

$$H = \frac{2h_1h_2}{h_1 + h_2}$$

entspricht. Damit erhält man für den Volumenstrom

$$\dot{V} = u_\infty \frac{h_1h_2}{h_1 + h_2}$$

und für die Druckverteilung

$$p(x) = p_\infty - 6\eta u_\infty \frac{l}{h_1 - h_2}\left[\frac{1}{h_1} - \frac{1}{h}\right] + 6\eta u_\infty \frac{h_1h_2}{h_1+h_2}\frac{l}{h_1-h_2}\left[\frac{1}{h_1^2} - \frac{1}{h^2}\right]$$

$$p(x) = p_\infty + \frac{6\eta u_\infty l}{h_1^2 - h_2^2} \cdot \frac{(h_1 - h)(h - h_2)}{h^2} \quad .$$

Mittels Integration wird die resultierende Gesamtdruckkraft ermittelt.

$$P = \int_0^l (p - p_\infty) dx = \int_0^l \frac{6\eta u_\infty l}{h_1^2 - h_2^2} \left[ \frac{h_1 + h_2}{h} - \frac{h_1 \, h_2}{h^2} - 1 \right] dx$$

$$= \frac{6\eta u_\infty l}{h_1^2 - h_2^2} \left[ -l \frac{h_1 + h_2}{h_1 - h_2} \ln(h(x)) - l \frac{h_1 \, h_2}{h_1 - h_2} \frac{1}{h(x)} - x \right]_0^l$$

$$P = \frac{6\eta u_\infty l^2}{(h_1 - h_2)^2} \left( \ln\left(\frac{h_1}{h_2}\right) - 2\frac{h_1 - h_2}{h_1 + h_2} \right) \quad .$$

Analog wird die Gesamtschubspannungskraft gewonnen.

$$F = -\int_0^l \eta \left. \frac{du}{dy} \right|_{y=0} dx \quad .$$

Mit

$$\left. \frac{du}{dy} \right|_{y=0} = -\frac{u_\infty}{h} - \frac{h}{2\eta} \frac{dp}{dx} = -\frac{4u_\infty}{h} + \frac{6u_\infty h_1 \, h_2}{h_1 + h_2} \frac{1}{h^2}$$

erhält man

$$F = -\eta \frac{l}{h_1 - h_2} \left[ 4u_\infty \ln \, h(x) + 6u_\infty \frac{h_1 h_2}{h_1 + h_2} \frac{1}{h(x)} \right]_0^l$$

$$F = \frac{\eta u_\infty l}{h_1 - h_2} \left[ 4 \ln\left(\frac{h_1}{h_2}\right) - \frac{6 \, (h_1 - h_2)}{h_1 + h_2} \right] \quad .$$

Das Verhältnis aus Schubspannungs- und Druckkraft $F/P$ ist proportional zu $h_2/l$ und kann demnach mittels der Spaltgeometrie sehr klein gemacht werden.

Verwendet man

$$\frac{dp}{dx} = \frac{6\eta u_\infty}{h^2} \left( 1 - \frac{2 \, h_1 \, h_2}{h_1 + h_2} \frac{1}{h} \right)$$

ergibt sich für die Verteilung der $x$-Komponente der Geschwindigkeit

$$u(x, y) = u_\infty \left( 1 - \frac{y}{h} \right) \left[ 1 - 3\frac{y}{h} \left( 1 - \frac{2 \, h_1 \, h_2}{h_1 + h_2} \frac{1}{h} \right) \right] \quad ,$$

aus der sich die Normalkomponente der Geschwindigkeit anhand der Kontinuitätsgleichung errechnen lässt

$$v = -\int_0^y \frac{\partial u}{\partial x}\, dy \quad .$$

Zur Veranschaulichung des Strömungsvorgangs der vereinfachten Gleitlagerströmung sind im Folgenden die Druckverteilung und die Geschwindigkeitsverteilung für ein angenommenes Verhältnis $h_2/h_1$ skizziert.

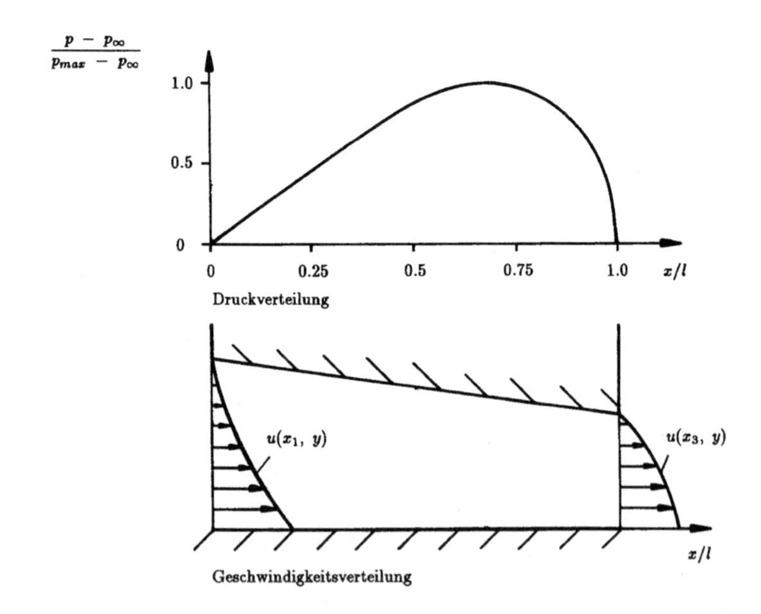


Abschließend ist zu bemerken, dass schleichende Strömungen nicht nur im Fall kleiner Geschwindigkeiten auftreten, sondern auch durch sehr große Viskosität oder sehr kleine Raumabmessungen oder sehr geringe Dichten erhalten werden können. Die älteste bekannte Lösung einer derartigen Strömung betrifft die Bewegung einer Kugel; sie wurde 1851 von Stokes angegeben und 1910 von Oseen verbessert. Ein weiteres Beispiel ist die Strömung zwischen zwei eng nebeneinanderstehenden parallelen Platten, die zuerst von Hele Shaw 1898 experimentell betrachtet worden ist. Ein für die Praxis wesentliches Beispiel schleichender Strömungen ist die Strömung von Luft oder Wasser durch Sand. Die abgeleiteten Gesetzmäßigkeiten werden zur Beschreibung von Grundwasserströmungen herangezogen.

# 13 Wirbelströmungen

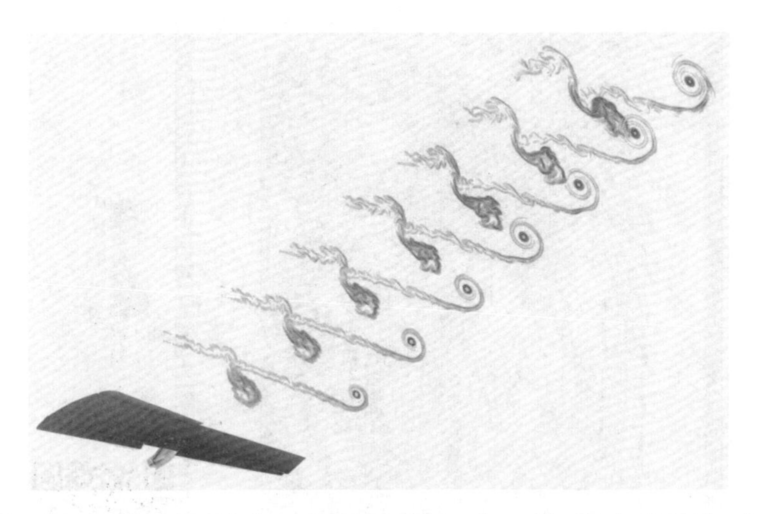

*Visualisierung des wirbelbehafteten Nachlaufes hinter einem Tragflügel mit Triebwerksstrahl. Dargestellt ist die Wirbelstärke in äquidistanten Ebenen im Nachlaufgebiet. Zu erkennen ist der aufrollende Flügelrandwirbel, der nach außen wandernde Triebwerksstrahl und die sich verformende Nachlaufdelle.*

Es ist üblich, Strömungen in zwei Kategorien einzuteilen, in drehungsfreie und drehungsbehaftete Strömungen. Letztere sind dadurch gekennzeichnet, dass ein Körper, der sich auf einem bewegenden Fluid befindet, seine Orientierung im Laufe der Zeit gegenüber seiner Ausgangslage ändert. Solche Strömungen werden auch Wirbelströmungen genannt. Verändert sich die Orientierung im Vergleich zur Anfangslage nicht, spricht man von drehungsfreien Strömungen, die ebenfalls als Potentialströmungen bezeichnet werden. Außer in ihrem physikalischen Verhalten unterscheiden sich die beiden Strömungen auch wesentlich in der mathematischen Beschreibung voneinander.

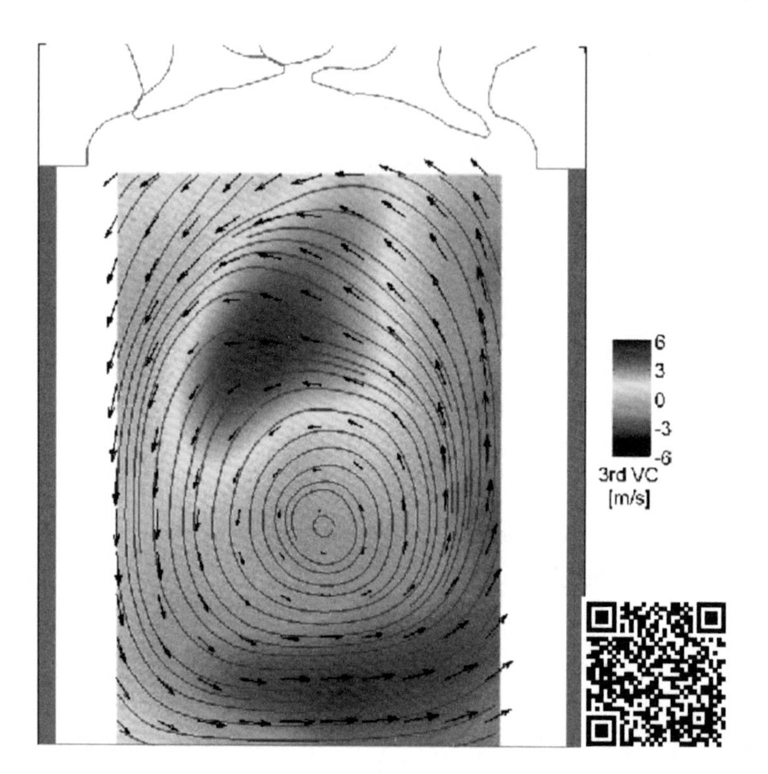


*Entwicklung des Tumble-Wirbels im Brennraum eines Vier-Zylinder-Otto-Motors. (Das Urheberrecht des mit dem QR Code verbundenen Films liegt beim Aerodynamischen Institut der RWTH Aachen. Der QR Code ist ein eingetragenes Handelszeichen von DENSO WAVE INCORPORATED.)*

## 13.1 Begriffe der Wirbelströmungen

Bei der Herleitung der Navier-Stokes-Gleichungen wurde der Drehvektor oder Wirbelvektor $\vec{\omega}$

$$\vec{\omega} = \omega_x \vec{i} + \omega_y \vec{j} + \omega_z \vec{k}$$

aus der rotatorischen Bewegung des unverformten Fluidelements bestimmt. Er fällt somit mit der Richtung der Drehachse des betreffenden Fluidpartikels zusammen.

In Analogie zur Stromlinie bezeichnet man Kurven, die tangential zum Wirbelvektor liegen, als Wirbellinien. Die Richtung der Wirbellinie erhält man zu einer festen Zeit $t$ aus

$$(\omega_x \vec{i} + \omega_y \vec{j} + \omega_z \vec{k}) \times (dx \vec{i} + dy \vec{j} + dz \vec{k}) = \vec{0}$$

zu

$$\frac{dx}{\omega_x} = \frac{dy}{\omega_y} = \frac{dz}{\omega_z} \quad .$$

Im ebenen Fall gilt demnach

$$\frac{dx}{dy} = \frac{\omega_x}{\omega_y} \quad .$$

Die Zusammenfassung der durch eine Fläche $A$ hindurchtretenden Wirbellinien wird in Anlehnung an den Stromfaden Wirbelfaden genannt, wobei die aus den Wirbellinien bestehende Mantelfläche als Wirbelröhre bezeichnet wird. Vergleichbar zum Volumenstrom definiert man für die Fläche $A$ einen Wirbelstrom oder Wirbelfluß

$$\Omega = \int_A \vec{\omega} \cdot \vec{n} \, dA \quad .$$

Bei der Untersuchung von Wirbelströmungen hat es sich als vorteilhaft erwiesen, eine weitere Größe, die mit dem Wirbelfluß eng verbunden ist, die Zirkulation $\Gamma$ einzuführen. Wir gehen davon aus, dass zur Zeit $t$ der Geschwindigkeitsvektor $\vec{v}$ überall im Raum bekannt ist. Entlang einer beliebigen geschlossenen Kurve $C$ wird das skalare Produkt $\vec{v} \cdot d\vec{r}$ gebildet und zur Zeit $t$ über $C$ integriert.

$$\Gamma = \oint_C \vec{v} \cdot d\vec{r} = \oint_C v_t ||d\vec{r}||$$

Dieses Linienintegral, das der Summe der Tangentialkomponenten $v_t$ von $\vec{v}$ auf der geschlossenen Kurve $C$ entspricht, wird Zirkulation genannt. Wird die Linie $C$ im Gegenuhrzeigersinn durchlaufen und ist $\Gamma > 0$, dann wird insgesamt eine Bewegung

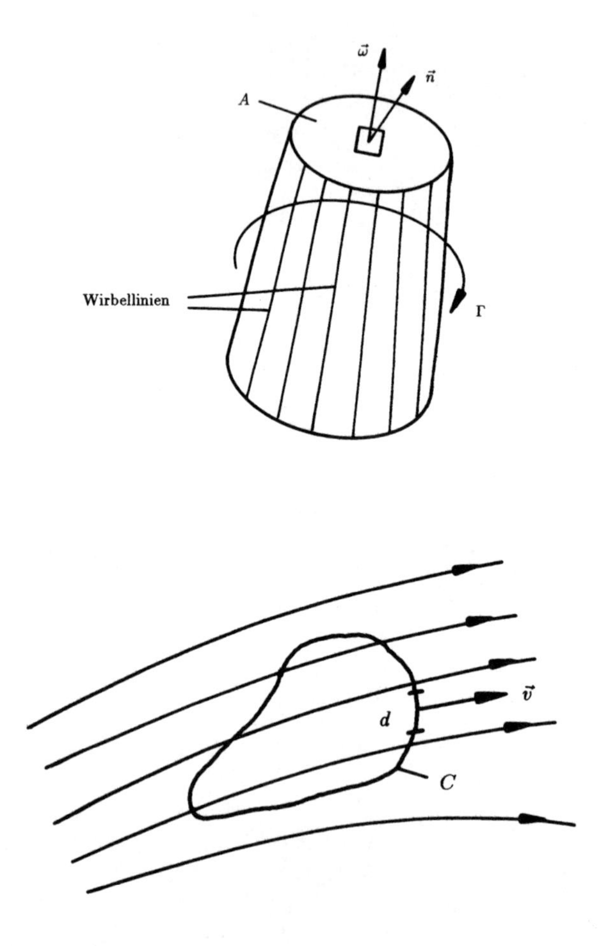


des Fluids im Gegenuhrzeigersinn beobachtet, ist $\Gamma < 0$, so zirkuliert das Fluid in Uhrzeigerrichtung.

Zwischen den Größen Drehung und Zirkulation, die beide für reibungslose und reibungsbehaftete Strömungen kompressibler und inkompressibler Fluide definiert sind, existiert folgender Zusammenhang. Wir betrachten ein Fluidelement in der $x, y$- Ebe-

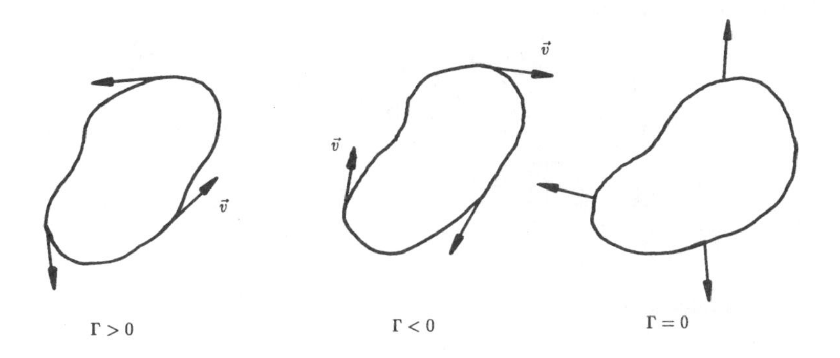


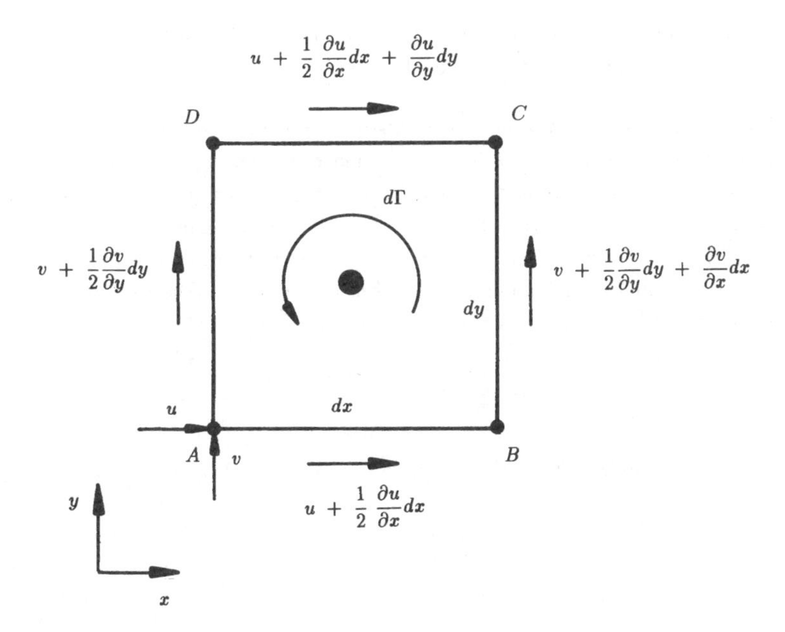


ne. Für die Randkurve, die im Uhrzeigersinn durchlaufen wird, ist die Zirkulation

$d\Gamma$ zu ermitteln. Man erhält

$$\begin{aligned} d\,\Gamma &= \left(u + \frac{1}{2}\,\frac{\partial u}{\partial x}dx\right)dx - \left(u + \frac{1}{2}\frac{\partial u}{\partial x}dx + \frac{\partial u}{\partial y}dy\right)dx \\ &+ \left(v + \frac{1}{2}\frac{\partial v}{\partial y}dy + \frac{\partial v}{\partial x}dx\right)dy - \left(v + \frac{1}{2}\,\frac{\partial v}{\partial y}dy\right)dy \\ d\,\Gamma &= \left(\frac{\partial v}{\partial x} - \frac{\partial u}{\partial y}\right)\,dx\,dy \\ d\,\Gamma &= 2\omega_z dA \end{aligned}$$

bzw. durch Integration

$$\Gamma = \oint_C v_t||d\vec{r}|| = 2\int\limits_A \omega_z dA \quad .$$

Das heißt die Zirkulation um die Randkurve einer beliebigen ebenen Fläche entspricht dem doppelten Wirbelfluß durch diese Fläche.

Dieses Ergebnis kann anhand des Stokesschen Theorems, das einen Zusammenhang zwischen einem Oberflächenintegral und einem Linienintegral herstellt, auf die dreidimensionale Strömung übertragen werden. Der Satz von Stokes lautet: Die Größe $D$ sei ein ebenes Gebiet im Sinne des Satzes von Green und $S$ die Oberfläche $z = f(x, y)$, wobei $f$ zweifach stetig differenzierbar ist. $\partial D$ ist der Rand von $D$, der im Gegenuhrzeigersinn durchlaufen wird, und $\partial S$ der zugehörige Rand von $S$. Ist $\vec{\Phi}$ ein stetig differenzierbares Vektorfeld im Raum, gilt

$$\int\limits_{\partial S} \vec{\Phi}(\vec{r}) \cdot d\vec{r} = \int\int\limits_S (\vec{\nabla} \times \vec{\Phi}) \cdot \vec{n} dA = \int\int\limits_S \mathrm{rot}\vec{\Phi} \cdot \vec{n} dA \quad .$$

Mit $\vec{\Phi} = \vec{v}$ und $\vec{\nabla} \times \vec{\Phi} = \vec{\nabla} \times \vec{v} = \mathrm{rot}\vec{v} = 2\vec{\omega}$ erhält man

$$\Gamma = \oint\limits_C \vec{v} \cdot d\vec{r} = \int\limits_A (\vec{\nabla} \times \vec{v}) \cdot \vec{n} dA = \int\limits_A \mathrm{rot}\vec{v} \cdot \vec{n} dA \quad .$$

Wie im ebenen Fall lautet die Gleichung in Worten, die Zirkulation entlang der Randkurve einer beliebigen räumlichen Fläche entspricht dem doppelten Wirbelfluß durch die zugehörige Projektionsfläche.

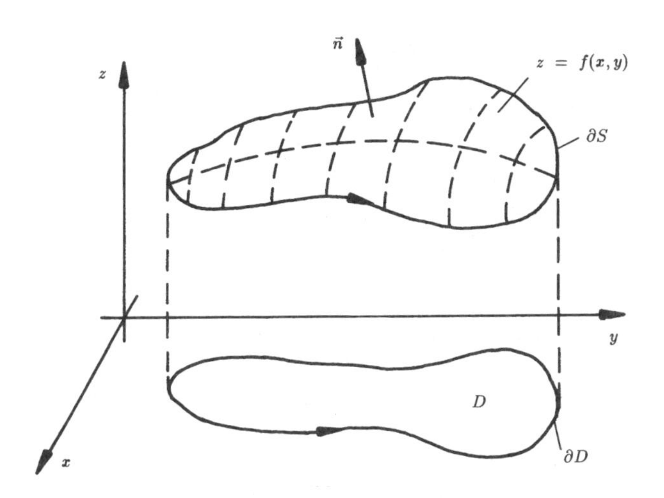


## 13.2 Satz von Thomson

Im Folgenden wird auf die zeitliche Änderung der Zirkulation $d\Gamma/dt$ eingegangen. Es wird gezeigt, dass in einer reibungsfreien, barotropen Strömung mit konservativen Volumenkräften, die Zirkulation entlang einer sich mit dem Fluid bewegenden geschlossenen Kurve bezüglich der Zeit konstant ist, d. h.

$$\frac{d\Gamma}{dt} = 0 \quad .$$

In der Literatur wird dieser Zusammenhang als Satz von Thomson bezeichnet. Differentiation der Zirkulation ergibt

$$\frac{d\Gamma}{dt} = \frac{d}{dt}\oint_C \vec{v} \cdot d\vec{r} = \oint_C \frac{d\vec{v}}{dt} \cdot d\vec{r} + \oint_C \vec{v} \cdot \frac{d}{dt} d\vec{r} \quad .$$

Für eine reibungsfreie Strömung ($\nu = 0$) gehen die Navier-Stokes-Gleichungen in die Euler-Gleichungen über.

$$\frac{d\vec{v}}{dt} = \vec{g} - \frac{1}{\rho}\vec{\nabla}p$$

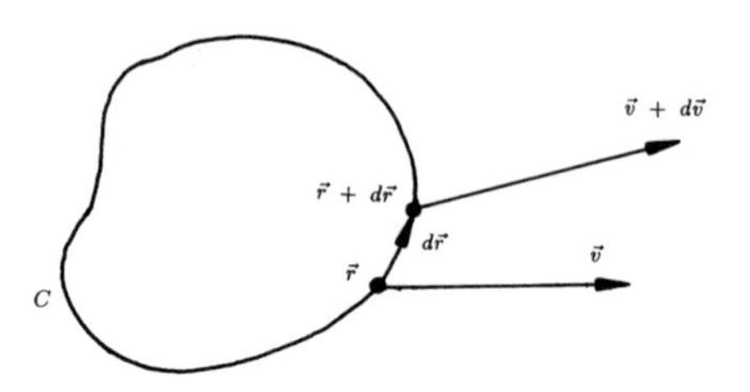


Eingesetzt in $\oint_C d\vec{v}/dt \cdot d\vec{r}$ ergibt sich

$$\oint_C \frac{d\vec{v}}{dt} \cdot d\vec{r} = \oint_C \vec{g} \cdot d\vec{r} - \oint_C \frac{1}{\rho} \vec{\nabla} p \cdot d\vec{r} = \oint_C \vec{g} \cdot d\vec{r} - \oint_C \frac{dp}{\rho} \quad .$$

Für die zeitliche Änderung von $\Gamma$ erhält man

$$\frac{d\Gamma}{dt} = \oint_C \vec{g} \cdot d\vec{r} - \oint_C \frac{dp}{\rho} + \oint_C \vec{v} \cdot \frac{d}{dt}(d\vec{r}) \quad .$$

Im Folgenden werden wir zeigen, dass die Terme auf der rechten Seite einzeln verschwinden. Es gilt der Satz, dass jedes konservative Vektorfeld als Gradient zu schreiben ist. Somit existiert eine Funktion $f$, für die $\vec{g} = \vec{\nabla} f$ ist. Es folgt

$$\oint_C \vec{g} \cdot d\vec{r} = \oint_C \vec{\nabla} f \cdot d\vec{r} = \oint_C df = 0 \quad .$$

Bemerkung: Allgemein gilt, ein Vektorfeld ist konservativ, wenn sein Linienintegral entlang einer geschlossenen Kurve verschwindet bzw. die Linienintegrale wegunabhängig sind.

Weiterhin nehmen wir an, dass die Strömung barotrop ist, d. h. die Dichte ist lediglich eine Funktion des Druckes. Dies ist z. B. bei inkompressiblen und isentropen ($p/\rho^\nu$ =konst beim idealen Gas) Strömungen der Fall. Wir berücksichtigen diese Abhängigkeit durch folgende Darstellung $\rho^{-1} \equiv dF/dp$, so dass

$$\oint_C \frac{dp}{\rho} = \oint_C \frac{dF}{dp} dp = 0 \quad .$$

Mit

$$\vec{v} + d\vec{v} = \frac{d}{dt}(\vec{r} + d\vec{r}) = \frac{d\vec{r}}{dt} + \frac{d}{dt}(d\vec{r})$$

ist

$$d\vec{v} = \frac{d}{dt}(d\vec{r}) \quad ,$$

wodurch

$$\oint_C \vec{v} \cdot \frac{d}{dt}(d\vec{r}) = \oint_C \vec{v} \cdot d\vec{v} = \oint_C d\left(\frac{\vec{v}^2}{2}\right) = 0 \quad .$$

Insgesamt folgt die Aussage

$$\frac{d\Gamma}{dt} = 0 \quad .$$

Aufgrund des Zusammenhangs zwischen Drehung und Zirkulation folgt, dass für $\Gamma(t=0) = 0$ die Strömung auch im weiteren Verlauf drehungsfrei ist. Ebenso gilt, dass eine Strömung, die zum Zeitpunkt $t = 0$ drehungsbehaftet ist, auch für spätere Zeiten wirbelbehaftet ist. Zu bedenken ist, dass diese Feststellungen jeweils nur für die Kurve $C$ gültig sind. Bewegt sich $C$ in ein Gebiet reibungsbehafteter Strömung, ändert sich die Zirkulation. Da konservative Volumenkräfte wie die Gravitation im Schwerpunkt des Fluidteilchens wirken, rufen sie keine Drehung des Partikels hervor. Ebenso läuft in barotroper Strömung die resultierende Gesamtdruckkraft durch den Schwerpunkt des Fluidelements, da die Linien konstanten Druckes und konstanter Dichte parallel zueinander verlaufen, und verursacht somit keine Änderung der Drehung.

## 13.3 Wirbeltransportgleichung

Zur Beschreibung der Änderung des Wirbelvektors $\vec{\omega}$ im Strömungsfeld eines inkompressiblen Fluids mit konstanter Viskosität $\eta$, wird die Wirbeltransportgleichung abgeleitet.

In Analogie zum Massenerhaltungssatz existiert bei Wirbelströmungen ein Wirbelerhaltungssatz, der aufgrund der Identität $\text{div}(\text{rot}\vec{\Phi}) = 0$ und der Definition von

$\vec{\omega} = \frac{1}{2}\text{rot}\vec{v}$ als

$$\text{div}\vec{\omega} = \vec{\nabla} \cdot \vec{\omega} = 0$$

geschrieben wird. Der Zusammenhang zwischen dem Geschwindigkeitsvektor $\vec{v}$ und dem Wirbelvektor $\vec{\omega}$ legt es nahe, die Größe $\vec{\omega}$ durch Bildung der Rotation der Navier-Stokes-Gleichungen einzuführen. Dadurch werden Druck- und Gravitationsterme eliminiert. Unter Berücksichtigung des Potentials der Volumenkräfte $f$ wird der Ausdruck

$$\vec{\nabla} \times \left[\frac{\partial \vec{v}}{\partial t} + (\vec{v} \cdot \vec{\nabla})\vec{v} = \vec{\nabla} f - \frac{1}{\rho}\vec{\nabla} p + \nu \nabla^2 \vec{v}\right]$$

berechnet. Verwendet man die Identität, dass die Rotation eines Gradienten verschwindet, z. B. ausgedrückt für $p$

$$\text{rot}(\text{grad}p) = \vec{\nabla} \times (\vec{\nabla} p) = 0 \quad ,$$

sowie die Gleichung

$$(\vec{v} \cdot \vec{\nabla})\vec{v} = (\vec{\nabla} \times \vec{v}) \times \vec{v} + \frac{1}{2}\vec{\nabla}(\vec{v} \cdot \vec{v}) = \vec{\omega} \times \vec{v} + \frac{1}{2}\vec{\nabla} q^2 \quad ,$$

wobei $q^2 = u^2 + v^2 + w^2$ ist und $\vec{\omega} = \vec{\nabla} \times \vec{v}$ gesetzt ist, erhält man

$$\frac{\partial \vec{\omega}}{\partial t} + \vec{\nabla} \times (\vec{\omega} \times \vec{v}) = \nu \nabla^2 \vec{\omega} \quad ,$$

sofern ebenfalls auf

$$\vec{\nabla} \times \vec{\nabla}^2 \vec{v} = \vec{\nabla}^2 (\vec{\nabla} \times \vec{v})$$

zurückgegriffen wird. Der zweite Term auf der linken Seite wird umgeschrieben

$$\vec{\nabla} \times (\vec{\omega} \times \vec{v}) = (\vec{v} \cdot \vec{\nabla})\vec{\omega} - (\vec{\omega} \cdot \vec{\nabla})\vec{v} + \vec{\omega}\vec{\nabla} \cdot \vec{v} - \vec{v}\vec{\nabla} \cdot \vec{\omega} = (\vec{v} \cdot \vec{\nabla})\vec{\omega} - (\vec{\omega} \cdot \vec{\nabla})\vec{v} \quad ,$$

so dass sich die Wirbeltransportgleichung

$$\frac{d\vec{\omega}}{dt} = (\vec{\omega} \cdot \vec{\nabla})\vec{v} + \nu \vec{\nabla}^2 \vec{\omega}$$

ergibt. Der Term $\nu\vec{\nabla}^2\vec{\omega}$ stellt die Änderungsrate von $\vec{\omega}$ aufgrund von Diffusion der Wirbelstärke dar, der Ausdruck $(\vec{\omega}\cdot\vec{\nabla})\vec{v}$ beschreibt die Änderungsrate der Wirbelstärke durch Streckung und Krümmung der Wirbellinien. Im Falle ebener und drehsymmetrischer Strömungen ist $(\vec{\omega}\cdot\vec{\nabla})\vec{v} = \vec{\omega}\cdot\text{grad}\vec{v} = 0$, da der Wirbelvektor, der nur eine Komponente $\omega = \omega_z$ besitzt, senkrecht auf der aufgespannten Geschwindigkeitsebene steht. Die Wirbeltransportgleichung lautet dann

$$\frac{d\omega}{dt} = \nu\nabla^2\omega \quad .$$

Man erkennt, dass die Festkörperrotation $\omega$ =konst eine Lösung dieser Gleichung ist. Ist die Strömung reibungsfrei, gilt im ebenen Fall

$$\frac{d\omega}{dt} = \frac{\partial\omega}{\partial t} + u\frac{\partial\omega}{\partial x} + v\frac{\partial\omega}{\partial y} = 0 \quad .$$

Das heißt jede Bewegung, die am Anfang drehungsfrei ist $\omega = 0$, bleibt für alle späteren Zeiten aufgrund von $d\omega/dt = 0$ drehungsfrei. In einer reibungslosen Strömung wird Drehung weder erzeugt noch vernichtet. Ist die Strömung darüber hinaus noch stationär, ergibt sich

$$(\vec{v}\cdot\vec{\nabla})\omega = 0 \quad .$$

Aufgrund des Zusammenhangs zwischen Wirbeltransport- und Impulsgleichung ist $\vec{\omega} = 0$ eine Lösung des Impulserhaltungssatzes. Diese drehungsfreien Strömungen, auch Potentialströmungen genannt, sind von großer Bedeutung bei der Beschreibung reibungsloser Strömungsfelder.

# 14 Potentialströmungen

*Berechnung der Druckverteilung um ein Tragflügelprofil unter der Annahme einer zweidimensionalen, stationären und drehungsfreien Strömung. Durch Integration der Druckkräfte auf der Oberfläche ergibt sich die Auftriebskraft.*

Anhand der Wirbeltransportgleichung ist gezeigt worden, dass für ein reibungsloses Fluid eine drehungsfreie Strömung im weiteren Verlauf drehungsfrei bleibt. Eine solche idealisierte Strömung hat eine von null verschiedene Geschwindigkeit auf einer Festkörperoberfläche, während in einer realistischen reibungsbehafteten Strömung die Haftbedingung eingehalten wird. Häufig sind die Reibungseffekte auf dünne Schichten in Wandnähe beschränkt, so dass es sich anbietet, das Strömungsfeld in einen äußeren Bereich, in dem die Strömung reibungsfrei und drehungsfrei ist, und in ein inneres Gebiet, in dem die Strömungsverhältnisse durch die Diffusion der Wirbelstärke aufgrund von Reibung bestimmt sind, aufzuteilen. Die äußere Strömung kann näherungsweise unter Vernachlässigung der wandnahen Schicht mittels der Theorie drehungsfreier Strömungen beschrieben werden.

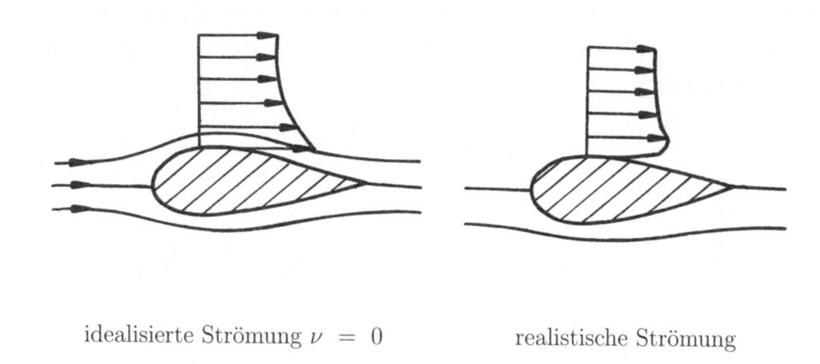

idealisierte Strömung $\nu = 0$ realistische Strömung

Darüber hinaus werden Strömungsfelder beobachtet, die durch abgelöste Strömungen gekennzeichnet sind. In den sich ausbildenden Ablösegebieten sind die Reibungseffekte nicht auf eine dünne Schicht begrenzt,

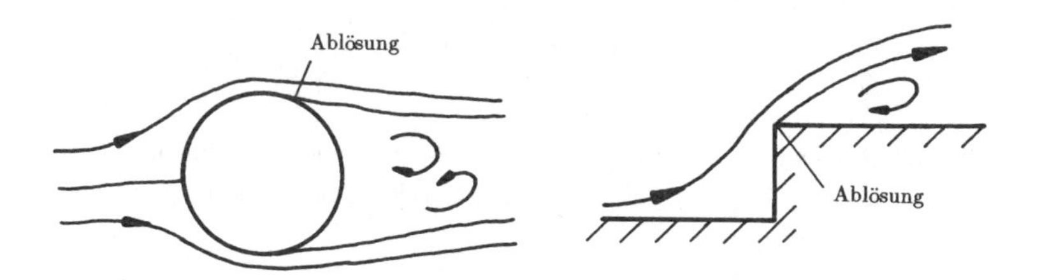


so dass sich die reelle Strömung deutlich von der idealisierten ($\nu = 0$) unterscheidet. Vor der Ablösung kann die Strömung jedoch mittels der Potentialtheorie, der Theorie drehungsfreier Strömungen, analysiert werden.

Im Folgenden werden wir uns mit Potentialströmungen befassen, wobei das Fluid als inkompressibel vorausgesetzt wird. Die grundlegenden Gedanken werden für ebene Strömungen erläutert.

## 14.1 Potentialfunktion, Stromfunktion, Laplace-Gleichung

Die Impulsgleichung wird durch $\vec{\omega} = \text{rot}\vec{v} = 0$ erfüllt. Führt man für $\vec{v}$ mittels $\vec{v} = \vec{\nabla}\phi$ ein Potential $\phi$ ein, so ist aufgrund der Identität $\text{rot}(\text{grad}\phi) = 0$ die Drehungsfreiheit $\vec{\omega} = 0$ weiterhin gegeben und die Kontinuitätsgleichung dient als Bestimmungsgleichung für $\phi$. Eingesetzt in $\text{div}\,\vec{v} = 0$ erhält man die Laplace-Gleichung der Potentialfunktion

$$\nabla^2\phi = \frac{\partial^2\phi}{\partial x^2} + \frac{\partial^2\phi}{\partial y^2} = 0 \quad ,$$

da

$$u = \frac{\partial\phi}{\partial x} \qquad v = \frac{\partial\phi}{\partial y} \quad .$$

Definiert man eine vektorielle Stromfunktion $\vec{\psi}$ mittels

$$\vec{v} = \text{rot}\vec{\psi} \quad , \qquad \vec{\psi} = \psi_x\vec{i} + \psi_y\vec{j} + \psi_z\vec{k}$$

wird die Kontinuitätsgleichung infolge der Vektoridentität

$$\text{div}(\text{rot}\vec{\psi}) = 0$$

erfüllt. Angewendet auf ebene, drehungsfreie Strömungen, die der Bedingung $\partial v/\partial x - \partial u/\partial y = 0$ unterliegen, ergibt sich die Laplace-Gleichung der Stromfunktion $\psi = \psi_z$

$$\nabla^2\psi = \frac{\partial^2\psi}{\partial x^2} + \frac{\partial^2\psi}{\partial y^2} = 0$$

mit

$$u = \frac{\partial\psi}{\partial y} \qquad v = -\frac{\partial\psi}{\partial x} \quad .$$

Der Vergleich der Ausdrücke der Potential- und der Stromfunktion ergibt die Cauchy-Riemannschen-Differentialgleichungen

$$\frac{\partial\phi}{\partial x} = \frac{\partial\psi}{\partial y} \qquad \frac{\partial\phi}{\partial y} = -\frac{\partial\psi}{\partial x} \quad ,$$

die die Quellen- und Drehungsfreiheit des Strömungsfeldes zum Ausdruck bringen. Sofern eine der Funktionen bekannt ist, kann die andere berechnet werden.

Werden in der $x, y$-Ebene alle Punkte, für die $\phi(x, y)$ und $\psi(x, y)$ gleiche Werte besitzen, miteinander verbunden, ergeben sich die Potentiallinien und die Stromlinien, für die

$$d\phi = \frac{\partial \phi}{\partial x} dx + \frac{\partial \phi}{\partial y} dy = u dx + v dy = 0$$

$$d\psi = \frac{\partial \psi}{\partial x} dx + \frac{\partial \psi}{\partial y} dy = -v dx + u dy = 0$$

gilt. Daraus ergibt sich

$$\left. \frac{dy}{dx} \right|_{\phi} = -\frac{u}{v} \qquad \left. \frac{dy}{dx} \right|_{\psi} = \frac{v}{u}$$

bzw.

$$\left. \frac{dy}{dx} \right|_{\psi} = -\left[ \left. \frac{dy}{dx} \right|_{\phi} \right]^{-1} ,$$

so dass Stromlinien und Potentiallinien orthogonal zueinander verlaufen. Diese Orthogonalität wird durch die Cauchy-Riemann-Bedingungen impliziert, denn

$$\vec{\nabla} \phi \cdot \vec{\nabla} \psi = \frac{\partial \phi}{\partial x} \frac{\partial \psi}{\partial x} + \frac{\partial \phi}{\partial y} \frac{\partial \psi}{\partial y} = 0 \quad .$$

Entsprechend der Stromliniendefinition, eine Stromlinie ist die Kurve im Feld, die zu einer gewissen Zeit an jedem Punkt mit der dort existierenden Richtung des Geschwindigkeitsvektors übereinstimmt, können sie sich niemals schneiden, da sonst an einer Stelle gleichzeitig zwei unterschiedliche Geschwindigkeiten auftreten müssten. Dies ist außer im Staupunkt nicht möglich. Stromlinien besitzen demnach keine Geschwindigkeitskomponenten normal zu den Stromflächen. Das heißt in Koordinaten tangential und normal zur Stromlinie gilt

$$v_n = \frac{\partial \phi}{\partial n} = -\frac{\partial \psi}{\partial s} = 0$$

$$v_t = \frac{\partial \phi}{\partial s} = \frac{\partial \psi}{\partial n} \neq 0$$

die kinematische Randbedingung bzw. kinematische Strömungsbedingung. Die Aussage $v_t \neq 0$ bedeutet, Fluidelemente, die einen Körper berühren, gleiten an ihm entlang. Die Körperoberfläche wird zur Stromlinie, auf ihr gilt $\psi$ =konst. Die Größe $d\psi$, die dem Unterschied der Stromfunktionswerte zweier benachbarter Stromlinien entspricht, wird zur Berechnung des Volumenstroms zwischen diesen Stromlinien herangezogen $d\dot{V} = bd\psi$.

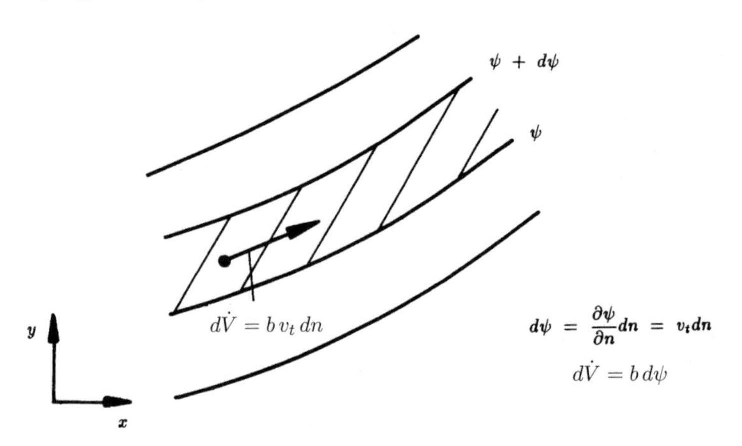


Ist die Potentialfunktion oder Stromfunktion durch Lösung der Laplace-Gleichung bekannt, können die Geschwindigkeitskomponenten anhand der Ableitungen von $\phi$ oder $\psi$ berechnet werden. Zur Berechnung der Druckverteilung wird die Energiegleichung der Fluidmechanik – die Bernoulli-Gleichung – herangezogen

$$p + \frac{\rho}{2}\vec{v}^2 + \rho g z = \text{konst} \qquad ,$$

die aus der Euler-Gleichung

$$\frac{\partial \vec{v}}{\partial t} + (\vec{v} \cdot \vec{\nabla})\vec{v} = \vec{b} - \frac{1}{\rho}\vec{\nabla}p$$

unter Berücksichtigung der Drehungsfreiheit $\vec{\omega}$ in der Identität

$$(\vec{v} \cdot \vec{\nabla})\vec{v} = \vec{\nabla}\frac{\vec{v}^2}{2} - \vec{v} \times (\vec{\nabla} \times \vec{v}) = \vec{\nabla}\frac{\vec{v}^2}{2}$$

sowie nach Einführung der Potentiale für $\vec{v} = \vec{\nabla}\phi$ und $\vec{b} = -\vec{\nabla}(gz)$ durch Integration für stationäre Strömungen ermittelt wird. Somit wird bei der Berechnung drehungsfreier Strömungen die Lösung nichtlinearer Bewegungsgleichungen vermieden. Aufgrund der Linearität kann das Superpositionsprinzip angewendet werden, so dass mehrere Lösungen von Elementarströmungen zusammengesetzt werden können. Ist $\phi_1, \phi_2, ..., \phi_n$ bekannt

$$\phi = \sum_{i=1}^{n} a_i \phi_i \qquad ,$$

werden die Konstanten $a_i$ an das interessierende Problem angepasst, wodurch komplexe Strömungsfelder mittels Überlagerung einfacher Strömungen beschrieben werden.

## 14.2 Komplexe Potentialfunktion

Bei der Analyse der Laplaceschen Differentialgleichung spielt die Theorie der komplexen Funktionen eine wesentliche Rolle. Im Folgenden werden wir einige grundlegende Zusammenhänge betrachten.

Wir definieren eine komplexe und eine konjugiert komplexe Geschwindigkeit

$$w = u + iv \qquad , \qquad \bar{w} = u - iv \qquad .$$

Drückt man die Geschwindigkeitskomponenten $u, v$ von $\bar{w}$ durch die Ableitungen der Potential- und Stromfunktion aus und integriert über $dz = dx + idy$, ergibt sich

$$\begin{aligned} F(z) = \int \bar{w} dz &= \int (udx + vdy) + i \int (udy - vdx) \\ &= \int \left( \frac{\partial \phi}{\partial x} dx + \frac{\partial \phi}{\partial y} dy \right) + i \int \left( \frac{\partial \psi}{\partial x} dx + \frac{\partial \psi}{\partial y} dy \right) \\ &= \int d\phi + i \int d\psi = \phi(x,y) + i\psi(x,y) \end{aligned}$$

aus der Potential- und Stromfunktion die komplexe Potentialfunktion $F(z)$, die der Laplaceschen Gleichung genügt. Es ist u. a.

$$\frac{\partial F}{\partial y} = \frac{dF}{dz}\frac{\partial z}{\partial y} = i\frac{dF}{dz} \quad , \quad \frac{\partial^2 F}{\partial y^2} = \frac{d^2 F}{dz^2} i^2 \qquad ,$$

so dass

$$\frac{d^2F}{dz^2} - \frac{d^2F}{dz^2} = \frac{\partial^2 F}{\partial x^2} + \frac{\partial^2 F}{\partial y^2} = 0$$

bzw.

$$\frac{\partial^2 \phi}{\partial x^2} + \frac{\partial^2 \phi}{\partial y^2} + i\left(\frac{\partial^2 \psi}{\partial x^2} + \frac{\partial^2 \psi}{\partial y^2}\right) = 0 \quad .$$

Aufgrund der eingeführten Cauchy-Riemann-Bedingungen enthält $F(z)$ die Quell- und Drehungsfreiheit, sie beschreibt demnach eine Potentialströmung.

Die Funktion $F(z)$ ist abhängig von der komplexen Variablen $z = x + iy$ und besitzt, sofern die Cauchy-Riemann-Gleichungen erfüllt sind, eine endliche und eindeutige Ableitung $dF/dz$. Sie ist eine analytische Funktion in einem Gebiet, wenn $dF/dz$ überall in diesem Gebiet existiert. Punkte, in denen $F$ oder $dF/dz$ verschwinden oder unendlich sind, werden Singularitäten genannt; Potential- und Stromlinien verlaufen dort nicht orthogonal zueinander. Zum Beispiel sind $F(z) = \ln z$ oder $F(z) = 1/z$ überall analytisch außer bei $z = 0$; dort sind die Cauchy-Riemann-Bedingungen nicht erfüllt. Die komplexe Differenzierbarkeit von $F(z)$ ist gegeben, wenn $dF/dz$ unabhängig von der Differentiationsrichtung ist, d. h. sofern

$$\frac{dF}{dz} = \frac{\partial F}{\partial x} = \frac{\partial F}{\partial (iy)} = -i\frac{\partial F}{\partial y}$$

ist.

Das Prinzip der Überlagerung ist auch für die komplexe Potentialfunktion $F(z)$ gültig. Zur Beschreibung realistischer Strömungsfelder kann auf elementare Strömungen, deren Funktion $F(z)$ bekannt ist, zurückgegriffen werden. Aus $F(z)$ können für jeden Punkt des Strömungsgebietes mittels

$$\bar{w} = u - iv = \frac{dF}{dz}$$

die Geschwindigkeitskomponenten bestimmt werden.

Die Bestimmung der komplexen Potentialfunktion und somit des gesamten Strömungsfeldes, z. B. mittels der in der Funktionentheorie entwickelten Methode der konformen Abbildung, ist i. a. sehr aufwendig. Aus diesem Grund gehen wir in den anschließenden Betrachtungen umgekehrt vor. Für einige komplexe Potentialfunktionen werden das Geschwindigkeitsfeld und die Stromlinien berechnet, so dass man einen Eindruck von dem Strömungsvorgang bekommt.

## 14.3 Beispiele für die komplexe Potentialfunktion

Es werden einige ebene Potentialströmungen inkompressibler Fluide analysiert.

### 14.3.1 Winkel- und Eckenströmung

Die komplexe Potentialfunktion sei in der Form

$$\begin{aligned} F(z) &= \frac{a}{n} z^n = \frac{a}{n}(x + iy)^n = \frac{a}{n}(re^{i\varphi})^n \\ &= \frac{a}{n} r^n (\cos(n\varphi) + i\sin(n\varphi)) \end{aligned}$$

gegeben, wobei $n$ eine reelle Zahl ist, und $a = a_r \pm i a_i$ auch komplex sein kann. Zunächst wird $a$ als reell angenommen. Man erhält für $\phi, \psi$

$$\begin{aligned} \phi &= \frac{a}{n} r^n \cos(n\varphi) \\ \psi &= \frac{a}{n} r^n \sin(n\varphi) \quad . \end{aligned}$$

Die Stromlinien werden somit durch die Kurven

$$r^n \sin(n\varphi) = \text{konst}$$

beschrieben. Geht man davon aus, dass die Konstante verschwindet, muss $\sin(n\varphi) = 0$ sein, was für $\varphi = \varphi_n = k\pi/n$ mit $k = 0, 1, ...$ der Fall ist. Für $k = 0$ und $k = 1$ ergibt sich der Winkel $\Delta\varphi = \pi/n$.

Bei $n \geq 2$ werden Strömungen in spitzen Winkeln betrachtet, bei $2 > n > 1$ Strömungen in konkaven Ecken und für $1 > n > 1/2$ Strömungen um konvexe Ecken.

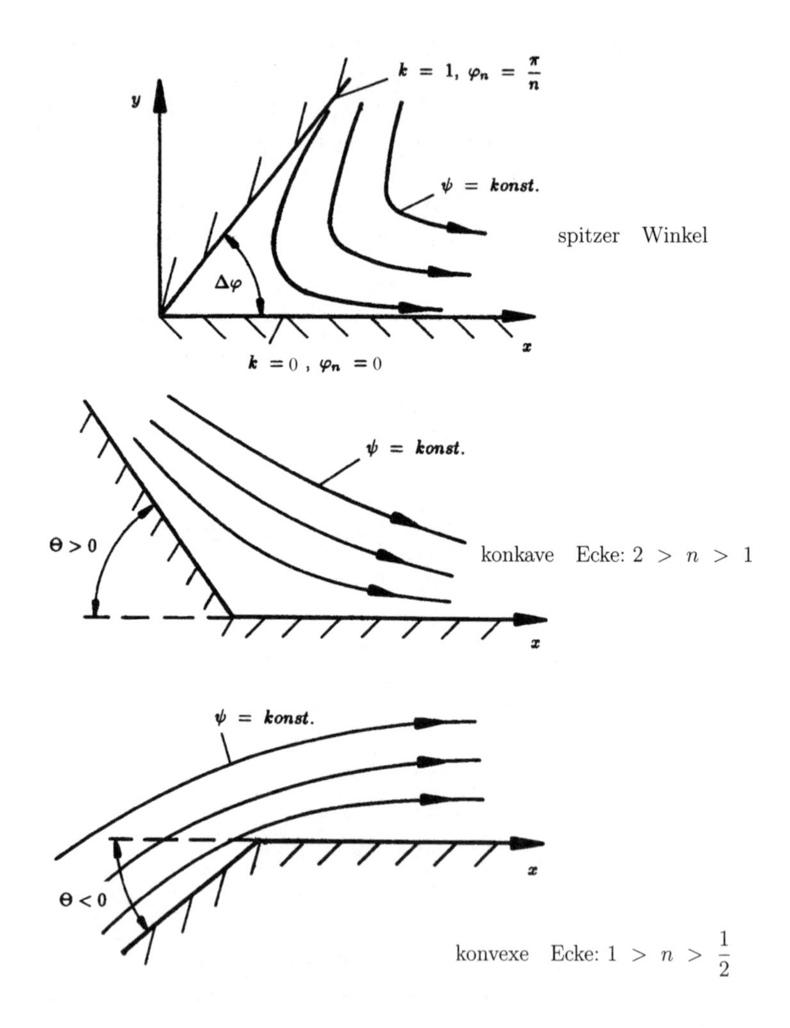


Zwischen dem Winkel $\Delta\varphi$ und dem Ergänzungswinkel $\Theta$ besteht der Zusammenhang $\Theta = \pi - \Delta\varphi = (n-1)\pi/n$. Komplexe Differentiation von $F(z)$ liefert die konjugiert komplexe Geschwindigkeit

$$\bar{w}(z) = \frac{dF}{dz} = az^{n-1} \quad ,$$

so dass der Betrag der Geschwindigkeit

$$||\vec{v}|| = |a| \, r^{n-1}$$

ist. Für den Fall der konkaven Ecke $n > 1$ verschwindet die Geschwindigkeit im Ursprung $r \to 0$, während bei konvex umgelenkter Strömung $n < 1$ die Geschwindigkeit für $r \to 0$ gegen unendlich strebt $||\vec{v}|| \to \infty$. Das Stromlinienbild erhält man aus der Darstellung

$$\frac{dy}{dx} = \frac{v}{u} = -\tan\left[(n-1)\varphi\right] \quad .$$

### 14.3.2 Parallelströmung

Im Falle $n = 1$ liegt mit $\Delta\varphi = \pi$ eine geradlinige Parallelströmung vor, wobei

$$F(z) = az$$

und

$$\bar{w} = a$$

ist. Für $\phi$ und $\psi$ erhält man bei $a = a_r - ia_i$

$$\phi = a_r x + a_i y \quad , \quad \psi = a_r y - a_i x$$

und für die Geschwindigkeitskomponenten

$$u = a_r \quad , \quad v = a_i \quad .$$

Sofern $a_r = u = u_\infty > 0$ und $a_i = 0$ ist, verlaufen die Stromlinien parallel zur $x$-Achse, für $a_r = 0$ sowie $a_i = v = v_\infty > 0$ parallel zur $y$-Achse.

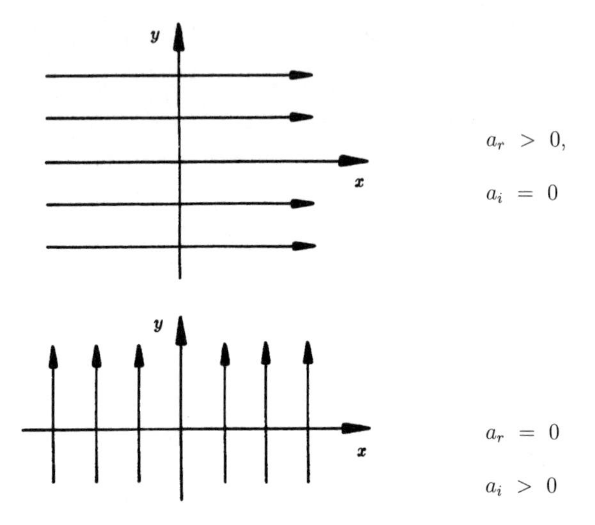


### 14.3.3 Ebene Staupunktströmung

Ist $n = 2$, ergibt sich für $\Delta\varphi = \dfrac{\pi}{2}$ und $F(z) = \dfrac{a}{2}z^2$ die Potential- und Stromfunktion zu

$$\begin{aligned} \phi &= \frac{a}{2}(x^2 - y^2) \\ \psi &= axy \quad , \end{aligned}$$

wobei $a$ reell ist. Die Stromlinien $\psi =$ konst stellen eine Schar gleichseitiger Hyperbeln $y \sim 1/x$ dar, die sich asymptotisch der $x$- und $y$-Achse nähern. Die komplexe Strömungsgeschwindigkeit errechnet sich zu

$$\bar{w}(z) = \frac{dF}{dz} = az = ax + iay = u - iv \quad ,$$

so dass die Geschwindigkeitskomponenten

$$u = ax$$
$$v = -ay$$

entsprechen. Die Richtung der Stromlinien wird durch

$$\frac{dy}{dx} = \frac{v}{u} = -\frac{y}{x}$$

festgelegt.

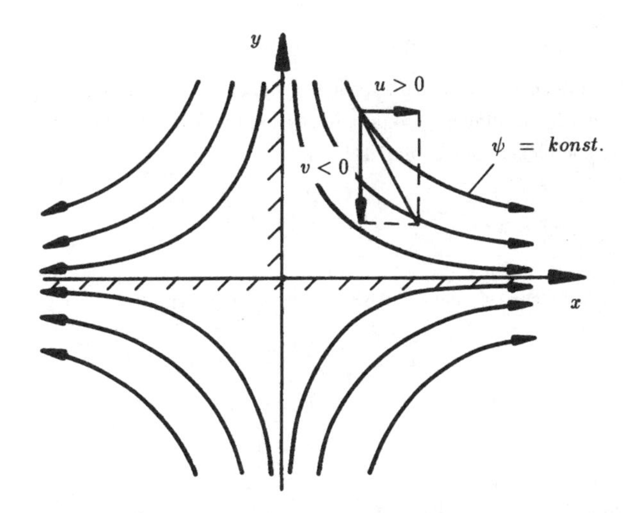


Betrachtet man die Strömung in den beiden ersten Quadranten, so wird das Stromlinienbild einer Strömung, die normal auf eine Wand trifft, dargestellt. Die Linien konstanter Geschwindigkeit (Isotachen) und konstanten Druckes (Isobaren) entsprechen nach

$$||\vec{v}|| = |a|\, r$$
$$p(r) = p_0 - \frac{\rho}{2} a^2 r^2$$

konzentrischen Kreisen um den Ursprung.

### 14.3.4 Quellen- und Senkenströmung

Die komplexe Potentialfunktion ist mit $a \in \mathcal{R}$

$$F(z) = a \ln z = \frac{E}{2\pi} \ln z \qquad ,$$

so dass man für die Potentialfunktion $\phi$ und die Stromfunktion $\psi$

$$\phi = \frac{E}{2\pi} \ln r$$
$$\psi = \frac{E}{2\pi} \varphi$$

erhält. Die Linien $\psi$ =konst entsprechen Strahlen, die durch den Ursprung gehen, während die Potentiallinien $\phi$ =konst Kreise um den Ursprung beschreiben. Aus der konjugiert komplexen Geschwindigkeit

$$\bar{w}(z) = \frac{dF}{dz} = \frac{E}{2\pi z}$$

ergeben sich die kartesischen Geschwindigkeitskomponenten

$$u = \frac{Ex}{2\pi(x^2 + y^2)}$$
$$v = \frac{Ey}{2\pi(x^2 + y^2)} \qquad .$$

Die zugehörigen Geschwindigkeiten in Polarkoordinaten lassen sich aus den Ableitungen der Potentialfunktion

$$v_r = \frac{\partial \phi}{\partial r} = \frac{E}{2\pi r}$$
$$v_\varphi = \frac{1}{r} \frac{\partial \phi}{\partial \varphi} = 0$$

berechnen. Ist die Größe $E > 0$, handelt es sich um eine sich radial ausbreitende Strömung, die sogenannte Quellenströmung,

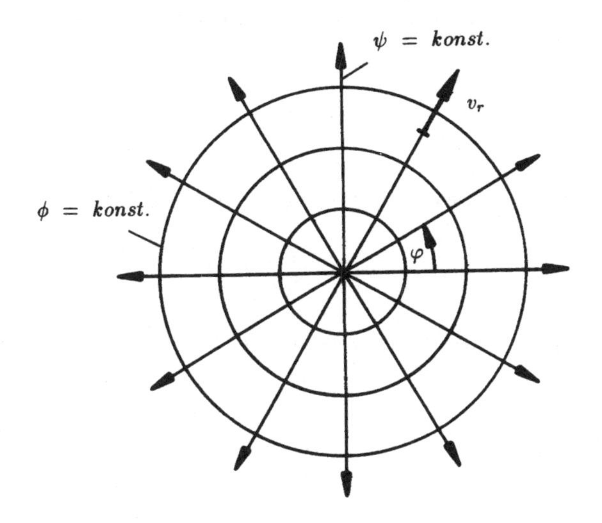


im Falle $E < 0$ um eine Senkenströmung, bei der die Stromlinien nach innen laufen. Aus der Formulierung des Volumenstroms $\dot{V}$

$$\begin{aligned}\dot{V} &= b\,[\psi(\varphi + 2\pi) - \psi(\varphi)]\\ &= b\,[a(\varphi + 2\pi) - a\varphi] = 2\pi ab = Eb\end{aligned}$$

wird deutlich, dass $E$ den auf die Breite $b$ bezogenen Volumenstrom bezeichnet. Im Ursprung geht die Geschwindigkeit aufgrund von $v_r \sim 1/r$ gegen unendlich, d. h. der Ursprung entspricht einer singulären Stelle.

### 14.3.5 Potentialwirbel

Da sowohl Potentialfunktion als auch Stromfunktion die Laplace-Gleichung erfüllen, gilt das Überlagerungsprinzip auch für die Stromfunktion. Weiterhin kann man unter Berücksichtigung der anzupassenden Randbedingungen $\phi$ und $\psi$ vertauschen, wobei sich eine andere Strömung ergibt. Bezüglich der Quellenströmung heißt das, die

Stromlinien sind Kreise, die Potentiallinien Geraden durch den Ursprung.

$$\phi = c\varphi$$
$$\psi = -c \ln r$$

Die Gleichungen erhält man, wenn man für die komplexe Potentialfunktion mit $c \in \mathcal{R}$

$$F(z) = -ic \ln z$$

ansetzt. Für die radiale und tangentiale Geschwindigkeitskomponente errechnet man

$$v_r = 0$$
$$v_\varphi = \frac{c}{r} \quad .$$

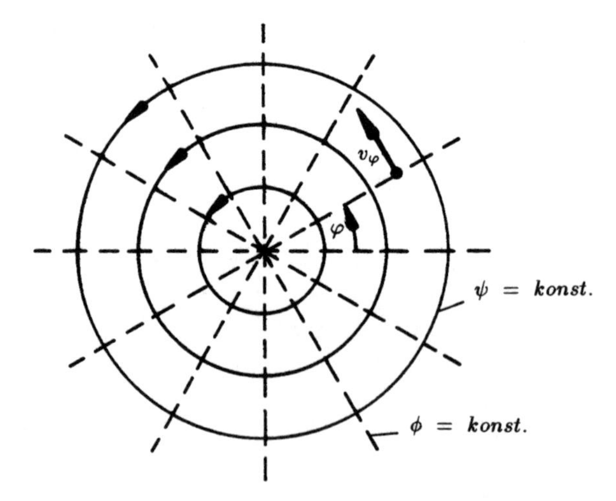


Zur Deutung der Größe $c$ wird aufgrund der durch die Linien $\phi =$ konst und $\psi =$ konst dargestellten kreisförmigen Bewegung die Zirkulation $\Gamma$ herangezogen. Auf einem Kreis mit dem Radius $R$ ist $\Gamma = c/R 2\pi R = 2\pi c$, so dass $c$ der mit $2\pi$ skalierten Zirkulation entspricht.

Die Wirbelkomponente normal zur Strömungsebene ist

$$\omega_z = \frac{1}{2r}\left(\frac{\partial}{\partial r}(r v_\varphi) - \frac{\partial v_r}{\partial \varphi}\right) \quad .$$

Da $r v_\varphi = \Gamma/2\pi = \text{konst}$ ist, wird $\omega_z = 0$ für alle $r \neq 0$. Im Falle $r = 0$ muss $\omega_z \neq 0$ sein, da aufgrund des Satzes von Stokes eine Zirkulation die Existenz einer Drehung bedingt. Im Zentrum des Potentialwirbels befindet sich eine normal zur Strömungsebene liegende Wirbellinie, die auch Stabwirbel genannt wird.

### 14.3.6 Dipolströmung

Wir überlagern eine Quelle und eine Senke, die auf der $x$-Achse im Abstand $h$ angeordnet sind. Beide verfügen über die gleiche Ergiebigkeit $E$. Vorausgesetzt die Ergiebigkeit $E$ wird $E \sim 1/h$ gesteigert, während $h \to 0$ strebt, so dass $M = Eh = \text{konst}$ ist, ergibt sich die Dipolströmung mit dem Dipolmoment $M$ und der Dipolachse $x$.

Die komplexe Potentialfunktion lautet

$$F(z) = \frac{M}{2\pi} \lim_{h \to 0} \frac{\ln(z + h) - \ln z}{h} = \frac{M}{2\pi z} = \frac{M}{2\pi} \frac{x - iy}{r^2} \quad ,$$

woraus die Potential- und die Stromfunktion unmittelbar abzuleiten sind

$$\phi = \frac{M}{2\pi} \frac{x}{x^2 + y^2}$$
$$\psi = -\frac{M}{2\pi} \frac{y}{x^2 + y^2} \quad .$$

Umformung der Gleichung der Stromfunktion liefert

$$x^2 + \left(y + \frac{M}{4\pi\psi}\right)^2 = \left(\frac{M}{4\pi\psi}\right)^2 \quad ,$$

so dass die Stromlinien Kreise darstellen, deren Zentren auf der $y$-Achse liegen und die $x$-Achse tangieren.

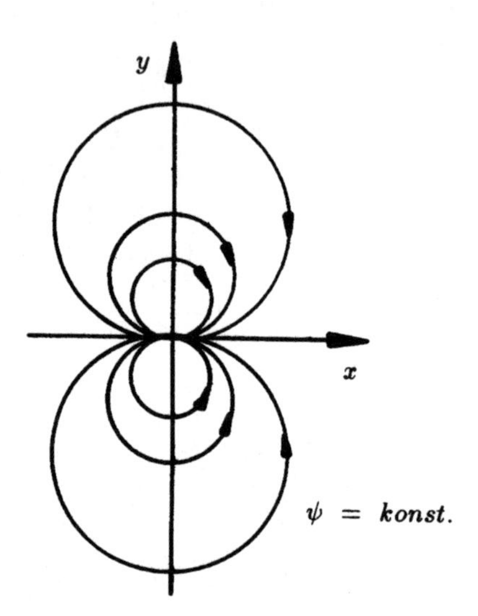


Ersetzt man $M$ durch $iM$, lautet die Stromfunktion

$$\psi_y = \frac{Mx}{2\pi(x^2 + y^2)}$$

bzw.

$$\left(x - \frac{M}{4\pi\psi_y}\right)^2 + y^2 = \left(\frac{M}{4\pi\psi_y}\right)^2 ,$$

so dass die $y$-Achse der Dipolachse entspricht, d. h. das Stromlinienbild wird um $\pi/2$ rotiert.

Aus der konjugiert komplexen Geschwindigkeit

$$\bar{w}(z) = -\frac{M}{2\pi z^2}$$

werden die Geschwindigkeitskomponenten

$$u = -\frac{M}{2\pi r^2}\cos(2\varphi) = -\frac{M}{2\pi}\frac{x^2 - y^2}{r^4}$$
$$v = -\frac{M}{2\pi r^2}\sin(2\varphi) = -\frac{M}{2\pi}\frac{2xy}{r^4}$$

bestimmt. Der Geschwindigkeitsbetrag ist $||\vec{v}|| \sim 1/r^2$. Aufgrund des Aufbaus der Dipolströmung stellt die Stelle $r = 0$ wie bei der Quellen- und Senkenströmung und beim Potentialwirbel eine Singularität dar.

### 14.3.7 Halbkörper

Einer Quellenströmung mit der Ergiebigkeit $E$ wird eine Parallelströmung mit der Geschwindigkeit $u_\infty$ überlagert. Daraus erhält man ein Strömungsbild, das der Umströmung eines vorn gerundeten, sich bis ins Unendliche erstreckenden Körpers entspricht.

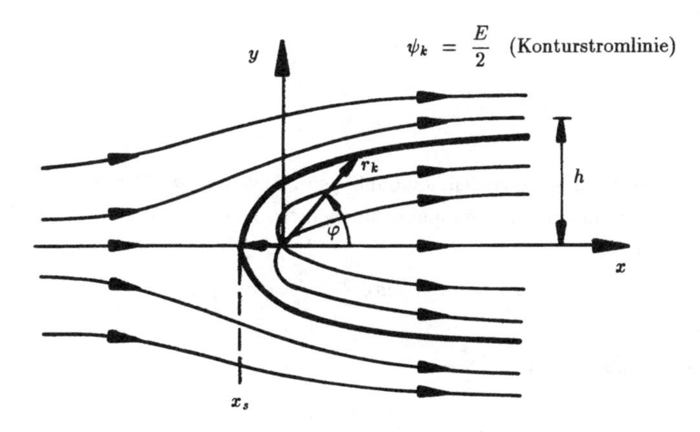


Allgemein lautet die komplexe Potentialfunktion

$$F(z) = (u_\infty - iv_\infty)z + \frac{E}{2\pi}\ln z$$

bzw. für den Fall $v_\infty = 0$

$$F(z) = u_\infty \, z + \frac{E}{2\pi} \ln z \qquad .$$

Somit gilt für die Potential- und Stromfunktion

$$\phi = u_\infty \, x + \frac{E}{2\pi} \ln r = u_\infty \, x + \frac{E}{4\pi} \ln(x^2 + y^2)$$
$$\psi = u_\infty \, y + \frac{E}{2\pi} \varphi \qquad .$$

Anhand der Geschwindigkeitskomponenten

$$u = \frac{\partial \phi}{\partial x} = u_\infty + \frac{E}{2\pi} \frac{x}{x^2 + y^2}$$
$$v = \frac{\partial \phi}{\partial y} = \frac{E}{2\pi} \frac{y}{x^2 + y^2}$$

werden die Koordinaten des Staupunkts, in dem $u = v = 0$ ist, bestimmt.

$$v = 0 : \qquad y_s = 0$$
$$u = 0 : \qquad x_s = - \frac{E}{2\pi u_\infty} \qquad .$$

Da die Wandstromlinie durch den Staupunkt geht, muss der Wert der Stromfunktion auf der Kontur mit dem im Staupunkt übereinstimmen $\psi_k = \psi_s$. Mit $\varphi_s = \pi$ ist $\psi_s = E/2$, so dass

$$\psi_k = u_\infty \, r_k \sin \varphi + \frac{E}{2\pi} \varphi = \frac{E}{2}$$

gilt. Somit ergibt sich für die Kontur

$$r_k = \frac{E}{2\pi u_\infty} \frac{\pi - \varphi}{\sin \varphi} \qquad .$$

Für $x \to \infty$ weist der Halbkörper eine maximale Breite auf, die durch die Größe $h$ zu beschreiben ist. Sie errechnet sich aus der Betrachtung, dass $x \to \infty$ mit $y = h$

und $\varphi = 0$ identifiziert wird und der zugehörige Stromfunktionswert $\psi_\infty$ dem Wert $\psi_k$ entsprechen muss

$$\psi_\infty = u_\infty \, h = \psi_k = \frac{E}{2} \quad .$$

Somit bestimmen die Ergiebigkeit $E$ und die Anströmungsgeschwindigkeit $u_\infty$ die maximale Breite des Halbkörpers

$$h = \frac{E}{2u_\infty} \quad .$$

Die Druckverteilung wird mittels der Bernoulli-Gleichung bestimmt

$$p_\infty + \frac{\rho}{2} u_\infty^2 = p + \frac{\rho}{2}(u^2 + v^2) \quad .$$

Sie wird i. a. als Druckbeiwert $c_p$

$$c_p = \frac{p - p_\infty}{\frac{\rho}{2} \, u_\infty^2}$$

dargestellt. Für den Halbkörper erhält man

$$c_p = 1 - \left[ \left( \frac{u}{u_\infty} \right)^2 + \left( \frac{v}{u_\infty} \right)^2 \right]$$

$$c_p = 1 - \left[ \left( 1 + \frac{h}{\pi} \frac{x}{x^2 + y^2} \right)^2 + \left( \frac{h}{\pi} \frac{y}{x^2 + y^2} \right)^2 \right]$$

bzw. für den $c_p$-Wert auf der Kontur

$$c_p = 1 - \left[ \left( \frac{u}{u_\infty} \right)_k^2 + \left( \frac{v}{u_\infty} \right)_k^2 \right]$$

$$c_p = 1 - \left[ \left( 1 + \frac{\cos\varphi \sin\varphi}{\pi - \varphi} \right)^2 + \left( \frac{\sin^2 \varphi}{\pi - \varphi} \right)^2 \right] \quad .$$

Berücksichtigt man, dass $\sin(2\varphi) = 2\cos\varphi\sin\varphi$ und $\sin(2(\pi - \varphi)) = -\sin(2\varphi)$ ist, wird der Druckbeiwert auf der Kontur für $\bar{\varphi} = \pi - \varphi$

$$c_p = \frac{\sin(2\bar{\varphi})}{\bar{\varphi}} - \left( \frac{\sin\bar{\varphi}}{\bar{\varphi}} \right)^2 \quad .$$

Im Staupunkt bei $\varphi = \pi$ bzw. $\bar{\varphi} = 0$ ist $c_p = 1$, bei $\varphi = \bar{\varphi} = \pi/2$ erreicht $c_p$ den Wert $c_p = -4/\pi^2$ und strebt für große $x$ gegen den Wert $c_p = 0$, der für $\varphi = 0$ bzw. $\bar{\varphi} = \pi$ auftritt.

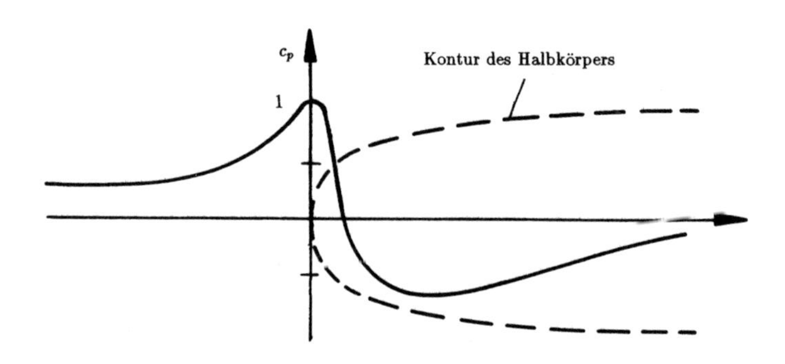


### 14.3.8 Kreiszylinder

Befindet sich außer der Quelle noch eine Senke gleicher Ergiebigkeit auf der $x$-Achse, ergibt sich eine geschlossene Stromlinie, die als Körperkontur interpretiert werden kann. Lässt man den Abstand zwischen Quelle und Senke gegen null gehen, stellt sich die Überlagerung aus Parallel- und Dipolströmung ein, die die reibungslose Umströmung eines Kreiszylinders beschreibt. Die komplexe Potentialfunktion lautet

$$F(z) = u_\infty z + \frac{M}{2\pi z} \quad ,$$

so dass $\phi, \psi$ durch

$$\phi = u_\infty\, x + \frac{M}{2\pi r^2} x = \left(u_\infty + \frac{M}{2\pi r^2}\right) r \cos\varphi$$
$$\psi = u_\infty\, y - \frac{M}{2\pi r^2} y = \left(u_\infty - \frac{M}{2\pi r^2}\right) r \sin\varphi$$

bestimmt sind. Die konjugiert komplexe Geschwindigkeit ist

$$\bar{w}(z) = u_\infty - \frac{M}{2\pi z^2} \quad .$$

Zur Berechnung der radialen und tangentialen Geschwindigkeitskomponente wird auf die Ableitung der Potentialfunktion zurückgegriffen.

$$v_r = \frac{\partial \phi}{\partial r} = \left(u_\infty - \frac{M}{2\pi r^2}\right)\cos\varphi$$

$$v_\varphi = \frac{1}{r}\,\frac{\partial \phi}{\partial \varphi} = -\left(u_\infty + \frac{M}{2\pi r^2}\right)\sin\varphi \quad .$$

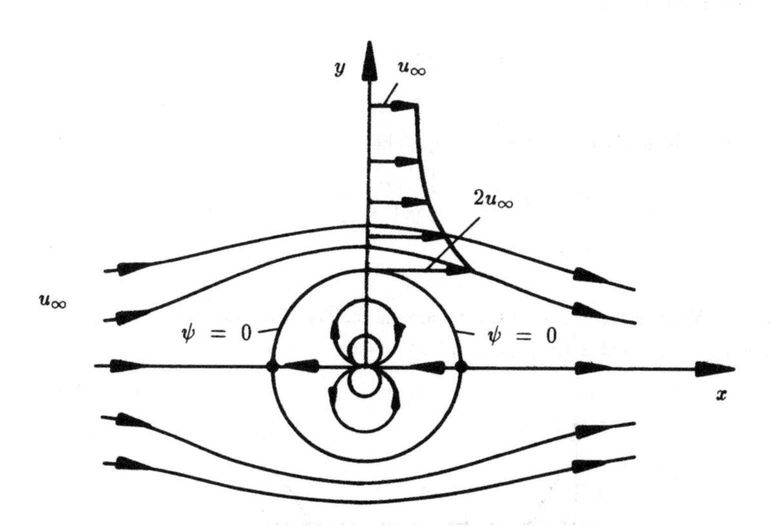


Die Staupunkte der symmetrischen Strömung liegen auf der $x$-Achse bei $\varphi = 0$ und $\varphi = \pi$. Damit im Staupunkt $v_r = v_\varphi = 0$ ist, muss $u_\infty - M/2\pi R^2 = 0$ sein, wodurch der Radius des Kreiszylinders

$$R = \sqrt{\frac{M}{2\pi u_\infty}}$$

bestimmt ist; d. h. auf der Kontur herrscht zwischen $M$ und $u_\infty$ der Zusammenhang $M = 2\pi R^2 u_\infty$. Eingesetzt in die Stromfunktion erhält man den Wert $\psi = 0$ für die Wandstromlinie.

Die Geschwindigkeiten auf der Kontur errechnen sich zu

$$v_r = 0$$
$$v_\varphi = -2u_\infty \sin\varphi \qquad ,$$

so dass bei $\varphi = \pi/2$ und $\varphi = 3\pi/2$ die Geschwindigkeit doppelt so groß wie die Anströmgeschwindigkeit ist. Die Druckverteilung auf der Kontur wird anhand der Bernoulli-Gleichung berechnet

$$p_k + \frac{\rho}{2} v_k^2 = p_\infty + \frac{\rho}{2} u_\infty^2$$

und mittels des Druckbeiwertes dargestellt

$$c_p = \frac{p_k - p_\infty}{\frac{\rho}{2} u_\infty^2} = 1 - \left(\frac{v_k}{u_\infty}\right)^2 = 1 - 4\sin^2\varphi \qquad .$$

Der $c_p$-Wert wird an den Stellen der maximalen Geschwindigkeit $\varphi = \pi/2$ und $\varphi = 3\pi/2$ minimal $c_p(\pi/2) = c_p(3/2\pi) = -3$.

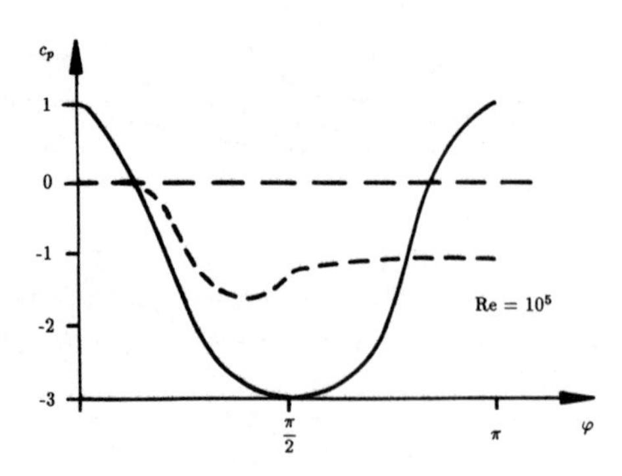

In der Darstellung $c_p(\varphi)$ ist neben dem potentialtheoretischen Verlauf auch eine realistische Druckverteilung für $Re = 10^5$ eingetragen. Die deutlichen Abweichungen werden durch das auf der Rückseite erheblich veränderte Strömungsbild hervorgerufen.

Die potentialtheoretische Druckverteilung ist vollkommen symmetrisch, so dass sich keine resultierende Kraft einstellt. Dieses Ergebnis, das im klaren Widerspruch zu den Beobachtungen steht, wird als d'Alembertsches-Paradoxon bezeichnet.

Führt man in das Strömungsfeld eine Zirkulation ein, entsteht eine Seitenkraft, die wie eine Auftriebskraft an einem Tragflügel wirkt. Wir erzeugen die Zirkulation durch Überlagerung eines Potentialwirbels dessen Achse der Zylinderachse entspricht. Mit $\Gamma$ als rechtsdrehende Zirkulation lautet die komplexe Potentialfunktion

$$F(z) = u_\infty \left( z + \frac{R^2}{z} \right) + i \frac{\Gamma}{2\pi} \ln z \quad ,$$

woraus sich $\phi$ und $\psi$ ergeben

$$\phi = u_\infty \cos\varphi \left( r + \frac{R^2}{r} \right) - \frac{\Gamma}{2\pi} \varphi$$
$$\psi = u_\infty \sin\varphi \left( r - \frac{R^2}{r} \right) + \frac{\Gamma}{2\pi} \ln r \quad .$$

Man findet für die radiale und tangentiale Geschwindigkeitskomponente

$$v_r = \frac{\partial \phi}{\partial r} = u_\infty \cos\varphi \left( 1 - \frac{R^2}{r^2} \right)$$
$$v_\varphi = \frac{1}{r} \frac{\partial \phi}{\partial \varphi} = - u_\infty \sin\varphi \left( 1 + \frac{R^2}{r^2} \right) - \frac{\Gamma}{2\pi r} \quad ,$$

so dass die radiale Geschwindigkeit auf dem Zylinder weiterhin verschwindet. Die tangentiale Geschwindigkeit auf der Oberfläche ist

$$v_\varphi = - 2u_\infty \sin\varphi - \frac{\Gamma}{2\pi R} \quad .$$

Sie ist null, wenn

$$\sin\varphi = - \frac{\Gamma}{4\pi u_\infty R} \quad .$$

Nimmt die Zirkulation $\Gamma$ Werte an, so dass $\Gamma < 4\pi u_\infty R$ ist, erfüllen zwei Werte die Gleichung, so dass zwei Staupunkte auf der Oberfläche liegen. Wird $\Gamma$ auf $\Gamma = 4\pi u_\infty R$ vergrößert, laufen die Staupunkte in einem Punkt zusammen. Für $\Gamma > 4\pi u_\infty R$ entfernt sich der Staupunkt entlang der $y$-Achse von der Zylinderoberfläche. Aus der Bedingung $v_\varphi(\varphi = -\pi/2) = 0$

$$u_\infty \left(1 + \frac{R^2}{r^2}\right) - \frac{\Gamma}{2\pi r} = 0$$

erhält man den radialen Abstand

$$r = \frac{1}{4\pi u_\infty} \left[ \Gamma \pm \sqrt{\Gamma^2 - (4\pi u_\infty R)^2} \right] ,$$

wovon eine Lösung $r > R$ ist, die andere liegt im Inneren des Zylinders.

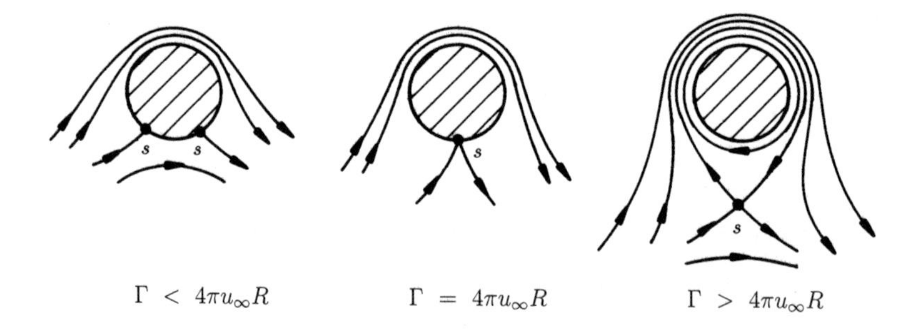


$\Gamma < 4\pi u_\infty R$ $\Gamma = 4\pi u_\infty R$ $\Gamma > 4\pi u_\infty R$

Je stärker die durch den Potentialwirbel eingebrachte Zirkulation ist, desto größer sind die Geschwindigkeiten auf der Oberseite des Zylinders. Gleichzeitig sinkt dort der Druck, während er auf der Unterseite steigt, so dass eine Kraft normal zur Anströmrichtung wirkt. Die Existenz von Seitenkräften bei rotierenden Körpern wird Magnuseffekt genannt.

Aus der Bernoulli-Gleichung

$$p + \frac{\rho}{2}\left(v_r^2 + v_\varphi^2\right) = p_\infty + \frac{\rho}{2} u_\infty^2$$

kann der Druck auf der Oberfläche

$$p_k = p_\infty + \frac{\rho}{2}\left[u_\infty^2 - \left(-2u_\infty \sin\varphi - \frac{\Gamma}{2\pi R}\right)^2\right]$$

bzw. der zugehörige Druckbeiwert

$$c_p = \frac{p_k - p_\infty}{\frac{\rho}{2}u_\infty^2} = 1 - \left(2\sin\varphi + \frac{\Gamma}{2\pi u_\infty R}\right)^2$$

berechnet werden. Aufgrund der Symmetrie zur $y$-Achse bildet sich keine Kraftkomponente in $x$-Richtung aus. Die Kraftkomponente in $y$-Richtung ist

$$L = -\int_0^{2\pi} p_k \sin\varphi R d\varphi$$

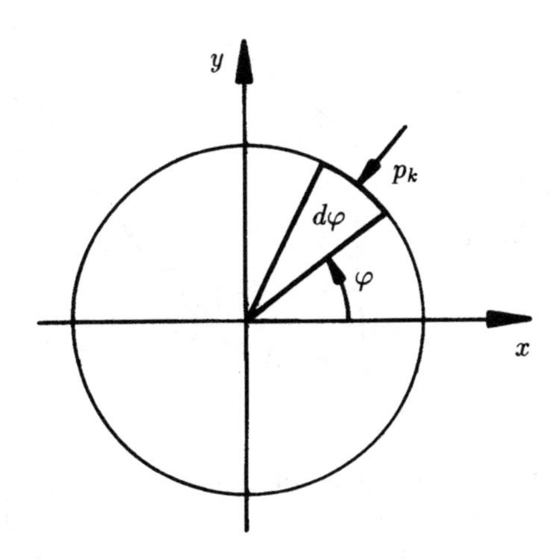


Bedenkt man

$$\int_0^{2\pi} \sin\varphi\, d\varphi = \int_0^{2\pi} \sin^3\varphi\, d\varphi = 0 \quad ,$$

ergibt sich die „Auftriebskraft“ zu

$$L = \frac{\rho u_\infty \Gamma}{\pi} \int_0^{2\pi} \sin^2\varphi \, d\varphi = \frac{\rho u_\infty \Gamma}{2\pi} \int_0^{2\pi} (1 - \cos 2\varphi) d\varphi$$

$$L = \rho u_\infty \Gamma \quad .$$

Dieses Ergebnis, dass die Auftriebskraft proportional zur Zirkulation ist, gilt allgemein für drehungsfreie Strömungen um beliebige zweidimensionale Körper. Es geht auf Wilhelm Kutta und Nikolai Zhukhovski zurück.

## 14.4 Auftriebssatz von Kutta-Zhukhovski

Wir werden zeigen, dass der Zusammenhang $L = \rho u_\infty \Gamma$ für beliebige ebene Körperformen gültig ist.

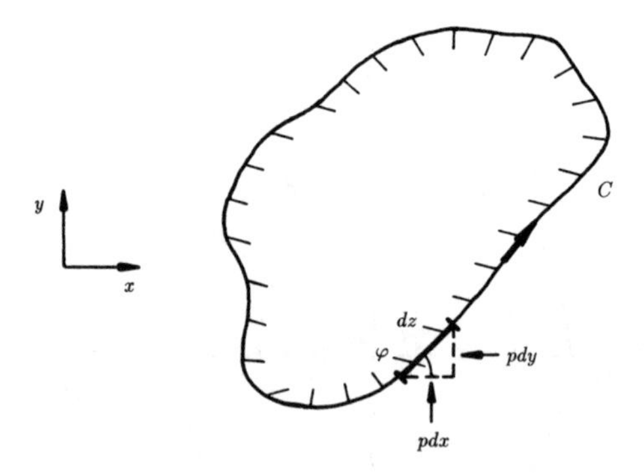


Es wirkt eine Kraft auf einen allgemeinen „zylindrischen“ Körper. Die $x$- und $y$-Komponente dieser Kraft bezeichnen wir mit $D$ und $L$, wobei $D$ als Widerstandskraft und $L$ als Auftriebskraft verstanden wird. Da die Strömung reibungsfrei betrachtet wird, erhält man aus dem Druck die Kraftanteile auf das Oberflächenelement $dz$

$$dD = -pdy$$

$$dL = pdx \quad .$$

Wir bilden die komplexe Größe $dD - idL = -pdy - ipdx = -ipd\bar{z}$, wobei $d\bar{z} = dx - idy$ ist. Die gesamte auf den Körper einwirkende Kraft ist durch

$$D - iL = -i \oint_C pd\bar{z}$$

gegeben, wenn $C$ die Körperkontur, die im Gegenuhrzeigersinn durchlaufen wird, bezeichnet. Den Druck ermitteln wir anhand der Bernoulli-Gleichung

$$p_\infty + \frac{\rho}{2} u_\infty^2 = p + \frac{\rho}{2}(u^2 + v^2) = p + \frac{1}{2}\rho(u + iv)(u - iv) \quad .$$

Somit lautet die Gleichung für die Gesamtkraft

$$D - iL = -i \oint_C \left[ p_\infty + \frac{\rho}{2} u_\infty^2 - \frac{\rho}{2}(u + iv)(u - iv) \right] d\bar{z} \quad .$$

Das Integral über den konstanten Ausdruck $p_\infty + \rho/2 \cdot u_\infty^2$ liefert keinen Beitrag. Weiterhin sind auf der Körperoberfläche das Oberflächenelement und der Geschwindigkeitsvektor parallel

$$dz = |dz| \; e^{i\varphi}$$
$$u + iv = \sqrt{u^2 + v^2} \; e^{i\varphi} \quad ,$$

so dass das Produkt

$$(u + iv)d\bar{z}$$

nur einen Realteil hat und somit dem konjugiert komplexen Ausdruck $(u - iv)dz$ entspricht

$$(u + iv) \; d\bar{z} = (u - iv) \; dz \quad .$$

Demnach kann das Linienintegral umgeschrieben werden

$$D - iL = \frac{i}{2}\rho \oint_C (u - iv)^2 \; dz$$

bzw.

$$D - iL = \frac{i}{2}\rho \oint_C \left(\frac{dF}{dz}\right)^2 dz \quad ,$$

wobei die komplexe Geschwindigkeit $dF/dz$ herangezogen worden ist. Diese Beziehung wird 1. Blasiussche Formel genannt, sie ist auf jede ebene stationäre drehungsfreie Strömung anwendbar. Aus der Funktionentheorie ist bekannt, dass statt auf der Körperkontur die Integration auf jeder beliebigen Kontur, die den Körper umgibt, ausgeführt werden kann, vorausgesetzt zwischen Körper und gewählter Kurve liegen keine Singularitäten. Dies wird beim Theorem von Kutta-Zhukhovski ausgenutzt.

Wir betrachten die ebene stationäre Strömung um einen beliebigen Körper, der von einer Zirkulation $\Gamma$ im Uhrzeigersinn umgeben ist. Die Strömung kann als Überlagerung einer Parallelströmung und verschiedener Singularitäten wie Potentialwirbel, Quelle und Senke sowie Dipol aufgefasst werden, wobei sich die Singularitäten innerhalb des Körpers befinden. Die für die Integration relevante Kurve $C$ wird in großer Entfernung vom Körper angeordnet, so dass alle Singularitäten als in der Nähe des Ursprungs $z = 0$ liegend angesehen werden können. Die komplexe Potentialfunktion nimmt dann die Form an.

$$F(z) = u_\infty z + \frac{E}{2\pi}\ln z + \frac{i\Gamma}{2\pi}\ln z + \frac{M}{2\pi z} + \ldots$$

Die Körperkontur ist geschlossen, d. h. die Ergiebigkeit der Quellen und das Schluckvermögen der Senken heben sich auf. Anders gesagt, die Summe der Stärken der Quellen und Senken ist null $E = 0$.

Das Blasiussche Theorem liefert

$$D - iL = \frac{i\rho}{2} \oint \left[u_\infty + \frac{i\Gamma}{2\pi z} - \frac{M}{2\pi z^2} + \ldots\right]^2 dz \quad .$$

Zur Lösung des Integrals verwenden wir den Residuensatz der Funktionentheorie. Dieser besagt, dass das Ergebnis von

$$\oint_C f(z)\, dz$$

dem Produkt aus $2\pi i$ und der Summe der Residuen von $f(z)$ in den Singularitäten innerhalb der Kurve $C$ entspricht. Dabei wird der Koeffizient von $1/z$ in einer Reihenentwicklung von $f(z)$ als Residuum von $f(z)$ bei $z = 0$ bezeichnet. Wir suchen demnach für die Funktion

$$f(z) = \left[u_\infty + \frac{i\Gamma}{2\pi z} - \frac{M}{2\pi z^2} + ...\right]^2$$

den Koeffizienten von $1/z$. Aus $\left[u_\infty + \frac{i\Gamma}{2\pi z}\right]^2$ erhält man

$$u_\infty^2 - \frac{\Gamma^2}{4\pi^2 z^2} + \frac{iu_\infty \Gamma}{\pi z} \quad ,$$

so dass

$$D - iL = \frac{i\rho}{2}\left[2\pi i \left(\frac{iu_\infty \Gamma}{\pi}\right)\right]$$

bzw.

$$D = 0$$
$$L = \rho u_\infty \Gamma \quad .$$

Das bedeutet, dass in einer unendlich ausgedehnten reibungsfreien ebenen Strömung über eine beliebige Körperform der Widerstand $D$ null ist und eine Auftriebskraft lediglich in einer zirkulatorischen Strömung entsteht.

Die Frage ist, wie entsteht die Zirkulation $\Gamma$? Sofern ein kreisförmiger oder ein elliptischer Zylinder nicht rotiert, baut sich kein $\Gamma$ auf. Experimente haben gezeigt, dass nur Körper mit scharfen Hinterkanten Zirkulation und damit Auftrieb erzeugen können.

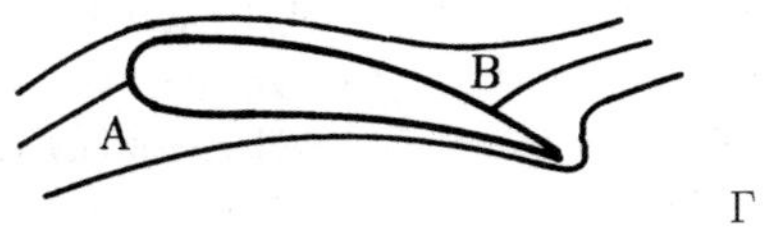


$\Gamma = 0$

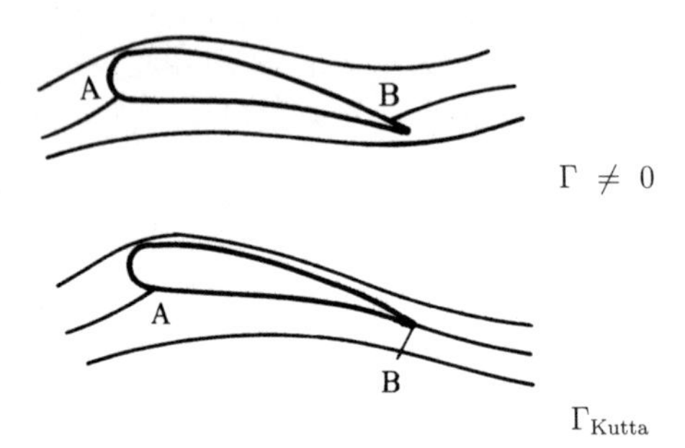


Die obige Abbildung zeigt das drehungsfreie Strömungsbild einer Profilumströmung für ansteigende Werte der rechtsdrehenden Zirkulation $\Gamma$.

Für $\Gamma = 0$ liegt ein Staupunkt ($B$) auf der Oberseite des Profils in der Nähe der Hinterkante. Dieser Punkt wandert ebenso wie der Staupunkt nahe der Vorderkante ($A$) bei wachsendem $\Gamma$ nach unten. Bei einem bestimmten Wert $\Gamma_{\text{Kutta}}$ liegt der Staupunkt auf der Hinterkante; die Strömung „fließt" parallel zur Hinterkante ab. Sofern $\Gamma > \Gamma_{\text{Kutta}}$ würde ($B$) sich auf der Unterseite befinden. Wir haben jedoch gezeigt, dass die Umströmung einer konvexen Ecke eine unendliche Geschwindigkeit impliziert, die nicht realistisch ist.

Aufgrund von Beobachtungen von Strömungsfeldern, die mit dem Strömungsbild für $\Gamma_{\text{Kutta}}$ übereinstimmen, hat Kutta folgende Hypothese aufgestellt. In einer Strömung über einen zweidimensionalen Körper mit einer scharfen Hinterkante baut sich eine Zirkulation auf, die gerade so groß ist, dass der hintere Staupunkt auf der Hinterkante liegt. Diese Kutta-Bedingung war zunächst lediglich eine empirische Regel, wurde jedoch nach Einführung der Grenzschichttheorie gerechtfertigt.

Im Folgenden wenden wir uns der Frage zu, warum eine realistische Profilumströmung die Kutta-Bedingung erfüllt. Die Begründung liegt in der Reibung, die in einer wirklichen Strömung in Wandnähe von Bedeutung ist. Zur Erläuterung betrachten wir ein aus der Ruhe bewegtes Profil. Unmittelbar nach dem Start ist die Strömung drehungsfrei; die Drehung in der Nähe der Wand ist noch nicht nach außen diffundiert. Weiterhin ist die Strömung zirkulationsfrei, so dass das Geschwindigkeitsprofil in Wandnähe näherungsweise eine Diskontinuität hat. Die Hinterkante wird mit einer sehr hohen Geschwindigkeit umströmt, wobei die Strömung einen extremen Druckanstieg zwischen Hinterkante und Staupunkt auf der Profiloberseite erfährt.

In kürzester Zeit jedoch – sie ist von der Ordnung, die die Strömung zum Zurücklegen einer Sehnenlänge benötigt – entwickeln sich Grenzschichten, wodurch die kinetische Energie nicht mehr ausreicht, den Druckanstieg zum Staupunkt zu überwinden. Es kommt zur Ablösung der Strömung an der Hinterkante sowie zu einer Rückströmung in der Reibungsschicht stromab vom Staupunkt. Daraus entwickelt sich eine Scherschicht, die sich unter Einwirkung der selbst erzeugten Drehung spiralförmig aufrollt. Dieser Wirbel, der Anfahrwirbel genannt wird, fließt stromab und bleibt an der Stelle, wo die Bewegung des Profils angefangen hat.

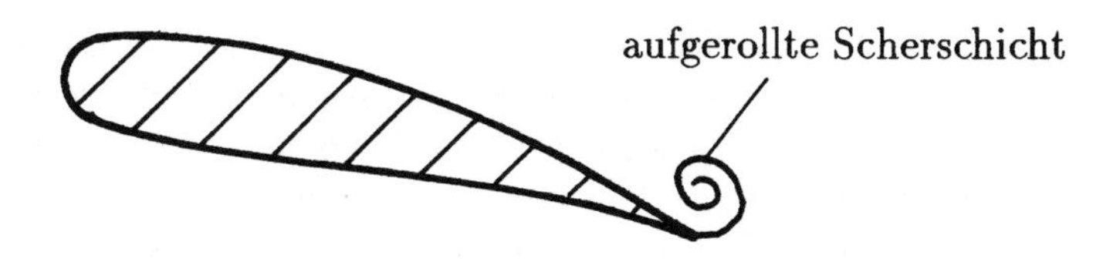


Die Drehrichtung des Anfahrwirbels ist im Gegenuhrzeigersinn, so dass nach dem Thomsonschen Satz eine Zirkulation im Uhrzeigersinn um das Profil existieren muss. Zum besseren Verständnis stellen wir uns vor, dass das Fluid in Ruhe ist und das Profil nach links bewegt wird. Die durch $A\ B\ C\ D$ begrenzte Fläche enthält die Anfangs- und die Endlage des Profils.

Zu Beginn befand sich die Hinterkante im Gebiet $B\ C\ D$, an der Stelle des Anfahrwirbels. Der Satz von Thomson lehrt, dass die Zirkulation um jede geschlossene Kurve konstant ist, sofern die Kurve in einem reibungsfreien Strömungsgebiet bleibt, obwohl reibungsbehaftete Prozesse innerhalb des umrandeten Bereichs ablaufen. Aus diesem Grund muss die Zirkulation auf der Kurve $A\ B\ C\ D$ verschwinden, denn sie war anfänglich null. Somit muss die Zirkulation des Anfahrwirbels in $B\ C\ D$ durch die rechtsdrehende Zirkulation in $A\ B\ D$ ausgeglichen werden, die an das Profil gebunden ist.

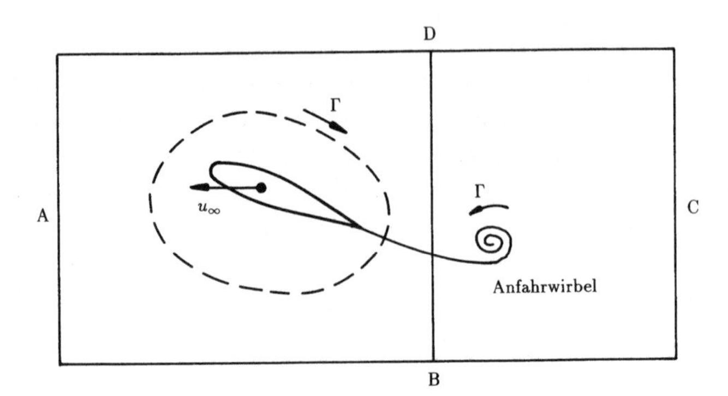


Die einzige Zirkulation, die nicht zu einer „Oszillation" des hinteren Staupunkts um die Hinterkante führt, ist diejenige, die die Kutta-Bedingung fordert. Jede Geschwindigkeitsänderung oder Anpassung des Anstellwinkels ruft einen neuen Anfahrwirbel hervor. Die Zirkulation um das Profil wird derart verändert, dass der hintere Staupunkt und die Profilhinterkante zusammenfallen.

Demnach ist die Viskosität des Fluids nicht nur für den Widerstand, sondern ebenfalls für die Entwicklung der Zirkulation und damit für den Auftrieb verantwortlich.

## 14.5 Schwerewellen

Abschließend werden wir uns mit Schwerewellen beschäftigen, die an der freien Oberfläche eines Fluids mit einheitlicher mittlerer Tiefe $H$ auftreten. Die Tiefe $H$ kann entweder groß oder klein im Vergleich zur Wellenlänge $\lambda$ sein, während die Amplitude $a$ der Oszillation klein ist, d. h. sowohl $a/\lambda$ als auch $a/H$ sind viel kleiner als eins. Somit gehen wir davon aus, dass die Steigung der „Seeoberfläche" klein ist ($a/\lambda \ll 1$) und die momentane Fluidtiefe nur geringfügig von der ungestörten Fluidtiefe abweicht ($a/H \ll 1$). Weiterhin wird für das Fluid eine geringe Viskosität angenommen, so dass die Wellenausbreitung von Reibungseffekten nahezu unbeeinflusst ist und dass die Bewegung aus der Ruhelage heraus geschieht, z. B. durch Wind oder durch ins Fluid geworfene Steine. Somit ist die sich einstellende Bewegung nach dem Thomsonschen Satz drehungsfrei.

Wir betrachten zweidimensionale Wellen, die sich in $x$-Richtung ausbreiten. Die Oberflächenoszillationen werden durch die Funktion $\zeta(x, t)$ beschrieben.

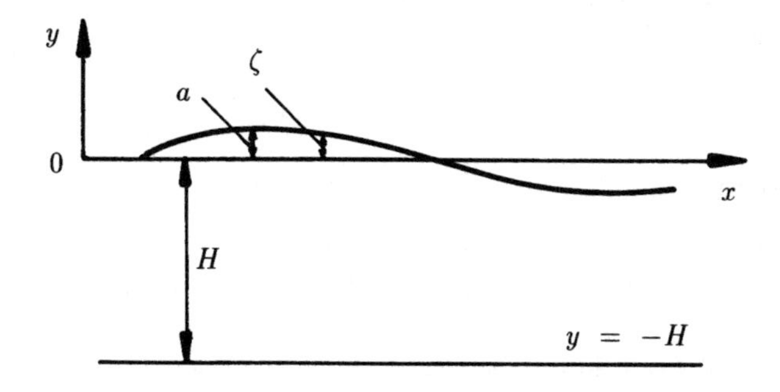


Da die Bewegung drehungsfrei ist, definieren wir eine Potentialfunktion $\phi$, so dass

$$u = \frac{\partial \phi}{\partial x} \quad , \qquad v = \frac{\partial \phi}{\partial y} \quad .$$

Eingesetzt in die Kontinuitätsgleichung

$$\frac{\partial u}{\partial x} + \frac{\partial v}{\partial y} = 0$$

erhält man die Laplace-Gleichung

$$\frac{\partial^2 \phi}{\partial x^2} + \frac{\partial^2 \phi}{\partial y^2} = 0 \quad .$$

Die Randbedingungen an der freien Oberfläche und auf dem Boden sind

$$y = \zeta : \quad \frac{d\zeta}{dt} = \frac{\partial \zeta}{\partial t} + u \left.\frac{\partial \zeta}{\partial x}\right|_{y=\zeta} = \left.\frac{\partial \phi}{\partial y}\right|_{y=\zeta} = v|_{y=\zeta}$$

$$y = -H : \quad \frac{\partial \phi}{\partial y} = v = 0 \quad .$$

Für Wellen mit kleiner Amplitude sind $u$ und $\partial\zeta/\partial x$ klein, so dass der Ausdruck $u\partial\zeta/\partial x$ eine Ordnung kleiner ist als die übrigen Terme. Daraus ergibt sich die Bedingung

$$\frac{\partial \zeta}{\partial t} = \left.\frac{\partial \phi}{\partial y}\right|_{y=\zeta} \quad .$$

Zur Vereinfachung der rechten Seite wird $\partial\phi/\partial y$ in einer Taylor-Reihe um $y = 0$ entwickelt

$$\left.\frac{\partial \phi}{\partial y}\right|_{y=\zeta} = \left.\frac{\partial \phi}{\partial y}\right|_{y=0} + \zeta \frac{\partial^2 \phi}{\partial y^2} + ... \approx \left.\frac{\partial \phi}{\partial y}\right|_{y=0} \quad .$$

Aufgrund der gewünschten Genauigkeit 1. Ordnung lautet die Bedingung an der freien Oberfläche

$$\frac{\partial \zeta}{\partial t} = \left.\frac{\partial \phi}{\partial y}\right|_{y=0} \quad .$$

Neben dieser kinematischen Bedingung existiert eine dynamische Bedingung an der freien Oberfläche. Diese besagt, dass der Druck auf der Oberfläche dem Umgebungsdruck $p_a$ entspricht. Unter der Annahme $p_a = 0$ liefert diese Bedingung

$$y = \zeta \quad : \quad p = p_a = 0 \quad .$$

Für Wellen mit kleiner Amplitude vereinfachen wir diese Bedingung anhand der Bernoulli-Gleichung für instationäre Strömungen

$$\frac{\partial \phi}{\partial t} + \frac{1}{2}\left(u^2 + v^2\right) + \frac{p}{\rho} + gy = F(t) \quad .$$

Das Potential wird neu definiert, so dass die Funktion $F(t)$ von $\phi$ aufgenommen werden kann, und der nichtlineare Term $(u^2 + v^2)/2$ wird für Wellen kleiner Amplitude vernachlässigt

$$\frac{\partial \phi}{\partial t} + \frac{p}{\rho} + gy = 0 \qquad .$$

Somit lautet die dynamische Bedingung

$$y = \zeta \quad : \quad \frac{\partial \phi}{\partial t} + g\zeta = 0$$

bzw. nach einer Reihenentwicklung von $\partial\phi/\partial t$ um $y = 0$

$$y = 0 \quad : \quad \frac{\partial \phi}{\partial t} = -g\zeta \qquad .$$

Das zu lösende Problem hat jetzt die Form

$$\frac{\partial^2 \phi}{\partial x^2} + \frac{\partial^2 \phi}{\partial y^2} = 0$$

mit

$$y = -H \quad : \quad \frac{\partial \phi}{\partial y} = 0$$

$$y = 0 \quad : \quad \frac{\partial \phi}{\partial y} = \frac{\partial \zeta}{\partial t} \quad , \quad \frac{\partial \phi}{\partial t} = -g\zeta \qquad .$$

Um die Randbedingungen einsetzen zu können, nehmen wir $\zeta(x,t)$ sinus- oder cosinusförmig an

$$\zeta(x,t) = a\cos(kx - \omega t) \qquad ,$$

wobei $k = 2\pi/\lambda$ die Wellenzahl und $\omega = 2\pi/T$ die Kreisfrequenz ist. Die Wellenzahl gibt die Anzahl kompletter Wellen auf der Länge $2\pi$ an. Die Größe $T$ in der Kreisfrequenz ist die Schwingungsdauer, die sich aus dem Verhältnis von Wellenlänge und Phasengeschwindigkeit ergibt

$$T = \frac{\lambda}{c} \qquad ,$$

wobei die Größe $c$ die Ausbreitungsgeschwindigkeit der Wellenform angibt. Die Größen $c$ und $\omega$ sind somit über die Wellenzahl $k$ miteinander verknüpft

$$\omega = kc \qquad .$$

Die Annahme der Form von $\zeta(x,t)$ liegt darin begründet, dass nach der Fourier-Analyse eine beliebige Störung in verschiedene sin- und cos-Komponenten zerlegt werden kann und weiterhin die Antwort eines Systems auf eine beliebige Störung der Summe der Antworten auf verschiedene sin- und cos-Komponenten entspricht.

Gehen wir von einer cos-Abhängigkeit von $\zeta$ aus, so erhält man aus den Bedingungen

$$\frac{\partial \zeta}{\partial t} = \frac{\partial \phi}{\partial y} \qquad \text{und} \qquad \frac{\partial \phi}{\partial \mathrm{t}} = -\,\mathrm{g}\zeta$$

bei $y = 0$ für die Potentialfunktion $\phi$ einen separierbaren Ansatz mit einer sin-Funktion in der Form

$$\phi = f(y)\sin(kx - \omega t) \qquad ,$$

in dem $f(y)$ und $k(\omega)$ unbekannt sind. Eingeführt in die Laplace-Gleichung ergibt sich eine gewöhnliche Differentialgleichung 2. Ordnung für $f(y)$

$$\frac{d^2 f}{dy^2} - k^2 f = 0 \qquad ,$$

deren allgemeine Lösung z. B. in der Form

$$f(y) = A\,e^{ky} + B\,e^{-ky}$$

anzugeben ist. Demnach ist das Potential $\phi$

$$\phi = (A\,e^{ky} + B\,e^{-ky})\sin(kx - \omega t) \qquad ,$$

die Konstanten $A, B$ werden anhand der Randbedingungen bestimmt. An der Stelle $y = -H$ ist

$$\frac{\partial \phi}{\partial y} = \left(A\,k\,e^{-kH} - B\,k\,e^{kH}\right)\sin(kx - \omega t) = 0 \qquad ,$$

so dass

$$B = A\,e^{-2kH}$$

ist. Zunächst noch eine Bemerkung bezüglich der Anwendung von $\partial\phi/\partial y = \partial\zeta/\partial t$ bei $y = 0$ und nicht bei $y = \zeta$. Bei $y = \zeta$ ist

$$\left.\frac{\partial\phi}{\partial y}\right|_{y=\zeta} = k(A\, e^{k\zeta} - B\, e^{-k\zeta}) \sin(kx - \omega t) \qquad .$$

Sofern $k\zeta \ll 1$ ist, gilt $e^{k\zeta} \approx e^{-k\zeta}$. Dies ist gültig, wenn die freie Oberfläche nur kleine Steigungen aufweist. Das heißt, indem wir die Randbedingungen bei $y = 0$, nicht bei $y = \zeta$, ansetzen, gehen wir von $k\zeta \ll 1$ aus.

Mit

$$\frac{\partial\phi}{\partial y} = k\left(A\, e^{ky} - B\, e^{-ky}\right) \sin(kx - \omega t)$$

und

$$\frac{\partial\zeta}{\partial t} = a\omega \sin(k\, x - \omega t)$$

erhält man bei $y = 0$

$$k(A - B) = a\omega \qquad .$$

Die Konstanten lauten demnach

$$A = \frac{a\,\omega}{k(1 - e^{-2kH})}$$
$$B = \frac{a\,\omega\, e^{-2kH}}{k(1 - e^{-2kH})} \qquad .$$

Sie liefern das Potential $\phi$

$$\begin{aligned}
\phi &= \frac{a\,\omega}{k}\,\frac{1}{1 - e^{-2kH}}\left(e^{ky} + e^{-2kH - ky}\right) \sin(kx - \omega\, t) \\
&= \frac{a\,\omega}{k}\,\frac{e^{-kH}}{1 - e^{-2kH}}\left(e^{k(y+H)} + e^{-k(y+H)}\right) \sin(kx - \omega\, t) \\
&= \frac{a\,\omega}{k}\,\frac{e^{k(y+H)} + e^{-k(y+H)}}{e^{kH} - e^{-kH}} \sin(kx - \omega\, t) \\
\phi &= \frac{a\,\omega}{k}\,\frac{\cosh(k(y+H))}{\sinh(kH)} \sin(kx - \omega\, t) \qquad ,
\end{aligned}$$

woraus sich die Geschwindigkeitskomponenten $u, v$ mittels Differentiation zu

$$u = a\,\omega\,\frac{\cosh(k(y+H))}{\sinh(kH)}\cos(kx\;-\;\omega\,t)$$
$$v = a\,\omega\,\frac{\sinh(k(y+H))}{\sinh(kH)}\sin(kx\;-\;\omega\,t)$$

errechnen.

Bis jetzt sind lediglich die kinematischen Randbedingungen verwendet worden. Die Berücksichtigung der dynamischen Bedingung ermöglicht es uns, eine Beziehung zwischen Kreisfrequenz $\omega$ und Wellenzahl $k$ herzuleiten. Dazu führen wir $\zeta$ und $\phi$ in $\partial\phi/\partial t = -g\zeta$ bei $y = 0$ ein

$$-\,\frac{a\,\omega^2}{k}\,\frac{\cosh(kH)}{\sinh(kH)}\cos(kx\;-\;\omega t) \;=\; -\,g a\cos(kx\;-\;\omega t) \qquad ,$$

was

$$\omega \;=\; \sqrt{gk\tanh(kH)}$$

liefert. Somit existiert folgender Zusammenhang zwischen der Phasengeschwindigkeit $c$ und der Wellenzahl $k$

$$c \;=\; \frac{\omega}{k} \;=\; \sqrt{\frac{g}{k}\tanh(kH)} \;=\; \sqrt{\frac{g\lambda}{2\pi}\tanh\frac{2\pi H}{\lambda}} \qquad .$$

Besteht für Wellen eine Abhängigkeit zwischen $k$ und $c$, werden diese dispersiv genannt, da Wellen verschiedener Länge, die sich mit unterschiedlicher Geschwindigkeit ausbreiten, sich trennen bzw. sich sehr fein teilen. Die Gleichung, die $\omega$ als Funktion von $k$ angibt, wird als Dispersionsbeziehung bezeichnet, da sie den dispersiven Prozess wiedergibt.

Der Ausdruck für die Phasengeschwindigkeit wird im Folgenden für die Grenzen tiefes Wasser $H/\lambda \gg 1$ und flaches Wasser $H/\lambda \ll 1$ analysiert.

Tiefes Wasser ($H/\lambda \gg 1$): Für $x \to \infty$ strebt $\tanh x \to 1$, jedoch ist $\tanh x = 0{,}9414$ bereits für $x = 1{,}75$. Somit folgt, dass für $kH > 1{,}75$ bzw. $H > 0{,}28\lambda$ die

Phasengeschwindigkeit mit einer Genauigkeit von 3 % durch

$$c = \sqrt{\frac{g\lambda}{2\pi}} = \sqrt{\frac{g}{k}}$$

approximiert werden kann. Deshalb ist es gerechtfertigt bei einer Tiefe von mehr als 28 % der Wellenlänge von Tiefwasserwellen zu sprechen. Weiterhin erkennt man, dass längere Wellen sich schneller ausbreiten.

Flaches Wasser ($H/\lambda \ll 1$): Es gilt $\tanh x \approx x$, sofern $x \to 0$. Somit ergibt sich für $H/\lambda \ll 1$

$$\tanh \frac{2\pi H}{\lambda} \approx \frac{2\pi H}{\lambda} \quad ,$$

so dass

$$c = \sqrt{gH} \quad .$$

Die Näherung besitzt eine größere Genauigkeit als 3 %, wenn $H < 0{,}07\lambda$. Man spricht daher von Flachwasserwellen, wenn die Wassertiefe weniger als 7 % der Wellenlänge beträgt. In diesem Fall ist die Wellengeschwindigkeit $c$ unabhängig von $\lambda$, sie steigert sich mit der Wassertiefe, die jedoch für diese Abschätzung begrenzt ist.

Noch eine abschließende Betrachtung zur Berechnung von Flachwasserwellen. Wir gehen davon aus, dass die Höhenlinien der Wassertiefe parallel zum Strand verlaufen und dass die vom Meer heranrollenden Wellen zwischen Wellenberg und Küste einen Winkel aufweisen.

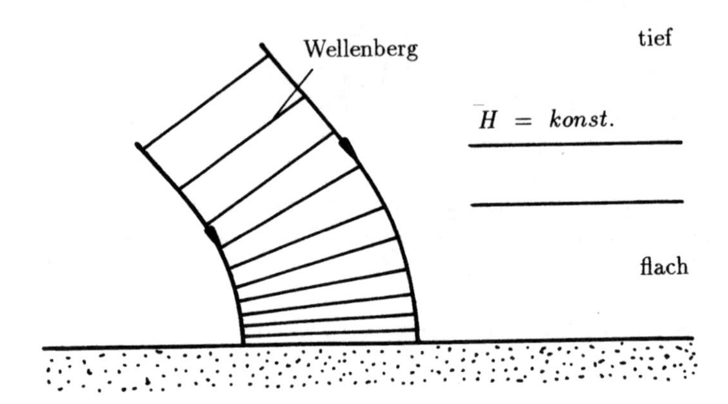


Nahe der Küste spielen Bodeneffekte für die Wellen eine wesentliche Rolle, sie werden zu Flachwasserwellen mit einer Ausbreitungsgeschwindigkeit $c = \sqrt{gH}$. Aufgrunddessen drehen sich die Wellenberge, die senkrecht zur Richtung von $c$ verlaufen, parallel zum Strand. Somit rollen die Wellen immer orthogonal zum Küstenverlauf auf den Strand zu

# 15 Laminare Grenzschichten

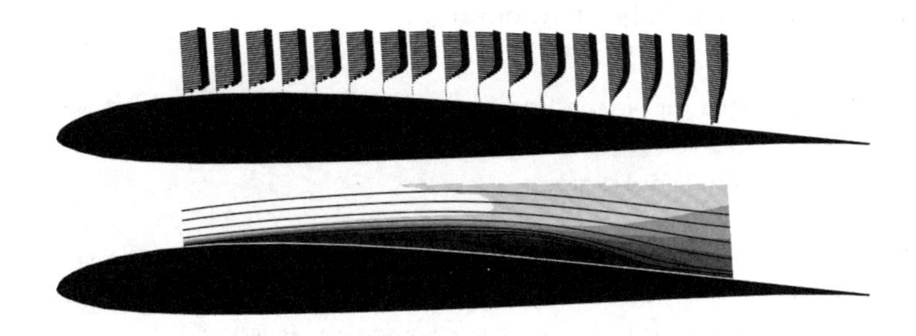

*Druckinduzierte Ablösung einer laminaren Grenzschicht mit anschließender Ausbildung einer transitionellen Ablöseblase.*

Bis zu Beginn des 20. Jahrhunderts existierten analytische Lösungen stationärer Strömungen i. a. für zwei typische Problemklassen. Zum einen für parallele reibungsbehaftete Strömungen kleiner Reynoldszahlen, in denen die nichtlinearen konvektiven Terme verschwinden und die Druck- und Reibungsterme im Gleichgewicht sind, zum anderen für reibungsfreie Strömungen, in denen ein Gleichgewicht zwischen Trägheits- und Druckkräften besteht. Im Falle der drehungsfreien Strömungen, deren Geschwindigkeitsfeld durch die lineare Laplace-Gleichung beschrieben wird, ergeben sich Lösungen, die u. a. keine Widerstandskraft beinhalten, was im Gegensatz zum Experiment steht.

Im Jahre 1904 stellte Ludwig Prandtl das Grenzschichtkonzept vor. Sofern die Viskosität klein ist, sind die Reibungskräfte nur in einer Schicht in unmittelbarer Nähe von Körperoberflächen, auf denen die Haftbedingung zu erfüllen ist, zu berücksichtigen. Die Dicke dieser Reibungs- oder Grenzschicht strebt gegen null, wenn die Viskosität gegen null geht. Mit dieser Aufteilung des Strömungsfeldes hat Prandtl die Beobachtungen in Einklang gebracht, dass viskose Effekte im überwiegenden Teil des Strömungsgebietes außer acht gelassen werden können, wenn die Viskosität klein ist, und dass sich gleichzeitig eine Widerstandskraft aufbaut, da die Haftbedingung an der Körperwand eingehalten werden muss. Die Entwicklung des Grenzschichtkonzepts wird als ein Meilenstein in der Geschichte der Fluiddynamik angesehen.

## 15.1 Grenzschichtgleichungen

Im Folgenden leiten wir die von Prandtl vorgestellten Grenzschichtgleichungen ab, indem wir die innerhalb der Reibungsschicht gültigen „Vereinfachungen" in den Bewegungsgleichungen berücksichtigen.

Grenzschichten existieren in Strömungen mit großen Reynoldszahlen; sie sind sehr dünn im Vergleich zu einer charakteristischen Körperlänge, so dass sich die Geschwindigkeit normal zur Körperoberfläche i. a. extrem ändert.

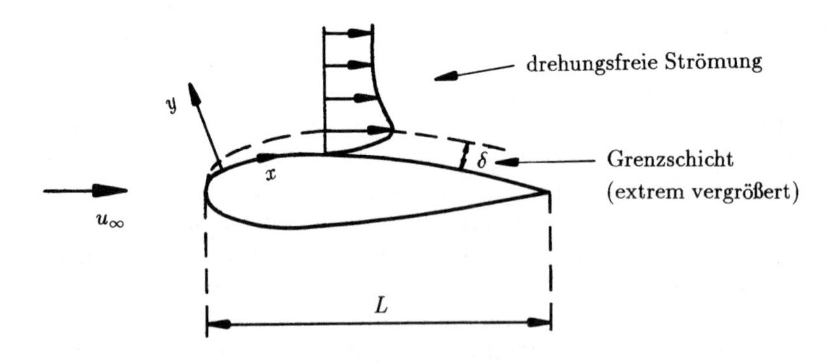


Neben Wandgrenzschichten existieren dünne Reibungsschichten ebenfalls in Freistrahlen, Nachläufen und Scherschichten. Wir befassen uns im Folgenden mit zweidimensionalen Grenzschichten in der Nähe von Körperoberflächen, wobei die Koordinate $x$ entlang der Körperkontur läuft und $y$ normal zu $x$ ist. Innerhalb der

Grenzschicht werden wir vom „inneren“ Problem, außerhalb vom „äußeren“ Problem sprechen.

Die Dicke der Grenzschicht ändert sich mit der Lauflänge $x$. Durch Vergleich der Größenordnung der verschiedenen Terme in den Bewegungsgleichungen werden wir zunächst ein Maß für diese Grenzschichtdicke $\tilde{\delta}$ ableiten. In $x$-Richtung lautet die Impulsgleichung für ein inkompressibles Fluid

$$u\frac{\partial u}{\partial x} + v\frac{\partial u}{\partial y} = -\frac{1}{\rho}\frac{\partial p}{\partial x} + \nu\left(\frac{\partial^2 u}{\partial x^2} + \frac{\partial^2 u}{\partial y^2}\right) \quad .$$

Unter Berücksichtigung der freien Anströmgeschwindigkeit $u_\infty$ und der charakteristischen Länge $L$ ergibt sich als Maß für den ersten konvektiven Term

$$u\frac{\partial u}{\partial x} \sim \frac{u_\infty^2}{L} \quad ,$$

wobei das Zeichen $\sim$ als „Ordnung“ zu verstehen ist. Ein typisches Maß für die Variation von $v$ liefert die Kontinuitätsgleichung

$$\frac{\partial u}{\partial x} + \frac{\partial v}{\partial y} = 0 \quad .$$

Da $u \gg v$ und $\partial/\partial x \ll \partial/\partial y$ ist, werden die Terme von gleicher Ordnung in der Grenzschicht sein. Mit $\tilde{\delta}$ als Maß für die $y$-Richtung ist

$$\frac{u_\infty}{L} \sim \frac{v}{\tilde{\delta}} \quad ,$$

so dass $v \sim u_\infty \tilde{\delta}/L$ ist. Eingesetzt in den Term $v\partial u/\partial y$ folgt $v\partial u/\partial y \sim u_\infty^2/L$. Somit besitzen die konvektiven Terme die gleiche Ordnung in der Grenzschicht.

Sofern die Reibungsterme in der Grenzschicht zu beachten sind, sollten sie von vergleichbarer Ordnung sein. Stellt man die Ordnung der Reibungsterme

$$\nu\frac{\partial^2 u}{\partial y^2} \sim \nu\frac{u_\infty}{\tilde{\delta}^2}$$

derjenigen der konvektiven Terme gegenüber, erhält man als Maß für die Grenzschichtdicke $\tilde{\delta}$

$$\tilde{\delta} \sim \sqrt{\frac{\nu L}{u_\infty}} \quad .$$

Wenden wir uns nun den Vereinfachungen der Bewegungsgleichungen innerhalb der Grenzschicht zu. Die Grundlage dafür ist, dass Gradienten in Strömungsrichtung sehr viel kleiner als Gradienten normal zum Körper sind

$$\frac{\partial}{\partial x} \ll \frac{\partial}{\partial y} \qquad \frac{\partial^2}{\partial x^2} \ll \frac{\partial^2}{\partial y^2} \quad .$$

In $x$-Richtung finden Änderungen auf der Lauflänge $L$ statt, während sie in $y$-Richtung über $\tilde{\delta}$ ablaufen, wobei $\tilde{\delta} \ll L$. Berücksichtigt man ferner, dass in Strömungen großer Reynoldszahlen die Druckgradienten von der Größenordnung der konvektiven Terme sind $\partial p/\partial x \sim \rho u \partial u/\partial x$, folgt für die Druckvariation das Maß $p \sim \rho u_\infty^2$. Somit führen wir folgende dimensionslose Größen ein

$$\bar{x} = \frac{x}{L} \qquad \bar{y} = \frac{y}{\tilde{\delta}}$$

$$\bar{u} = \frac{u}{u_\infty} \qquad \bar{v} = \frac{v}{\tilde{\delta} u_\infty / L} \qquad \bar{p} = \frac{p}{\rho u_\infty^2} \quad ,$$

wobei $\tilde{\delta} = \sqrt{\nu L / u_\infty}$ gesetzt wird. Die Erhaltungsgleichungen in dimensionsloser Form lauten demnach

$$\begin{aligned}
\bar{u}\,\frac{\partial \bar{u}}{\partial \bar{x}} + \bar{v}\,\frac{\partial \bar{u}}{\partial \bar{y}} &= -\frac{\partial \bar{p}}{\partial \bar{x}} + \frac{1}{Re}\,\frac{\partial^2 \bar{u}}{\partial \bar{x}^2} + \frac{\partial^2 \bar{u}}{\partial \bar{y}^2} \\
\frac{1}{Re}\left(\bar{u}\,\frac{\partial \bar{v}}{\partial \bar{x}} + \bar{v}\,\frac{\partial \bar{v}}{\partial \bar{y}}\right) &= -\frac{\partial \bar{p}}{\partial \bar{y}} + \frac{1}{Re^2}\,\frac{\partial^2 \bar{v}}{\partial \bar{x}^2} + \frac{1}{Re}\,\frac{\partial^2 \bar{v}}{\partial \bar{y}^2} \\
\frac{\partial \bar{u}}{\partial \bar{x}} + \frac{\partial \bar{v}}{\partial \bar{y}} &= 0
\end{aligned}$$

mit $Re = u_\infty L/\nu$. Aufgrund der eingeführten Referenzgrößen sind die dimensionslosen Variablen und ihre Differentiale von der Ordnung 1. Lediglich die $Re$-Faktoren bestimmen die Größe der Ausdrücke. Für $Re \to \infty$ ergibt sich

$$\begin{aligned} \bar{u}\,\frac{\partial \bar{u}}{\partial \bar{x}} + \bar{v}\,\frac{\partial \bar{u}}{\partial \bar{y}} &= -\frac{\partial \bar{p}}{\partial \bar{x}} + \frac{\partial^2 \bar{u}}{\partial \bar{y}^2} \\ 0 &= -\frac{\partial \bar{p}}{\partial \bar{y}} \\ \frac{\partial \bar{u}}{\partial \bar{x}} + \frac{\partial \bar{v}}{\partial \bar{y}} &= 0 \quad , \end{aligned}$$

bzw. in dimensionsbehafteter Form lauten die Grenzschichtgleichungen für eine zweidimensionale stationäre dichtebeständige Strömung

$$\begin{aligned} u\,\frac{\partial u}{\partial x} + v\,\frac{\partial u}{\partial y} &= -\frac{1}{\rho}\frac{\partial p}{\partial x} + \nu\,\frac{\partial^2 u}{\partial y^2} \\ 0 &= -\frac{\partial p}{\partial y} \\ \frac{\partial u}{\partial x} + \frac{\partial v}{\partial y} &= 0 \quad . \end{aligned}$$

Aus dem Impulssatz in $y$-Richtung folgt, dass der Druck normal zur Körperkontur konstant angenommen werden kann, d. h. der Druck auf dem Körper entspricht dem Druck am Grenzschichtrand, der wiederum als Lösung der reibungsfreien Strömung bestimmt werden kann. Mittels der Euler-Gleichung

$$U\,\frac{dU}{dx} = -\frac{1}{\rho}\,\frac{dp}{dx}$$

oder der Bernoulli-Gleichung

$$p + \frac{\rho}{2}\,U^2 = \text{konst} \quad ,$$

wobei $U$ die Geschwindigkeit am Grenzschichtrand ist, wird die Druckverteilung ermittelt. In erster Näherung wird der Druck statt am Grenzschichtrand auf der Körperoberfläche berechnet, d. h. man vernachlässigt zunächst die Grenzschicht. Je dünner die Grenzschicht, desto geringer ist i. a. der Fehler, der durch diese Approximation auftritt.

Zur Berechnung der $u$-, $v$-Verteilung anhand der $x$-Impulsgleichung und der Kontinuitätsgleichung sind noch weitere Anfangs- und Randbedingungen notwendig

$$\begin{aligned} u(x,0) &= 0 \\ v(x,0) &= 0 \\ u(x,\infty) &= U(x) \\ u(x_0,y) &= u_0(y) \quad . \end{aligned}$$

Die beiden ersten Gleichungen entsprechen der Haftbedingung. Die dritte Gleichung drückt aus, dass die Grenzschichtlösung glatt in die reibungsfreie Strömung übergeht. Darüber hinaus ist ein Startprofil an einer Stelle $x_0$ erforderlich; dies wird durch die letzte Bedingung vorgegeben. Bezüglich der Geschwindigkeit am Grenzschichtrand $U$ ist eine Lösung der reibungsfreien Außenströmung anzugeben, z. B. mittels Integration der Euler-Gleichung.

Spielen Dichte- und Temperaturänderungen eine wesentliche Rolle im Strömungsfeld, bildet sich neben der Strömungs- eine Temperaturgrenzschicht aus. Zur Berechnung ist dann zusätzlich auf die Energiegleichung zurückzugreifen, die unter Berücksichtigung der Grenzschichtapproximationen vereinfacht wird. Führt man dimensionslose Variablen ein und vernachlässigt Terme, deren Ordnung kleiner eins ist, ergeben sich die Grenzschichtgleichungen für zweidimensionale stationäre kompressible Strömungen

$$\begin{aligned} \frac{\partial}{\partial x}(\rho u) + \frac{\partial}{\partial y}(\rho v) &= 0 \\ \rho u \frac{\partial u}{\partial x} + \rho v \frac{\partial u}{\partial y} &= -\frac{\partial p}{\partial x} + \frac{\partial}{\partial y}\left(\eta \frac{\partial u}{\partial y}\right) \\ \rho c_p u \frac{\partial T}{\partial x} + \rho c_p v \frac{\partial T}{\partial y} &= u \frac{\partial p}{\partial x} + \frac{\partial}{\partial y}\left(\lambda \frac{\partial T}{\partial y}\right) + \eta \left(\frac{\partial u}{\partial y}\right)^2 \quad . \end{aligned}$$

Die Verteilungen $c_p(T), \eta(T), \lambda(T)$ und $\partial p/\partial x$ sind bekannt, so dass die Funktionen $u, v, T$ durch Lösung der Grenzschichtgleichungen berechnet werden können, sofern folgende Anfangs- und Randbedingungen herangezogen werden

$$
\begin{aligned}
u(x,0) &= v(x,0) = 0 \\
T(x,0) &= T_w(x) \qquad \text{oder} \\
\left.\frac{\partial T}{\partial y}\right|_{y=0} &= 0
\end{aligned}
$$

$$
\begin{aligned}
u(x,\infty) &= U(x), \quad T(x,\infty) \;=\; T_i(x) \\
u(x_0,y) &= u_0(y) \\
T(x_0,y) &= T_0(y) \qquad .
\end{aligned}
$$

Auf der Wand ist wiederum die Haftbedingung zu erfüllen und weiterhin eine isotherme oder adiabate Oberfläche vorzuschreiben. Sowohl die Strömungs- als auch die Temperaturgrenzschicht muss glatt in die reibungsfreie Außenströmung übergehen. Darüber hinaus sind für die Geschwindigkeit und die Temperatur Anfangsverteilungen zu definieren.

Die eingeführten Grenzschichtvereinfachungen sind gültig, wenn $Re \gg 1$ ist und der Krümmungsradius $R$ bedeutend größer als die Grenzschichtdicke $\tilde{\delta}$ $R \gg \tilde{\delta}$ ist. Im Folgenden werden wir uns auf die Analyse inkompressibler Grenzschichtströmungen beschränken.

## 15.2 Grenzschichtgrößen

Es existieren mehrere Möglichkeiten die Grenzschichtdicke zu definieren. Wir werden die drei üblichen Maße vorstellen.

### 15.2.1 0.99U-Dicke

Man definiert die Grenzschichtdicke $\delta$ als den Abstand von der Wand, wo die wandparallele Geschwindigkeitskomponente 99 % der reibungsfreien Außenströmung entspricht. Diese Dicke bezeichnen wir mit $\delta_{99}$. Eine derartige Definition ist jedoch äußerst beliebig, man könnte auch 95 % oder 99.9 % vorgeben.

### 15.2.2 Verdrängungsdicke

Im Vergleich zu $\delta_{99}$ ist die Verdrängungsdicke $\delta_1$ eindeutig definiert. Sie entspricht dem Abstand um den der Körper in einer hypothetisch reibungsfreien Strömung aufgedickt werden muss, so dass der gleiche Massenstrom wie in der tatsächlichen Strömung auftritt. Somit wird die Größe $\delta_1$ derart bestimmt, dass die beiden schraffierten Bereiche die gleiche Fläche aufweisen.

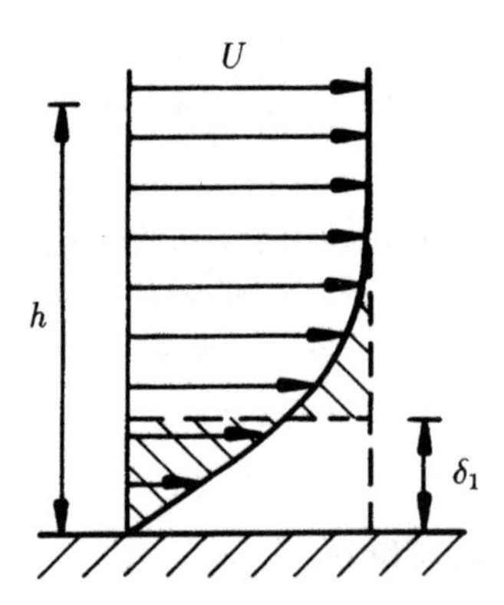


Es sei $h$ ein Punkt weit außerhalb der Grenzschicht, dann gilt für $\delta_1$

$$\int_0^h u \, dy = U(h - \delta_1) \quad ,$$

wobei die linke Seite den wirklichen Volumenstrom darstellt und die rechte Seite der Volumenstrom der fiktiven reibungsfreien Strömung ist. Für $h \to \infty$ erhält man die

Bestimmungsgleichung für $\delta_1$

$$\delta_1 = \int_0^\infty \left(1 - \frac{u}{U}\right) dy \quad .$$

Die Verdrängungsdicke spielt eine wesentliche Rolle bei der Bestimmung von $dp/dx$ in den Grenzschichtgleichungen. Zunächst wird eine drehungsfreie Strömung angenommen. Das zugehörige $dp/dx$ wird in die Grenzschichtgleichungen eingesetzt, mit deren Hilfe die Verdrängungsdicke $\delta_1$ berechnet wird. Die Körperkontur wird um $\delta_1$ erweitert, so dass der Druckgradient durch eine erneute Rechnung korrigiert werden kann. Anschließend erfolgt eine weitere Lösung der Grenzschichtgleichungen usw.

Die Verdrängungsdicke kann auch derart interpretiert werden, dass sie den Abstand darstellt, um den die Stromlinien außerhalb der Grenzschicht aufgrund der Existenz der Reibungsschicht abgedrängt werden. Dazu berechnen wir den Volumenstrom in den Schnitten $A$ und $B$

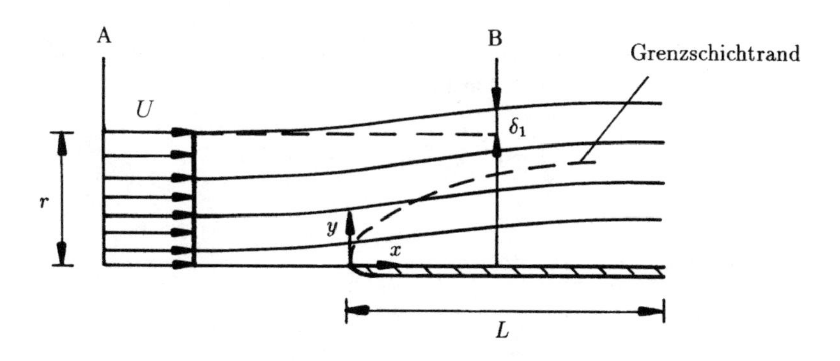


$$Ur = \int_0^{r+\delta_1} u \, dy = \int_0^r u \, dy + U\delta_1 \quad .$$

Daraus folgt

$$U\delta_1 = \int_0^r (U - u)\, dy$$

bzw. für $r \to \infty$

$$\delta_1 = \int_0^\infty \left(1 - \frac{u}{U}\right) dy \quad .$$

### 15.2.3 Impulsverlustdicke

Die Impulsverlustdicke $\delta_2$ wird so bestimmt, dass der Ausdruck $\rho U^2 \delta_2$ den Impulsverlust aufgrund der Grenzschicht darstellt. Wir gehen von einer Stromlinie aus, die bei $r$ außerhalb der Grenzschicht liegt, und betrachten den Impulsfluss pro Einheitsbreite unterhalb von $r$. Im Schnitt $A$ erhalten wir $\rho U^2 r$, im Schnitt $B$

$$\int_0^{r+\delta_1} \rho\, u^2\, dy = \int_0^r \rho\, u^2\, dy + \rho\, U^2\, \delta_1 \quad .$$

Der Impulsverlust durch die Existenz der Grenzschicht $\rho U^2 \delta_2$ entspricht der Differenz der Impulsströme zwischen $A$ und $B$

$$\rho\, U^2\, r - \int_0^r \rho\, u^2\, dy - \rho\, U^2\, \delta_1 \equiv \rho\, U^2\, \delta_2 \quad .$$

Einsatz von $\delta_1$ liefert

$$\int_0^r (U^2 - u^2)\, dy - U^2 \int_0^r \left(1 - \frac{u}{U}\right) dy = U^2\, \delta_2$$

bzw.

$$\delta_2 = \int_0^\infty \frac{u}{U}\left(1 - \frac{u}{U}\right) dy \quad ,$$

wobei $r$ durch $\infty$ ersetzt wurde, da $u = U$ für $y > r$ ist. Somit ist die Impulsverlustdicke $\delta_2$ kleiner als die Verdrängungsdicke $\delta_1$.

## 15.3 von Kármánsche Integralbeziehung

Obwohl die Grenzschichtgleichungen eine Vereinfachung gegenüber den „allgemeinen“ Erhaltungsgleichungen darstellen, sind exakte Lösungen nur in seltenen einfachen Fällen möglich. Bei komplizierten Problemen wird häufig ein Näherungsverfahren angewandt, in dem ein Integral der Grenzschichtgleichungen quer zur Grenzschicht erfüllt wird. Dieses Integral wurde von von Kármán 1921 abgeleitet.

Die Gleichung

$$u\frac{\partial u}{\partial x} + v\frac{\partial u}{\partial y} = U\frac{dU}{dx} + \nu\frac{\partial^2 u}{\partial y^2}$$

wird von $y = 0$ bis $y = h$, wobei $h > \delta$, integriert. Addition und Subtraktion von $udU/dx$ liefert

$$(U - u)\frac{dU}{dx} + u\frac{\partial(U - u)}{\partial x} + v\frac{\partial(U - u)}{\partial y} = -\nu\frac{\partial^2 u}{\partial y^2} \quad ,$$

denn $vdU/dy = 0$. Integration des ersten Terms ergibt

$$\int_0^h (U - u)\frac{dU}{dx}dy = U\frac{dU}{dx}\int_0^h \left(1 - \frac{u}{U}\right) dy = U\delta_1 \frac{dU}{dx} \quad .$$

Für den dritten Term erhält man nach partieller Integration

$$\int_0^h v \frac{\partial(U - u)}{\partial y}dy = v(U - u)\Big|_0^h - \int_0^h (U - u)\frac{\partial v}{\partial y}dy = \int_0^h \frac{\partial u}{\partial x}(U - u)dy \quad ,$$

da $\partial v/\partial y = -\partial u/\partial x$ und $v = 0$ bei $y = 0$ sowie $u = U$ bei $y = h$ ist. Führt man die auf die Wand wirkende Schubspannung $\tau_w = \eta\, \partial u/\partial y|_{y=0}$ in den Ausdruck auf der rechten Seite ein, ergibt sich

$$-\frac{\eta}{\rho}\int_0^h \frac{\partial^2 u}{\partial y^2}dy = -\frac{1}{\rho}\int_0^h \frac{\partial}{\partial y}\left(\eta\frac{\partial u}{\partial y}\right)dy = \frac{\tau_w}{\rho} \quad .$$

Somit lautet das Integral der $x$-Impulsgleichung

$$U\delta_1\frac{dU}{dx} + \int_0^h \left(u\frac{\partial(U-u)}{\partial x} + \frac{\partial u}{\partial x}(U-u)\right)dy = \frac{\tau_w}{\rho} \quad .$$

Da

$$\frac{\partial}{\partial x}\left[u(U-u)\right] = u\,\frac{\partial(U-u)}{\partial x} + (U-u)\frac{\partial u}{\partial x}$$

ist, gilt

$$\int_0^h \frac{\partial}{\partial x}\left[u(U-u)\right]dy = \frac{d}{dx}U^2\int_0^h \frac{u}{U}\left(1-\frac{u}{U}\right)dy = \frac{d}{dx}(U^2\delta_2) \quad ,$$

so dass die von Kármánsche Integralbeziehung in der Form

$$\frac{d}{dx}(U^2\delta_2) + \delta_1\,U\,\frac{dU}{dx} = \frac{\tau_w}{\rho}$$

bzw.

$$\frac{d\delta_2}{dx} + \frac{1}{U}\,\frac{dU}{dx}(2\delta_2 + \delta_1) = \frac{\tau_w}{\rho U^2}$$

geschrieben werden kann. Sie ist gültig für laminare und turbulente Strömungen. Zur Anwendung der integralen Näherung schreibt man ein geeignetes Geschwindigkeitsprofil vor, um den Verlauf der Grenzschichtdicke und der Wandschubspannung zu bestimmen.

Beispielhaft wird im Folgenden die Grenzschicht für die längsangeströmte ebene Platte betrachtet, bei der $udU/dx = 0$ gilt. Die Integralbeziehung lautet

$$\frac{d}{dx}\int\limits_0^\delta (U - u)\, u\, dy = \frac{\tau_w}{\rho} \quad .$$

Für das Geschwindigkeitsprofil wird

$$\frac{u}{U} = a + b\frac{y}{\delta} + c\frac{y^2}{\delta^2} + d\frac{y^3}{\delta^3}$$

angenommen, wobei die Bedingungen

$$y = 0: \qquad u = 0 \quad , \quad \frac{\partial^2 u}{\partial y^2} = 0$$

$$y = \delta: \qquad u = U \quad , \quad \frac{\partial u}{\partial y} = 0$$

zu erfüllen sind. Die Bedingung $\partial^2 u/\partial y^2 = 0$ bei $y = 0$ resultiert aus der Formulierung der $x$-Impulsgleichung auf der Plattenoberfläche. Mittels der Gleichungen auf der Wand erhält man $a = c = 0$, die Vorgaben am Grenzschichtrand liefern $b = 3/2$ und $d = -1/2$, so dass die Geschwindigkeitsverteilung

$$\frac{u}{U} = \frac{3}{2}\frac{y}{\delta} - \frac{1}{2}\left(\frac{y}{\delta}\right)^3$$

lautet. Somit ist

$$U^2 \int\limits_0^\delta \frac{u}{U}\left(1 - \frac{u}{U}\right) dy = \frac{39}{280}\, U^2\, \delta$$

und

$$\frac{\tau_w}{\rho} = \nu \left(\frac{\partial u}{\partial y}\right)_{y=0} = \frac{3}{2}\,\nu\,\frac{U}{\delta} \quad .$$

Integration der von Kármán-Beziehung für die ebene Platte in $x$-Richtung

$$\frac{39}{280}\,\frac{d}{dx}\left(U^2\delta\right) = \frac{39}{280} U^2\,\frac{d\delta}{dx} = \frac{3}{2}\,\nu\,\frac{U}{\delta}$$

ergibt mit der Bedingung $\delta = 0$ bei $x = 0$

$$\delta = 4.64\sqrt{\nu x/U} \quad .$$

Der Reibungsbeiwert $c_f$

$$c_f = \frac{\tau_w}{\frac{\rho}{2}U^2}$$

beträgt

$$c_f = \frac{\tau_w}{\frac{\rho}{2}U^2} = \frac{\frac{3}{2}U\ \nu/\delta}{\frac{1}{2}U^2} = \frac{0.646}{\sqrt{Re_x}} \quad ;$$

er nimmt mit zunehmender Reynoldszahl ab.

## 15.4 Ähnliche Lösung der Grenzschichtströmung der ebenen Platte (Blasius-Lösung)

Die Grenzschichtströmung entlang der unendlich dünnen ebenen Platte ist die einfachste, da sie bei Vernachlässigung der Verdrängung infolge des Geschwindigkeitsprofils eine konstante Außengeschwindigkeit $U$ aufweist bzw. keinen Druckgradienten besitzt $dp/dx = 0$. Für diese Strömung existiert kein geeignetes Längenmaß in Strömungsrichtung, so dass man davon ausgegangen ist, dass die Lösungen an verschiedenen Stellen $x_1, x_2, ..., x_n$ ähnlich sind. Das heißt die Geschwindigkeitsprofile in unterschiedlichen Schnitten orthogonal zur Wand können durch eine geeignete Streckung der Normalkoordinate zur Deckung gebracht werden

$$\frac{u}{U} = g(\xi) \quad ,$$

wobei $\xi$ die mit der Grenzschichtdicke, die von der Lauflänge $x$ abhängt, transformierte $y$-Koordinate darstellt

$$\xi = \frac{y}{\delta(x)} \quad .$$

Dieser Ansatz zur Bestimmung einer ähnlichen Lösung geht auf Blasius zurück. Die Ausgangsgleichungen und die Randbedingungen lauten

$$u\frac{\partial u}{\partial x} + v\frac{\partial u}{\partial y} = \nu\frac{\partial^2 u}{\partial y^2}$$
$$\frac{\partial u}{\partial x} + \frac{\partial v}{\partial y} = 0$$

$$\begin{aligned} x = 0, y \qquad & u(y) = U \\ 0 \leq x \leq L, y = 0 \qquad & u = v = 0 \\ 0 \leq x \leq L, \frac{y}{\delta} \to \infty \qquad & u \to U \quad . \end{aligned}$$

Zur Erfüllung der Kontinuitätsgleichung führen wir eine Stromfunktion ein

$$u = \frac{\partial \psi}{\partial y} \qquad v = -\frac{\partial \psi}{\partial x} \quad .$$

Anhand des Ähnlichkeitsansatzes ergibt sich

$$\psi = \int_0^y u\, dy = \delta \int_0^\xi u\, d\xi$$
$$= \delta \int_0^\xi U\, g(\xi) d\xi = \delta U f(\xi) \quad ,$$

wobei

$$g(\xi) \equiv \frac{df}{d\xi}$$

verwendet wurde. Man erkennt, dass die Stromfunktion die Ähnlichkeitsform $\psi/U\delta = f(\xi)$ annimmt. Die Größe $\psi$ ist somit proportional zum lokalen Volumenstrom $U\delta$.

Ausgedrückt in $\psi$ lauten die Ausgangsgleichungen sowie die Randbedingungen

$$\frac{\partial \psi}{\partial y}\frac{\partial^2 \psi}{\partial x \partial y} - \frac{\partial \psi}{\partial x}\frac{\partial^2 \psi}{\partial y^2} = \nu\frac{\partial^3 \psi}{\partial y^3}$$

$$x = 0 \qquad \frac{\partial \psi}{\partial y} = U$$
$$y = 0 \qquad \frac{\partial \psi}{\partial y} = \psi = 0$$
$$\frac{y}{\delta} \to \infty \qquad \frac{\partial \psi}{\partial y} \to U \quad .$$

Zur Einführung der Ähnlichkeitsstromfunktion $f(\xi)$ schreiben wir für die Differentialausdrücke

$$\begin{aligned}
\frac{\partial \psi}{\partial x} &= U\left[f\frac{d\delta}{dx} + \delta\frac{\partial f}{\partial x}\right] = U\frac{d\delta}{dx}[f - f'\xi] \\
\frac{\partial^2 \psi}{\partial x \partial y} &= U\frac{d\delta}{dx}\,\frac{\partial}{\partial y}[f - f'\xi] = -\frac{U\xi f''}{\delta}\,\frac{d\delta}{dx} \\
\frac{\partial \psi}{\partial y} &= U f' \\
\frac{\partial^2 \psi}{\partial y^2} &= \frac{U f''}{\delta} \\
\frac{\partial^3 \psi}{\partial y^3} &= \frac{U f'''}{\delta^2} \quad ,
\end{aligned}$$

wobei auf

$$\begin{aligned}
\frac{\partial f}{\partial x} &= \frac{df}{d\xi}\,\frac{\partial \xi}{\partial x} = -f'\frac{\xi}{\delta}\,\frac{d\delta}{dx} \\
\frac{\partial f}{\partial y} &= \frac{df}{d\xi}\,\frac{\partial \xi}{\partial y} = f'\frac{1}{\delta} \\
\frac{\partial}{\partial y}(f'\xi) &= \xi f''\frac{1}{\delta} + f'\frac{1}{\delta}
\end{aligned}$$

zurückgegriffen wird. Eingesetzt in die Differentialgleichung erhält man

$$\begin{aligned}
-U^2\, f'\, f''\, \frac{\xi}{\delta}\,\frac{d\delta}{dx} - U^2\frac{f''}{\delta}\,\frac{d\delta}{dx}\,[f - f'\xi] &= \nu\,\frac{U f'''}{\delta^2} \\
-\left(\frac{U\delta}{\nu}\,\frac{d\delta}{dx}\right) f\, f'' &= f''' \quad .
\end{aligned}$$

Da $f$ und die zugehörigen Differentiale nur von $\xi$, nicht jedoch direkt von $x$ abhängen, ist die Differentialgleichung nur für

$$\frac{U\delta}{\nu}\frac{d\delta}{dx} = \text{konst}$$

gültig. Hinsichtlich einer späteren einfachen algebraischen Darstellung wählen wir als Konstante 1/2, so dass die Integration

$$\delta = \sqrt{\frac{\nu x}{U}}$$

ergibt. Die gewöhnliche Differentalgleichung lautet somit

$$\frac{1}{2} f\, f'' + f''' = 0$$

mit den Randbedingungen

$$f(0) = f'(0) = 0$$
$$f'(\infty) = 1 \quad .$$

1908 wurde diese Gleichung von Blasius durch einen Reihenansatz gelöst. Heutzutage ermittelt man die Lösung mit Hilfe eines Runge-Kutta-Verfahrens, das auf einem Computer abläuft. Das resultierende Geschwindigkeitsprofil $u/U = f'(\xi)$ ist gültig für sämtliche wandnormalen Schnitte, d. h. alle Geschwindigkeitsprofile innerhalb der Grenzschicht sind auf $u/U = f'(\xi)$ abgebildet worden.

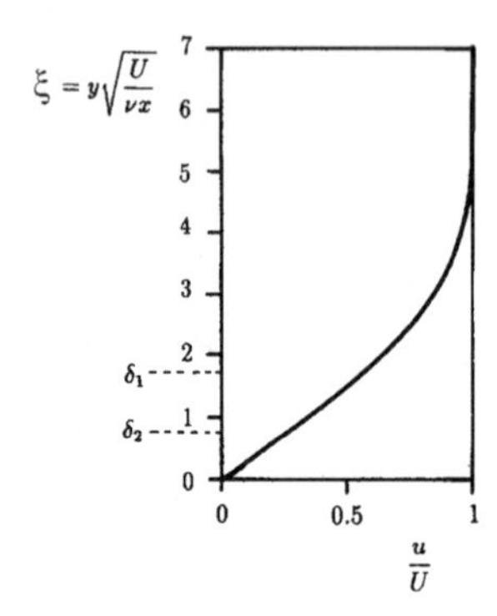


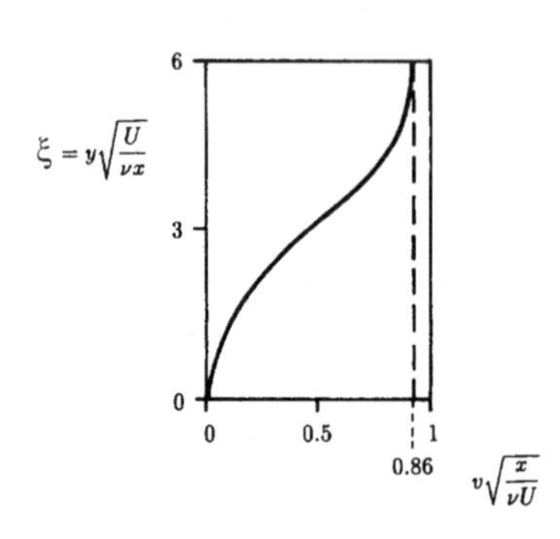


Die Normalkomponente der Geschwindigkeit $v = -\dfrac{\partial\psi}{\partial x}$ wird mit $\dfrac{d\delta}{dx} = \dfrac{1}{2}\sqrt{\dfrac{\nu}{xU}}$

$$v = \frac{1}{2}\sqrt{\frac{\nu U}{x}}(\xi f' - f) \quad ,$$

so dass sie am Grenzschichtrand maximal ist. Bei einem Abstand $\xi = 4.9$ ist $u = 0.99U$, wodurch die Grenzschichtdicke $\delta_{99}$

$$\delta_{99} = 4.9\sqrt{\frac{\nu x}{U}}$$

bzw. die relative Grenzschichtdicke

$$\frac{\delta_{99}}{x} = \frac{4.9}{\sqrt{\frac{Ux}{\nu}}} = \frac{4.9}{\sqrt{Re_x}}$$

ist. Der Verlauf der Grenzschicht $\delta \sim \sqrt{x}$ stimmt sehr gut mit experimentellen Beobachtungen überein. Bei einer Luftströmung mit einer Geschwindigkeit von $U = 1$ m/s beträgt die Reynoldszahl nach einer Lauflänge von 1 m $Re_x = 6 \cdot 10^4$, woraus $\delta_{99} = 2$ cm resultiert. Dies zeigt die im Vergleich zur Lauflänge geringe Dicke der Grenzschicht.

Für die Verdrängungs- und Impulsverlustdicke erhält man

$$\delta_1 = 1.72\sqrt{\frac{\nu x}{U}}$$
$$\delta_2 = 0.664\sqrt{\frac{\nu x}{U}} \quad .$$

Die Wandschubspannung ist

$$\tau_w = \eta \left.\frac{\partial u}{\partial y}\right|_{y=0} = \eta \left.\frac{\partial^2 \psi}{\partial y^2}\right|_{y=0} = \eta \frac{U f''(0)}{\delta}$$

bzw.

$$\tau_w = \frac{0.332 \rho U^2}{\sqrt{Re_x}} \quad .$$

Somit nimmt die Wandschubspannung durch die Zunahme der Grenzschichtdicke und die damit verbundene Reduktion des Geschwindigkeitsgradienten mit $x^{-1/2}$ ab.

An der Plattenvorderkante wird $\tau_w$ unendlich. In diesem Bereich, in dem $\partial/\partial x \ll \partial/\partial y$ nicht mehr zutrifft, ist die Grenzschichtapproximation ungültig.

Für den lokalen Reibungsbeiwert $c_f$ ergibt sich

$$c_f = \frac{\tau_w}{\frac{1}{2}\rho U^2} = \frac{0.664}{\sqrt{Re_x}} \quad .$$

Die Reibungskraft pro Einheitsbreite auf einer Seite einer Platte der Länge $L$ beträgt

$$D = \int_0^L \tau_w dx = \frac{0.664 \rho U^2 L}{\sqrt{Re_L}} \quad ,$$

wobei $Re_L = UL/\nu$ die auf die Plattenlänge $L$ bezogene Reynoldszahl ist. Die Größe $D$ ist somit proportional zu $U^{3/2}$.

Der Reibungsbeiwert der Platte ist

$$c_D = \frac{D}{\frac{1}{2}\rho U^2 L} = \frac{1.33}{\sqrt{Re_L}} \quad ,$$

der auch als Mittelwert des lokalen Reibungsbeiwerts $c_f$

$$c_D = \frac{1}{L} \int_0^L c_f \, dx$$

definiert ist.

# 16 Turbulente Grenzschichten

*Turbulente Strukturen im Vorflügelbereich einer Hochauftriebskonfiguration bestehend aus Vor- und Hauptflügel. Erkennbar sind die turbulenten Grenzschichten auf den Oberseiten von Vor- und Hauptflügel, der turbulente Nachlauf des Vorflügels sowie ein turbulentes Rezirkulationsgebiet in der Vorflügelmulde.*

Die Übereinstimmung zwischen der Blasius-Lösung und den experimentellen Ergebnissen hat lediglich bis zu einer kritischen Lauflänge $x_{\mathrm{kr}}$ bestand, für die bezüglich der Reynoldszahl $Re_x \leq Re_{\mathrm{kr}}$ gilt. Stromab von $x_{\mathrm{kr}}$ übersteigt $Re_x$ den kritischen Wert $Re_{\mathrm{kr}}$, die laminare Strömung wird instabil und die Transition zum turbulenten Strömungszustand wird eingeleitet. Der Wert der kritischen Reynoldszahl $Re_{\mathrm{kr}}$ ist u. a. abhängig von der Oberflächenbeschaffenheit, den Fluktuationen in der reibungsfreien Außenströmung und der Form der Vorderkante. Für die längsangeströmte ebene Platte ist die kritische Reynoldszahl

$$Re_{\mathrm{kr}} \approx 5 \cdot 10^5 \qquad \text{(ebene Platte)}.$$

Nach dem laminar-turbulenten Übergang wächst die Grenzschicht stärker als $x^{1/2}$ an, die Geschwindigkeitsprofile werden völliger und die Wandschubspannung verhält sich wie $\tau_0 \sim u^{1.75}$ im Gegensatz zu $\tau_0 \sim u^{1.5}$ in einer laminaren Grenzschicht. Dies führt zu einer erhöhten Reibungskraft, die durch den größeren makroskopischen Austausch in der turbulenten Grenzschicht hervorgerufen wird.

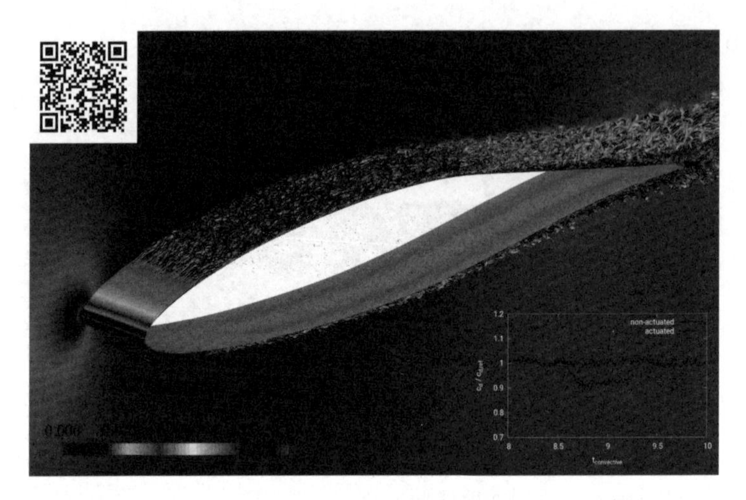


*Reduktion des turbulenten Reibungswiderstands eines Tragflügels durch spannweitige transversale Oberflächenwellen. (Das Urheberrecht des mit dem QR Code verbundenen Films liegt beim Aerodynamischen Institut der RWTH Aachen. Der QR Code ist ein eingetragenes Handelszeichen von DENSO WAVE INCORPORATED.)*

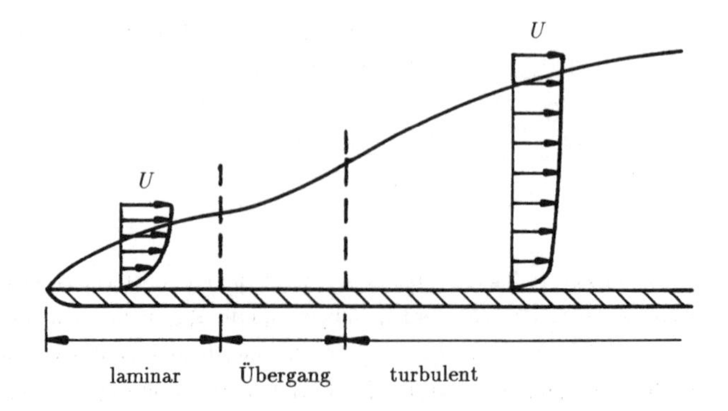

## 16.1 Grenzschichtgleichungen der turbulenten Strömung

Die Erhaltungsgleichungen sind sowohl für laminare als auch für turbulente Strömungen gültig. Jedoch ist es i. a. unmöglich, sämtliche Details der turbulenten Strömung vorherzusagen, da ein extremer Skalenbereich aufgelöst werden müsste. Üblicherweise ist man jedoch nicht an allen Skalen interessiert, es ist vielmehr der gemittelte Charakter der Strömung von Bedeutung, so dass Verteilungen gemittelter Strömungsgrößen zur Analyse des Strömungsvorgangs ausreichend sind.

Wir greifen auf die bereits im Rahmen der Diskussion der turbulenten Rohrströmung von Reynolds vorgeschlagene zeitliche Mittelung zurück. Die grundlegenden mathematischen Zusammenhänge dieser Mittelung sind im Kapitel „Turbulente Schubspannung" erläutert. Sie werden im Folgenden als bekannt vorausgesetzt.

Aufgrund des chaotischen und zufälligen Charakters turbulenter Strömungen zerlegt Reynolds die Strömungsgrößen in einen Schwankungsanteil und einen zeitlichen Mittelwert. Unter Verwendung der üblichen Rechenregeln für die Addition, Multiplikation, Differentiation, Integration etc. hinsichtlich des Mittelungsprozesses führen wir den Reynoldsschen Ansatz in die Erhaltungsgleichungen ein, die unter Berücksichtigung der Kontinuitätsgleichung in die Divergenzform gebracht worden sind.

$$\frac{\partial u}{\partial x} + \frac{\partial v}{\partial y} + \frac{\partial w}{\partial z} = 0$$

$$\frac{\partial(\rho u)}{\partial t} + \frac{\partial(\rho u^2)}{\partial x} + \frac{\partial(\rho u v)}{\partial y} + \frac{\partial(\rho u w)}{\partial z} = -\frac{\partial p}{\partial x} + \eta\,\nabla^2 u$$

$$\frac{\partial(\rho v)}{\partial t} + \frac{\partial(\rho u v)}{\partial x} + \frac{\partial(\rho v^2)}{\partial y} + \frac{\partial(\rho v w)}{\partial z} = -\frac{\partial p}{\partial y} + \eta\,\nabla^2 v$$

$$\frac{\partial(\rho w)}{\partial t} + \frac{\partial(\rho u w)}{\partial x} + \frac{\partial(\rho v w)}{\partial y} + \frac{\partial(\rho w^2)}{\partial z} = -\frac{\partial p}{\partial z} + \eta\,\nabla^2 w \quad .$$

Für die Kontinuitätsgleichung erhält man nach der zeitlichen Mittelung

$$\frac{\partial}{\partial x}(\overline{\overline{u} + u'}) + \frac{\partial}{\partial y}(\overline{\overline{v} + v'}) + \frac{\partial}{\partial z}(\overline{\overline{w} + w'}) =$$
$$\frac{\partial \overline{u}}{\partial x} + \frac{\partial \overline{v}}{\partial y} + \frac{\partial \overline{w}}{\partial z} + \frac{\partial \overline{u'}}{\partial x} + \frac{\partial \overline{v'}}{\partial y} + \frac{\partial \overline{w'}}{\partial z} =$$
$$\frac{\partial \overline{u}}{\partial x} + \frac{\partial \overline{v}}{\partial y} + \frac{\partial \overline{w}}{\partial z} = 0 \quad .$$

Die $x$-Impulsgleichung liefert mit $\rho = \text{konst}$ und $\eta = \text{konst}$

$$\frac{\partial}{\partial t}\left[\overline{\rho(\overline{u} + u')}\right] + \frac{\partial}{\partial x}\left[\overline{\rho(\overline{u} + u')^2}\right] + \frac{\partial}{\partial y}\left[\overline{\rho(\overline{u} + u')\,(\overline{v} + v')}\right]$$
$$+ \frac{\partial}{\partial z}\left[\overline{\rho(\overline{u} + u')\,(\overline{w} + w')}\right]$$
$$= -\frac{\partial}{\partial x}\,\overline{(\overline{p} + p')} + \eta\,\nabla^2\,\overline{(\overline{u} + u')}$$

$$\frac{\partial \rho \overline{u}}{\partial t} + \frac{\partial}{\partial x}\left[\rho(\overline{u}^2 + \overline{u'^2})\right] + \frac{\partial}{\partial y}\left[\rho(\overline{u}\,\overline{v} + \overline{u'\,v'})\right]$$
$$+ \frac{\partial}{\partial z}\left[\rho(\overline{u}\,\overline{w} + \overline{u'w'})\right]$$
$$= -\frac{\partial}{\partial x}\,\overline{p} + \eta\,\nabla^2\,\overline{u} \quad ,$$

wobei die Terme

$$\frac{\partial}{\partial x}(\rho\,2\overline{\overline{u}\,u'}), \qquad \frac{\partial}{\partial y}\left[\overline{\rho(\overline{u}\,v' + u'\,\overline{v})}\right], \qquad \frac{\partial}{\partial z}\left[\overline{\rho(\overline{u}\,w' + u'\overline{w})}\right], \qquad \frac{\partial \overline{p'}}{\partial x}, \nabla^2\overline{u'}$$

verschwinden. Ordnet man die verbleibenden Ausdrücke neu, berücksichtigt ferner die Kontinuitätsgleichung und wendet die gleiche Prozedur auf die $y$- und $z$-Impulsgleichung an, ergibt sich das folgende Gleichungssystem, welches sich durch die Terme der Quadrate und Kreuzprodukte der Schwankungsgrößen von den ursprünglichen Bewegungsgleichungen unterscheidet

$$
\begin{aligned}
\frac{\partial \overline{u}}{\partial x} + \frac{\partial \overline{v}}{\partial y} + \frac{\partial \overline{w}}{\partial z} &= 0 \\
\rho\left(\overline{u}\frac{\partial \overline{u}}{\partial x} + \overline{v}\frac{\partial \overline{u}}{\partial y} + \overline{w}\frac{\partial \overline{u}}{\partial z}\right) &= -\frac{\partial \overline{p}}{\partial x} + \eta\,\nabla^2\,\overline{u} - \rho\left[\frac{\partial \overline{u'^2}}{\partial x} + \frac{\partial \overline{u'\,v'}}{\partial y} + \frac{\partial \overline{u'\,w'}}{\partial z}\right] \\
\rho\left(\overline{u}\frac{\partial \overline{v}}{\partial x} + \overline{v}\frac{\partial \overline{v}}{\partial y} + \overline{w}\frac{\partial \overline{v}}{\partial z}\right) &= -\frac{\partial \overline{p}}{\partial y} + \eta\,\nabla^2\,\overline{v} - \rho\left[\frac{\partial \overline{u'\,v'}}{\partial x} + \frac{\partial \overline{v'^2}}{\partial y} + \frac{\partial \overline{v'\,w'}}{\partial z}\right] \\
\rho\left(\overline{u}\frac{\partial \overline{w}}{\partial x} + \overline{v}\frac{\partial \overline{w}}{\partial y} + \overline{w}\frac{\partial \overline{w}}{\partial z}\right) &= -\frac{\partial \overline{p}}{\partial z} + \eta\,\nabla^2\,\overline{w} - \rho\left[\frac{\partial \overline{u'\,w'}}{\partial x} + \frac{\partial \overline{v'\,w'}}{\partial y} + \frac{\partial \overline{w'^2}}{\partial z}\right] \quad .
\end{aligned}
$$

Die zusätzlichen Ausdrücke werden als Komponenten eines Spannungstensors, des sogenannten Reynoldsschen Spannungstensors, interpretiert. Man schreibt den Tensor aufgrund der Fluktuationsgrößen als

$$
\begin{pmatrix} \sigma'_{xx} & \tau'_{xy} & \tau'_{xz} \\ \tau'_{xy} & \sigma'_{yy} & \tau'_{yz} \\ \tau'_{xz} & \tau'_{yz} & \sigma'_{zz} \end{pmatrix} = -\rho \begin{pmatrix} \overline{u'^2} & \overline{u'v'} & \overline{u'w'} \\ \overline{u'v'} & \overline{v'^2} & \overline{v'w'} \\ \overline{u'w'} & \overline{v'w'} & \overline{w'^2} \end{pmatrix} \quad .
$$

Der Vergleich mit den Bewegungsgleichungen für laminare Strömungen zeigt, dass die bereits vorhandenen Spannungen durch die Komponenten des Reynoldsschen Tensors vergrößert werden müssen. Diese in turbulenten Strömungen auftretenden Komponenten werden auch als scheinbare oder turbulente Spannungen bezeichnet. In diesen Strömungen setzen sich somit die Gesamtspannung aus den viskosen Spannungen, die wir bereits aus der Beschreibung laminarer Strömungsfelder kennen, und den scheinbaren Spannungen der turbulenten Schwankungsgrößen zusammen. Im Allgemeinen sind in turbulenten Strömungsfeldern die turbulenten Spannungen deutlich größer als die viskosen, so dass in vielen Fällen die viskosen Spannungsanteile in guter Näherung vernachlässigt werden können.

Führt man in die für turbulente Strömungen formulierten Erhaltungsgleichungen die Grenzschichtapproximationen ein, erhält man die Grenzschichtgleichungen turbulenter Strömungen. Im Falle ebener Strömungen – $\overline{w} = 0, \partial/\partial z = 0$ – ergibt sich mit $\partial/\partial x \ll \partial/\partial y$ folgende Form der Gleichungen für turbulente Grenzschichten

$$\frac{\partial \overline{u}}{\partial x} + \frac{\partial \overline{v}}{\partial y} = 0$$

$$\overline{u}\frac{\partial \overline{u}}{\partial x} + \overline{v}\frac{\partial \overline{u}}{\partial y} = - \frac{1}{\rho}\frac{\partial \overline{p}}{\partial x} + \frac{\partial}{\partial y}\left[\nu \frac{\partial \overline{u}}{\partial y} - \overline{u'\,v'}\right] \qquad .$$

Das heißt im Vergleich zur laminaren Grenzschicht bleiben die konvektiven Terme und der Druckterm unverändert, sofern die zeitlich gemittelten Größen $\overline{u}, \overline{v}, \overline{p}$ verwendet werden. Lediglich der Reibungsterm enthält neben der viskosen Spannung $\tau_l = \eta \; \partial\overline{u}/\partial y$ den weiteren Ausdruck der turbulenten Spannung.

Die Randbedingungen stimmen mit denen der Grenzschichtgleichungen laminarer Strömungen überein. Auf der Körperoberfläche ist weiterhin die Haftbedingung gültig, so dass sämtliche Geschwindigkeitskomponenten, gemittelte oder Schwankungsanteile, verschwinden. Somit ist der gesamte Reynoldssche Spannungstensor auf der Wand gleich null, nur die viskosen Spannungen wirken in unmittelbarer Wandnähe.

Der Reynoldssche Ansatz, in dem die Strömungsgrößen als Summe der gemittelten und der Schwankungsanteile ausgedrückt werden, und die Anschließende zeitliche Mittelung rufen aufgrund der Nichtlinearität der Navier-Stokes-Gleichungen neue Unbekannte hervor. Im Falle der allgemeinen Bewegungsgleichungen sind dies die scheinbaren Spannungen, d. h. sechs Komponenten des symmetrischen Spannungstensors. Für die Grenzschichtgleichungen verringert sich die Anzahl der Elemente auf eins, da lediglich der Ausdruck $-\rho\overline{u'\,v'}$ hinzukommt. Dennoch besitzt das Gleichungssystem zu viele Unbekannte, zwei Gleichungen stehen drei Variable gegenüber. Zur Schließung des Systems, d. h. zur Bereitstellung einer ausreichenden Anzahl von Gleichungen zur Bestimmung der Variablen, wird die Prandtlsche Mischungsweghypothese herangezogen, die einen Zusammenhang zwischen den zeitlich gemittelten Größen und den Fluktuationen herstellt

$$\tau_t = -\rho\,\overline{u'v'} = \rho\, l^2 \left|\frac{d\bar{u}}{dy}\right| \frac{d\bar{u}}{dy} = \eta_t\,\frac{d\bar{u}}{dy} \qquad ,$$

wobei die Größe $l$ den Mischungsweg darstellt, der i. a. in Zusammenhang mit einer charakteristischen Länge des Strömungsfeldes gebracht werden kann.

## 16.2 Turbulente Plattengrenzschicht

Ebenso wie im Fall der laminaren Grenzschichtströmung ist die turbulente Plattengrenzschicht ohne Druckgradient die einfachste Grenzschichtströmung. Bei der Analyse gehen wir davon aus, dass die Grenzschicht entlang der gesamten unendlich dünnen Platte, d. h. von der Vorderkante bei $x = 0$ an, turbulent ist. Die ungestörte Anströmung hat die Geschwindigkeit $U$ und die Grenzschichtdicke wird wiederum mit $\delta(x)$ bezeichnet. Prandtl folgend nehmen wir an, dass das Geschwindigkeitsprofil der Grenzschicht mit dem der turbulenten Rohrströmung vergleichbar ist. Dies ist natürlich nicht exakt der Fall, da bei der Rohrströmung anders als bei der Plattenströmung ein Druckgradient herrscht.

Demnach gilt für das Geschwindigkeitsprofil innerhalb der zähen Unterschicht $y < y_*$

$$\frac{\bar{u}}{u_*} = \frac{u_*\, y}{\nu} \quad .$$

Die Größe $u_*$ ist die Schubspannungsgeschwindigkeit $u_* = \sqrt{\tau_w/\rho}$, so dass $\bar{u} \sim y$ verläuft.

Oberhalb der zähen Unterschicht ist das universelle Wandgesetz gültig, das mit der Annahme, dass die Proportionalitätskonstante $k$ zwischen Mischungsweg und Wandabstand $k = 0.4$ ist, lautet

$$\frac{\bar{u}}{u_*} = 2.5 \ln \frac{y u_*}{\nu} + 5.5 = 2.5 \ln y^+ + 5.5 \quad .$$

Im äußeren Teil der Grenzschicht, der nahezu 85 % der Grenzschichtdicke ausmacht, klingen die Reynoldsschen Spannungen ab. Aufgrund ihrer zwar geringen, aber dennoch messbaren Existenz wird eine Geschwindigkeitsdifferenz $(U - \bar{u})$ beobachtet, die proportional zur Wandreibung ist, die wiederum durch die Schubspannungsgeschwindigkeit $u_*$ charakterisiert wird. Somit ist es gerechtfertigt für die Geschwindigkeitsverteilung im äußeren Grenzschichtbereich die Form

$$\frac{\bar{u} - U}{u_*} = f\left(\frac{y}{\delta}\right)$$

anzunehmen. Bezüglich der rechten Seite $f(y/\delta)$ haben u. a. von Kármán und Prandtl Herleitungen angegeben. Prandtl bestimmt unter der Annahme, dass das universelle Wandgesetz auch im Außenbereich gültig ist, die Funktion $f(y/\delta)$ zu $f(y/\delta) = 1/k \ln(y/\delta)$. Ihr Graph ist in guter Übereinstimmung mit dem von Kármánschen turbulenten Außengesetz.

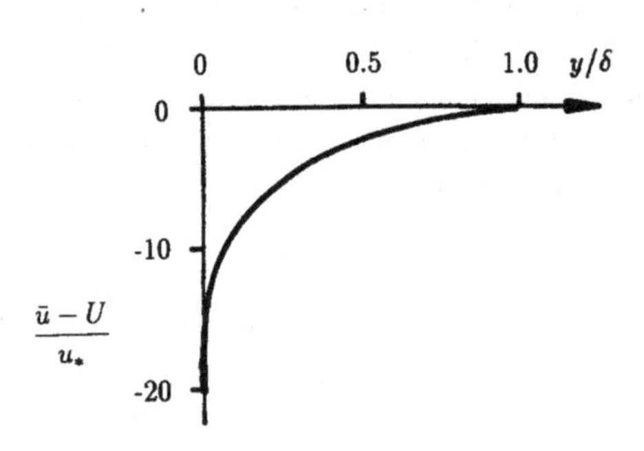


Zusammenfassend sind im folgenden Diagramm die turbulente Grenzschicht sowie die Schichten der Geschwindigkeitsverteilung dargestellt.

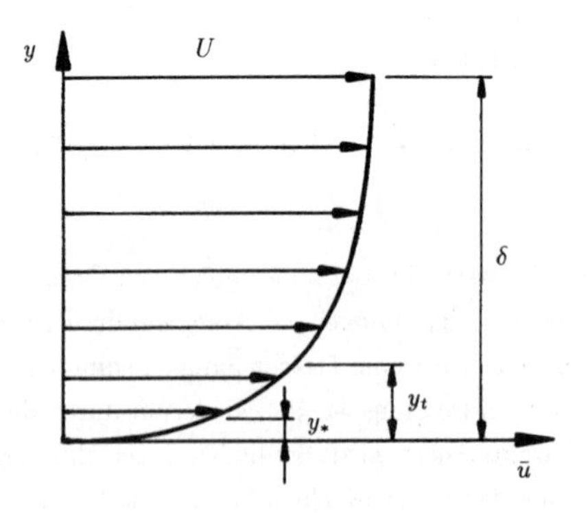

Die zähe Unterschicht liegt im Bereich $0 \leq y \leq y_*$, die Übergangsschicht in $y_* \leq y \leq y_t$ und der äußere Bereich in $y_t \leq y \leq \delta$.

Zwischen der zähen Unterschicht und der logarithmischen Schicht des universellen Wandgesetzes ist eine Zwischen- oder Übergangsschicht vorhanden, in der die Turbulenzproduktion aufgrund der extremen Geschwindigkeitsgradienten ein Maximum erreicht.

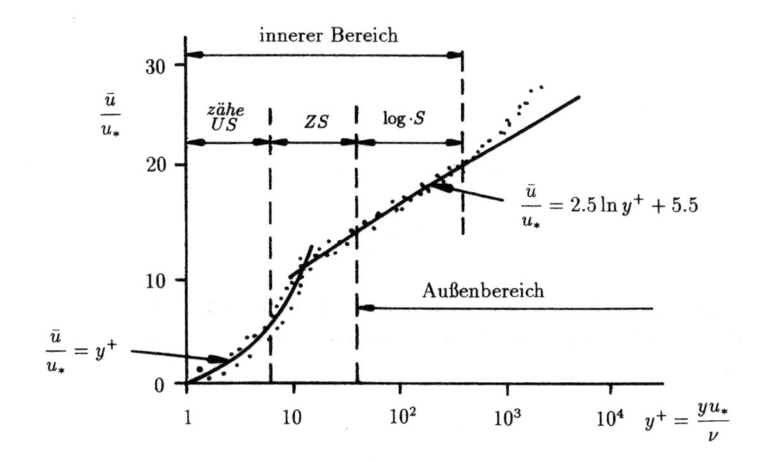


Es ist nicht unbedingt notwendig, Prandtl folgend das logarithmische Wandgesetz auf der Basis der Mischungswegtheorie abzuleiten. Die logarithmische Verteilung kann auch anhand von Dimensionsbetrachtungen aufgestellt werden. Berücksichtigt man die Schubspannungsgeschwindigkeit $u_*$, ist es physikalisch plausibel, dass für das Geschwindigkeitsprofil in Wandnähe

$$\bar{u} = \bar{u}(u_*, y, \nu)$$

angenommen werden kann. Es existieren somit zwei Referenzdimensionen – Länge und Zeit – für vier Variable. Anhand des PI-Theorems ergeben sich demnach zwei dimensionslose Parameter zur Beschreibung des Zusammenhangs

$$\frac{\bar{u}}{u_*} = f\left(\frac{u_* y}{\nu}\right) = f(y^+) \quad .$$

Im unteren Teil der inneren Schicht, der zähen Unterschicht, dominieren die molekularen Reibungseffekte. Darüber hinaus kann man aufgrund der äußerst geringen Schichtdicke voraussetzen, dass die Schubspannung der Wandschubspannung entspricht, d. h. in der zähen Unterschicht gilt

$$\tau_w = \eta \frac{d\bar{u}}{dy}$$

bzw.

$$\bar{u} = \frac{y \tau_w}{\eta} = \frac{y \rho u_*^2}{\eta}$$

$$\frac{\bar{u}}{u_*} = y^+ \quad .$$

Im Außenbereich der Grenzschicht führen die Reynoldsschen Spannungen zu einer Geschwindigkeitsdifferenz $\bar{u} - U$, die der Schubspannungsgeschwindigkeit $u_*$ proportional ist

$$\frac{\bar{u} - U}{u_*} = g\left(\frac{y}{\delta}\right) \quad .$$

Der Vergleich mit der Geschwindigkeitsverteilung in unmittelbarer Wandnähe zeigt, dass die Normalkoordinate unterschiedlich skaliert ist. Aufgrund der geringen Dicke des inneren Bereichs wird die $y$-Koordinate mit dem Kehrwert des Reibungsmaßes $\nu / u_*$ vergrößert.

Die Bestimmung der Verteilung im Gebiet zwischen dem inneren und dem äußeren Bereich geschieht durch Anpassung der jeweiligen Geschwindigkeitsgradienten, indem die Grenzwerte für $y^+ \longrightarrow \infty$ und $y/\delta \longrightarrow 0$ gleichzeitig betrachtet werden

$$\frac{d\bar{u}}{dy} = u_* \frac{dy^+}{dy} \frac{df}{dy^+} = \frac{u_*^2}{\nu} \frac{df}{dy_+}$$
$$\frac{d\bar{u}}{dy} = u_* \frac{d(y/\delta)}{dy} \frac{dg}{d(y/\delta)} = \frac{u_*}{\delta} \frac{dg}{d(y/\delta)} \quad .$$

Gleichsetzen der beiden Gleichungen und Multiplikation mit $y/u_*$ ergibt

$$\frac{y}{\delta}\frac{dg}{d(y/\delta)} = y^+ \frac{df}{dy^+} \quad .$$

Infolge der unterschiedlichen funktionalen Abhängigkeit ist die Gleichung nur erfüllt, wenn die Ausdrücke auf der linken und rechten Seite konstant sind. Diese Konstante schreiben wir in Anlehnung an die oben gegebene Form des logarithmischen Wandgesetzes $1/k$. Demnach ergibt die Integration der Gleichung

$$f(y^+) = \frac{1}{k}\ln y^+ + \alpha$$
$$g(y/\delta) = \frac{1}{k}\ln(y/\delta) + \beta \quad .$$

Anhand von Experimenten werden die Konstanten zu $k = 0.4$, $\alpha = 5.5$ und $\beta = -1.0$ bestimmt. Die Herleitung zeigt die Gültigkeit der Gleichungen, wenn $y^+$ sehr groß bzw. $y/\delta$ sehr klein ist. Darüber hinaus wird deutlich, dass die logarithmische Abhängigkeit der Geschwindigkeitsverteilung lediglich eine Konsequenz dimensionaler Betrachtungen ist.

Im Folgenden analysieren wir die Abhängigkeit der Grenzschichtgrößen $\delta, \delta_1, \delta_2$ etc. in einer turbulenten Grenzschicht. Die Geschwindigkeitsverteilungen in der Grenzschicht können durch das Potenzgesetz

$$\frac{\bar{u}}{U} = \left(\frac{y}{\delta}\right)^{1/n}$$

angenähert werden. Experimente haben gezeigt, dass der Exponent $n$ lediglich eine geringe Abhängigkeit von der Reynoldszahl aufweist. Üblicherweise wird in der Literatur $n = 7$ gewählt. Hiermit errechnet man für die Verdrängungsdicke $\delta_1$

$$\delta_1 = \delta \int_0^1 \left(1 - \frac{\bar{u}}{U}\right) d\left(\frac{y}{\delta}\right) = \frac{\delta}{8}$$

und die Impulsverlustdicke $\delta_2$

$$\delta_2 = \delta \int_0^1 \frac{\bar{u}}{U}\left(1 - \frac{\bar{u}}{U}\right) d\left(\frac{y}{\delta}\right) = \frac{7}{72}\delta \quad .$$

Da das Potenzgesetz aufgrund von

$$\lim_{y/\delta \to 0} \frac{d\,(\bar{u}/U)}{d\,(y/\delta)} \to \infty \qquad ,$$

auf der Wand ungültig ist, wird zur Bestimmung der Wandschubspannung wiederum auf die turbulente Rohrströmung zurückgegriffen. Ausgehend von der Blasiusschen Widerstandsformel erhält man für die Schubspannungsgeschwindigkeit

$$u_* \;=\; 0.150\; U^{7/8} \left(\frac{\nu}{\delta}\right)^{1/8}$$

bzw. für $\tau_w$

$$\tau_w \;=\; \rho\, u_*^2 \;=\; 0.0225\; \rho\; U^{7/4} \left(\frac{\nu}{\delta}\right)^{1/4} \qquad ,$$

so dass für die Plattengrenzschicht

$$\frac{\tau_w}{\rho\, U^2} \;=\; 0.0225 \left(\frac{\nu}{U\,\delta}\right)^{1/4}$$

gilt. Aus der von Kármánschen Integralbeziehung

$$\frac{\tau_w}{\rho\, U^2} \;=\; \frac{d\,\delta_2}{dx}$$

ergibt sich somit eine Differentialgleichung für die Grenzschichtdicke $\delta(x)$

$$\frac{7}{72}\,\frac{d\,\delta}{dx} \;=\; 0.0225 \left(\frac{\nu}{U\,\delta}\right)^{1/4} \qquad .$$

Deren Integration liefert

$$\frac{\delta(x)}{x} \;=\; \frac{0.37}{(Re_x)^{1/5}} \;=\; \frac{0.37}{\left(\dfrac{U\,x}{\nu}\right)^{1/5}} \qquad .$$

Somit wächst in turbulenter Strömung die Grenzschichtdicke proportional zu $x^{4/5}$, während sie in laminarer Strömung nur mit $x^{1/2}$ ansteigt.

Die Reibungskraft pro Einheitsbreite auf einer Seite der Platte der Länge $L$ ist

$$D = \int_0^L \tau_w \, dx$$

$$D = 0.036 \, \rho \, U^2 \, \frac{L}{(Re_L)^{1/5}} \quad ,$$

so dass im turbulenten Fall $D \sim L^{4/5}$ und $D \sim U^{9/5}$ im Gegensatz zu $D \sim L^{1/2}$ bzw. $D \sim U^{3/2}$ in laminarer Strömung gültig ist. Für den Reibungsbeiwert $c_D$ erhält man

$$c_D = \frac{D}{\frac{1}{2}\rho U^2 L} = \frac{0.072}{(Re_L)^{1/5}} \quad .$$

Vergleiche mit experimentellen Ergebnissen haben eine ausgezeichnete Übereinstimmung ergeben, wenn statt 0.072 der Wert 0.074 eingesetzt wird. Im Allgemeinen ist der Reibungsbeiwert nicht nur eine Funktion der Reynoldszahl, sondern ebenfalls abhängig von der Rauhigkeit $k$ bzw. der relativen Rauhigkeit $k/L$ der Plattenoberfläche. Oberhalb einer gewissen Reynoldszahl ist der Reibungsbeiwert ausschließlich durch diesen Parameter der Oberflächenbeschaffenheit bestimmt.

Für den Übergangsbereich hat Prandtl die für eine kritische Reynoldszahl $Re_{\text{kr}} = 5 \cdot 10^5$ gültige Formel

$$c_D = \frac{0.074}{\sqrt[5]{Re_L}} - \frac{1700}{Re_L}$$

aufgestellt. Der Reibungsbeiwert des voll turbulenten Gebietes kann anhand der Gleichung

$$c_D = \left[1.89 - 1.62 \log(k/L)\right]^{-2.5}$$

angenähert werden, während im Fall der glatten Platte der Reibungskoeffizient mittels der empirischen Beziehung

$$c_D = \frac{0.455}{(\log Re_L)^{2.58}}$$

angegeben wird.

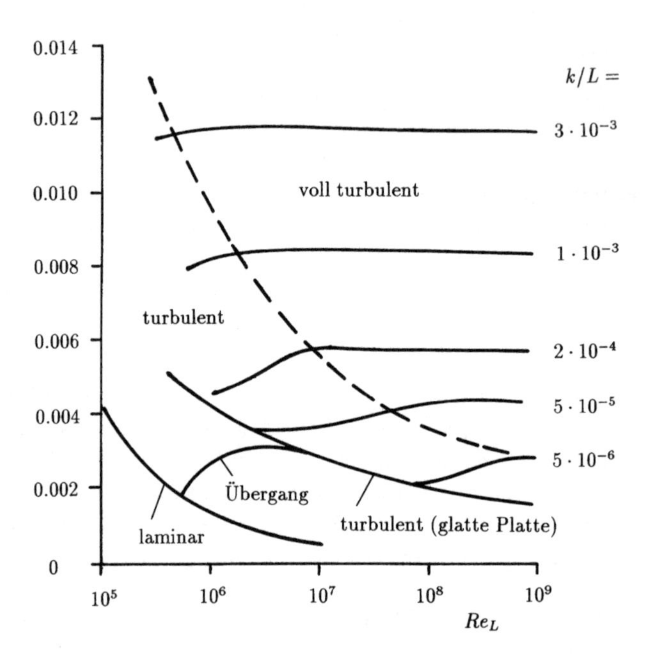


Abschließend noch einige allgemeine Bemerkungen zur Turbulenz. Ohne sie hätte die technische Welt in jedem Fall ein anderes Aussehen. Die Turbulenz ist nicht immer von Nachteil, in manchen Situationen ist sie durchaus wünschenswert. Um die Wärme zwischen einem Festkörper und dem umgebenden Fluid zu übertragen, wie bei Kühlspiralen in einer Klimaanlage oder bei einem Kessel eines Kraftwerks, wäre für eine laminare Strömung ein enorm großer Wärmetauscher notwendig. Ähnliche Bedeutung hat die Turbulenz bei der Vermischung von Fluiden. Aus Schornsteinen aufgestiegener Rauch wäre über Kilometer als Band am Himmel zu erkennen. Obwohl auch in laminarer Strömung eine Vermischung stattfindet, ist sie jedoch, da sie im molekularen Maßstab abläuft, um mehrere Größenordnungen langsamer und weniger wirkungsvoll als die auf makroskopischer Ebene sich vollziehende turbulente

Mischung. Es ist wesentlich einfacher Milch in Kaffee einzurühren, als zwei Wandfarben ausreichend zu vermischen. Im ersten Fall handelt es sich um eine turbulente Vermischung, letztere stellt eine laminare Strömung dar.

Bei anderen Problemstellungen wird eine laminare Strömung bevorzugt. Zum Beispiel ist der Druckverlust einer laminaren Rohrströmung wesentlich geringer als einer turbulenten. Glücklicherweise ist die arterielle Blutströmung i. a. laminar, lediglich in den größeren Arterien ist sie turbulent. Der Widerstand eines Tragflügels ist im Falle laminarer Strömung wesentlich kleiner, was wiederum positive Auswirkungen auf den Treibstoffverbrauch hat. Andererseits kann aufgrund der Turbulenz der Strömung gegebenenfalls eine den Auftrieb vermindernde Strömungsablösung vermieden werden.

# 17 Grenzschichtablösung

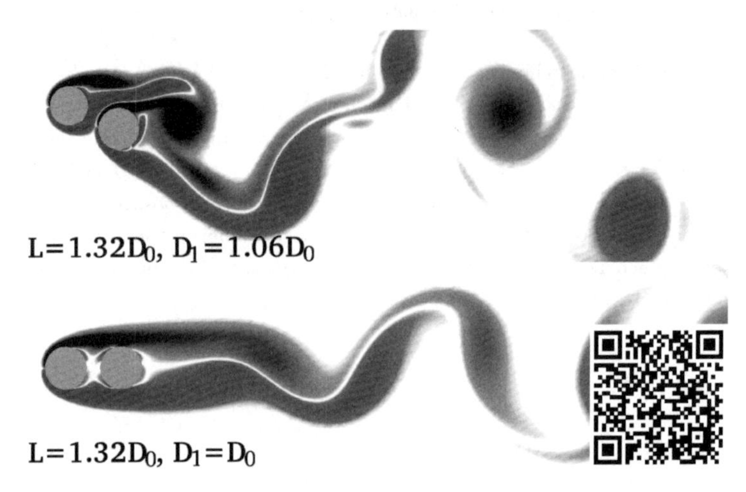


*Wirbelstrukturen im turbulenten Nachlauf zweier Zylinder; der hintere Zylinder bewegt sich in Wechselwirkung mit der Strömung (oben), der hintere Zylinder ist fixiert (unten).*

*Entwicklung der Nachlaufströmung eines oszillierenden Zylinders. (Das Urheberrecht des mit dem QR Code verbundenen Films liegt beim Aerodynamischen Institut der RWTH Aachen. Der QR Code ist ein eingetragenes Handelszeichen von DENSO WAVE INCORPORATED.)*

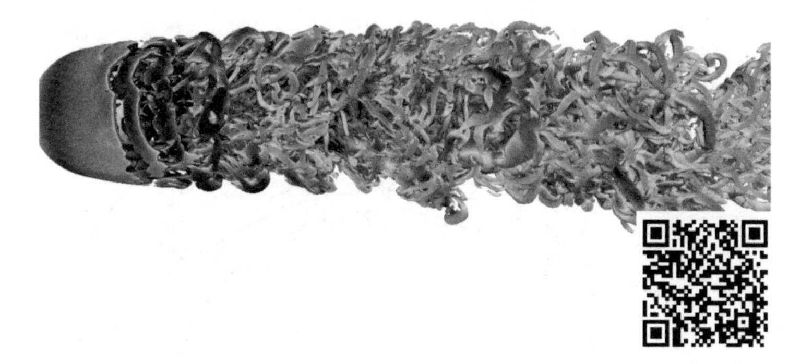

*Darstellung der Wirbelstrukturen im turbulenten Nachlauf der Kugelumströmung bei einer Reynoldszahl $Re_D = 10.000$ bezogen auf den Kugeldurchmesser und die Geschwindigkeit der freien Anströmung.(Das Urheberrecht des mit dem QR Code verbundenen Films liegt beim Aerodynamischen Institut der RWTH Aachen. Der QR Code ist ein eingetragenes Handelszeichen von DENSO WAVE INCORPORATED.)*

## 17.1 Einfluss des Druckgradienten

Bis jetzt ist die Grenzschicht der längsangeströmten ebenen Platte untersucht worden, da in diesem Fall der Druckgradient in der reibungsfreien Außenströmung verschwindet. Um im Folgenden die Auswirkungen eines Druckgradienten auf das Strömungsfeld zu analysieren, betrachten wir die Strömung entlang einer gekrümmten Oberfläche. Stromauf vom Punkt der maximalen Verdrängung konvergieren die Stromlinien, die Geschwindigkeit der reibungsfreien Außenströmung $U(x)$ nimmt zu, während der Druck abfällt. Stromab dieses Punktes divergieren die Stromlinien, die Geschwindigkeit $U(x)$ verringert sich und der Druck steigt. Welchen Einfluss hat ein derartiger Druckgradient auf die Form des Geschwindigkeitsprofils $u(y)$ innerhalb der Grenzschicht?

Die Grenzschichtgleichung lautet

$$u\frac{\partial u}{\partial x} + v\frac{\partial u}{\partial y} = -\frac{1}{\rho}\frac{\partial p}{\partial x} + \nu\frac{\partial^2 u}{\partial y^2} \quad ,$$

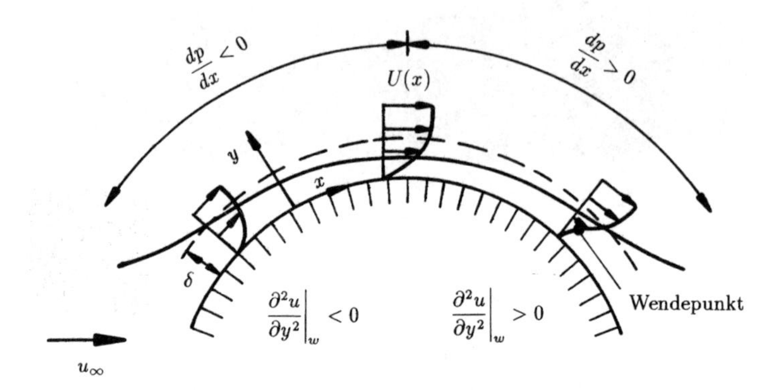


wobei für den Druckgradient

$$\frac{dp}{dx} = -\rho U \frac{dU}{dx}$$

gilt. Auf der Wand ist $u = v = 0$, so dass

$$\frac{dp}{dx} = \eta \frac{\partial^2 u}{\partial y^2}$$

ist. Für eine beschleunigte Strömung $dp/dx < 0$ erhält man demnach

$$\left.\frac{\partial^2 u}{\partial y^2}\right|_{\text{Wand}} < 0 \qquad \text{(beschleunigte Strömung).}$$

Unmittelbar unter dem Grenzschichtrand ist $\partial u/\partial y > 0$. Dieser Gradient verschwindet beim glatten Übergang der Grenzschicht in die Außenströmung, so dass am Grenzschichtrand $\partial^2 u/\partial y^2 < 0$ ist. Demzufolge ist zu erwarten, dass der Ausdruck $\partial^2 u/\partial y^2$ das gleiche Vorzeichen auf der Wand und am Grenzschichtrand sowie wahrscheinlich entlang des gesamten Grenzschichtprofils besitzt.

Im Falle der verzögerten Außenströmung hat das Geschwindigkeitsprofil eine positive Krümmung an der Wand,

$$\left.\frac{\partial^2 u}{\partial y^2}\right|_{\text{Wand}} > 0 \qquad \text{(verzögerte Strömung),}$$

so dass bis zum Grenzschichtrand die Krümmung einen Vorzeichenwechsel durchläuft. Das Geschwindigkeitsprofil muss einen Wendepunkt haben, in dem $\partial^2 u/\partial y^2 = 0$ ist. Bei der längs angeströmten ebenen Platte liegt dieser Wendepunkt auf der Platte.

Anhand der Kontinuitätsgleichung wird deutlich

$$v(x,y) = -\int_0^y \frac{\partial u}{\partial x}\,dy \quad ,$$

dass ein positiver Druckgradient einen Anstieg der Grenzschichtdicke zur Folge hat, da $-\partial u/\partial x$ zunimmt und das $v$-Feld, das von der Oberfläche weg gerichtet ist, in verzögerter Strömung ansteigt. Dadurch wird die Aufdickung der Grenzschicht infolge der viskosen Diffusion verstärkt. Das extreme Wachstum der Grenzschichtdicke, das mit $dp/dx > 0$ verbunden ist, ruft das Phänomen der Strömungsablösung hervor. Das heißt die Stromlinien verlaufen nicht mehr nahezu parallel zur Körperkontur.

## 17.2 Ablösung

Die Existenz eines Wendepunktes impliziert eine Verringerung der Geschwindigkeit in Wandnähe, sofern man sich in Strömungsrichtung bewegt. Dies ist eine Folge des positiven Druckgradienten $dp/dx > 0$. Ist $dp/dx$ groß genug, kommt es zur Strömungsumkehr nahe der Wand. Man spricht von Strömungsablösung. Der Ablösepunkt $S$ ist als der Ort definiert, an dem die Wandschubspannung verschwindet bzw. an dem

$$\left.\frac{\partial u}{\partial y}\right|_{\text{Wand}} = 0 \qquad \text{(Ablösung).}$$

Die Ablösestelle trennt somit die vorwärts und rückwärts gerichtete Strömung.

Ablösung tritt nicht nur bei externen, sondern ebenfalls bei internen Strömungen wie z. B. der Düsenströmung auf. Stromauf vom Düsenhals ist der Druckgradient negativ, die Strömung liegt an, während stromab vom engsten Querschnitt der positive Druckgradient eine Ablösung hervorrufen kann.

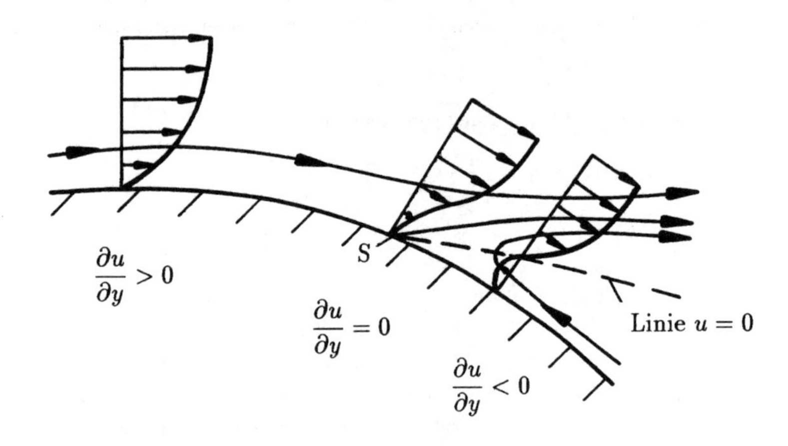


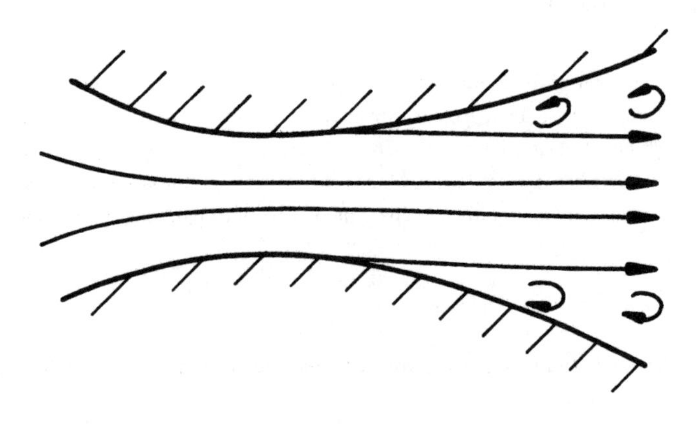

Die Grenzschichtgleichungen sind nur bis zum Ablösepunkt gültig. Stromab von der Ablösung wird die Grenzschicht so dick, dass i. a. die zugrundeliegenden Grenzschichtannahmen nicht mehr erfüllt sind. Darüber hinaus kann die Druckverteilung nicht mehr unmittelbar mittels der Potentialtheorie bestimmt werden, da die auf die Körperkontur aufzubringende Verdrängungsdicke nicht bekannt ist.

## 17.3 Strömung über einen Kreiszylinder

Besonders bei stumpfen und gedrungenen Körpern ist das Ablöseverhalten abhängig von der Reynoldszahl. Im Folgenden wird repräsentativ die Kreiszylinderströmung diskutiert.

Die Reynoldszahl $Re = Ud\rho/\eta$ wird mit dem Zylinderdurchmesser $d$ gebildet. Bei schleichender Strömung $Re < 4$ gilt für den Widerstandsbeiwert $c_D \sim Re^{-1}$, der Kreiszylinder wird ohne Ablösung umströmt. Wird die Reynoldszahl erhöht $Re > 4$, bilden sich zwei anliegende stehende Wirbel auf der Leeseite. Das Strömungsfeld ist weiterhin symmetrisch. Je größer die Reynoldszahl ist, desto gestreckter sind die Wirbel. Ab $Re \approx 40$ wird das Strömungsfeld stromab vom Zylinder, der sogenannte Nachlauf, instabil. Es bildet sich eine Schwingung aus, in der die Geschwindigkeit periodisch in der Zeit und in der Entfernung stromab vom Körper ist. Der oszillierende Nachlauf besitzt zwei versetzt angeordnete Wirbelreihen, die über einen entgegengesetzten Drehsinn verfügen. Dieses Strömungsphänomen wird von Kármánsche Wirbelstraße genannt. Die Abströmgeschwindigkeit der Wirbel ist geringer als die Anströmgeschwindigkeit des Zylinders. Im Bereich $40 < Re < 80$ treten die anliegenden Wirbel und die Wirbelstraße nicht in Wechselwirkung. Sofern $Re > 80$ wird, werden diese stehenden Wirbel Teil der Wirbelstraße. Die oszillierend abgehenden Wirbel rufen eine „schwingende" Seitenkraft hervor, die sich in einer Schwingung des Zylinders zeigt. Die Frequenz $f$ mit der die Wirbel abschwimmen wird in der Strouhalzahl

$$Sr = \frac{d f}{U}$$

erfasst. Experimentelle Untersuchungen zeigen, dass in einem großen Bereich der Reynoldszahl $Sr = 0.21$ ist. Im Falle geringer Zylinderdurchmesser und mäßiger Anströmgeschwindigkeiten $U$ liegt die Frequenz für den Menschen im hörbaren Bereich.

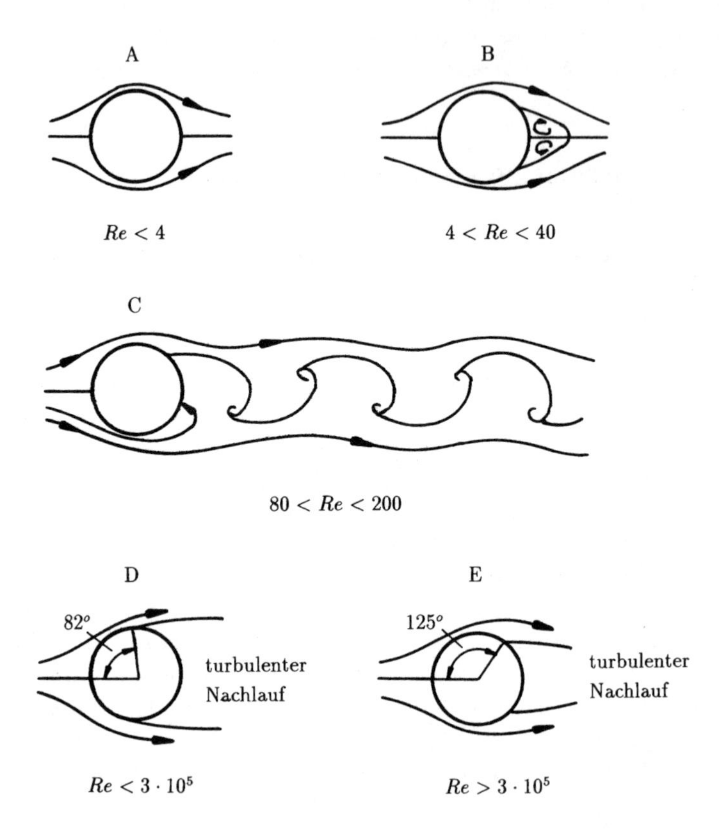


Bis $Re = 200$ bleibt die Wirbelstraße geordnet. Anschließend wird sie instabil und die Strömung innerhalb der Wirbel wird chaotisch.

Ist die Reynoldszahl kleiner $3 \cdot 10^5$, löst die laminare Grenzschicht bei ungefähr 82°, gemessen im Uhrzeigersinn vom Staupunkt aus, ab. Dabei ist der Nachlauf im Wesentlichen turbulent und weist einen Druck auf, der nahezu konstant und kleiner als der Druck der freien Anströmung ist.

Im Bereich $3 \cdot 10^5 < Re < 3 \cdot 10^6$ wird die laminare Grenzschicht instabil und geht in den turbulenten Zustand über. Die turbulente Grenzschicht kann aufgrund ihrer größeren Energie stärkere positive Druckgradienten überwinden. Dadurch löst die turbulente Grenzschicht weiter stromab bei ungefähr 125° ab, so dass der Nachlauf bedeutend schmaler als im laminaren Fall wird und die Druckverteilung sich derjenigen der Potentialtheorie nähert.

Wird die Reynoldszahl weiter erhöht $Re > 3 \cdot 10^6$, wandert der Ablösepunkt wieder stromauf, wodurch der Widerstandsbeiwert zunimmt.

Die kritische Reynoldszahl, die den laminar-turbulenten Übergang definiert, wird von zwei Faktoren bestimmt. Zum einen durch Störungen in der freien Anströmung, zum anderen durch die Oberflächenrauhigkeit. Ein Anstieg in einer der beiden Einflussgrößen hat eine Verringerung der kritischen Reynoldszahl zur Folge.

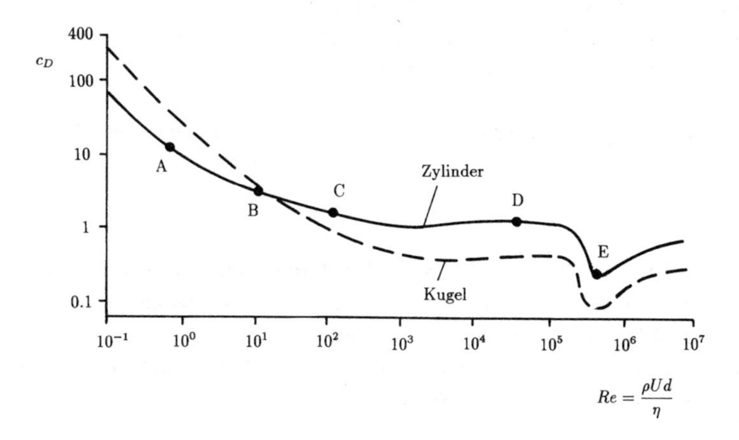

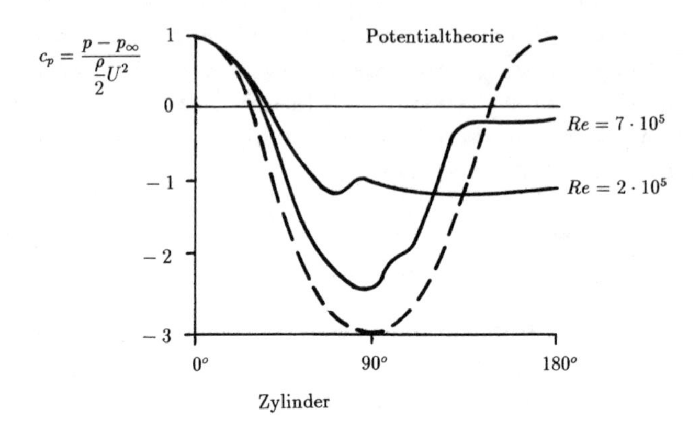


## 17.4 Strömung über eine Kugel

Viele der Eigenschaften der Strömung über einen Kreiszylinder können auf andere zweidimensionale stumpfe Körper übertragen werden. Im Falle dreidimensionaler Körper herrscht jedoch ein fundamentaler Unterschied, eine reguläre Wirbelstraße wird nicht beobachtet. Bei niedrigen Reynoldszahlen existiert ein anliegender Ring in Form eines Schlauchs, der für $Re > 130$ oszilliert und von dem Teile periodisch als verzerrte Wirbelschleifen abschwimmen.

Die Grenzschicht verhält sich analog zu der des Kreiszylinders. Die kritische Reynoldszahl beträgt

$$Re_{\text{kr}} \approx 5 \cdot 10^5 \qquad \text{(Kugel)}.$$

Wie beim Kreiszylinder ist mit dem laminar-turbulenten Umschlag eine deutliche Abnahme des Widerstandsbeiwertes $c_D$ verbunden. Eine weitere Erhöhung der Reynoldszahl hat wiederum eine Vergrößerung des $c_D$-Wertes zur Folge. Das Verhalten des Ablösepunktes im unter- und überkritischen Reynoldszahlbereich ist für viele interessante Flugbahnen von Sportbällen verantwortlich.

# 18 Mehrphasenströmung

*Numerisch analysierte turbulente Partikelströmung; Illustration der 45000 vollaufgelösten Partikel (oben links), Vergrößerung des Partikel- und Wirbelstärkefeldes (oben rechts), Darstellung des Geschwindigkeitsfeldes und der adaptiven Netzstruktur (unten). Bei Verwendung des QR Codes sind die Abbildungen farblich dargestellt. (Das Urheberrecht des mit dem QR Code verbundenen Films liegt beim Aerodynamischen Institut der RWTH Aachen. Der QR Code ist ein eingetragenes Handelszeichen von DENSO WAVE INCORPORATED.)*

Eine Vielzahl der in technischen Apparaten existierenden Strömungsvorgänge umfasst nicht nur eine homogene Phase. Vor allem in verfahrenstechnischen Anlagen treten häufig Strömungsvorgänge auf, an denen mehrere Komponenten mit sprunghafter Änderung der physikalischen Eigenschaften beteiligt sind. Nach Gibbs wird dabei ein Teilbereich mit sich nur stetig ändernden Eigenschaften als Phase bezeichnet.

Nicht nur in der Technik auch in der Natur treten viele dieser Strömungsvorgänge mit mehreren Phasen auf. So spielt bei meteorologischen Vorgängen der Phasenübergang eine wichtige Rolle, wenn die Aufnahme von Feuchtigkeit über dem Ozean und deren Abscheidung in Form von Regen betrachtet wird. In technischen Anwendungen für Gas-Flüssigkeits-Gemische sind beispielsweise Klimatisierung, die Aufbereitung des Kraftstoff-Luftgemisches bei Verbrennungsvorgängen und die Dampferzeugung in Kraftwerken zu nennen. Natürliche Gas-Feststoff-Gemische sind in Form des Pollenflugs oder bei Erosionsvorgängen zu finden, während man vor allem in der mechanischen Verfahrenstechnik sich mit deren technischer Anwendung auseinandersetzen muss. So ist bei dem bis heute nicht lückenlos erforschten Rührvorgang u. a. die Durchmischung von verschiedenen Phasen das Ziel. Bei einem Filtrations- oder Sedimentationsvorgang wird versucht, Feststoffpartikel entweder durch Druckkräfte an einem Filter oder in Folge der Schwerkraft abzuscheiden.

Im Folgenden werden die grundlegenden Gedanken zur Untersuchung von Mehrphasenströmungen kurz angedeutet.

## 18.1 Beschreibung von Blasen- und Partikelbewegung

In verdünnten Zweiphasenströmungen wird die Bewegung von Partikeln durch fluiddynamische Wechselwirkung bestimmt, d. h. Kollisionen der Partikel untereinander können vernachlässigt werden. Wie bereits in Kapitel 3.1 erläutert, gibt es verschiedene Möglichkeiten bei der Beschreibung einer Partikelbewegung in einer fluiden Phase.

Beim Lagrangeschen Verfahren wird die Bewegung eines einzelnen Partikels unter dem Einfluss der durch das bekannte Strömungsfeld wirkenden Kräfte berechnet. Hieraus kann die Bahn eines Partikels in Abhängigkeit von der Zeit mit relativ geringem Aufwand angegeben werden. Sollen allerdings Aussagen über lokale Konzentrationen oder zeitliche Mittelwerte getroffen werden, so ist eine Vielzahl an Partikelbahnen zu berechnen. Der Berechnungsaufwand steigt dementsprechend an.

Wird hingegen nicht jedes einzelne Partikel betrachtet, so spricht man vom Euler-Verfahren. Dabei wird die weitere Phase wie ein zweites Fluid behandelt. Bei diesem Verfahren ist vorteilhaft, dass vorhandene Lösungsalgorithmen, die auf der in Ein-

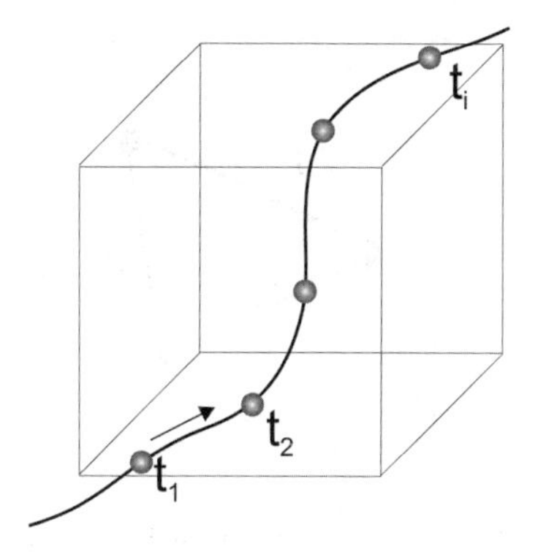


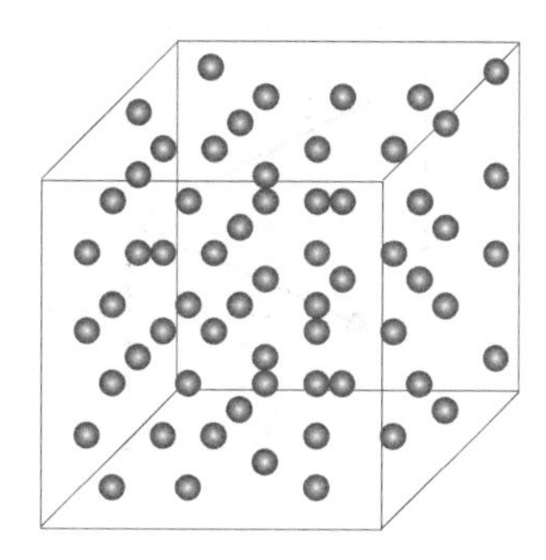

phasenströmungen beruhenden Eulerschen Darstellung basieren, weiter verwendet werden können, um auch die disperse Phase zu berechnen. Ist die Partikelphase jedoch nicht homogen, so ist für jede einzelne Partikelklasse ein eigenes Gleichungssystem zu lösen. Der Vorteil dieses Verfahrens, der im geringeren Rechenaufwand liegt, wird dadurch geschmälert. Desweiteren kann beim Eulerschen Verfahren keine Aussage zur Bewegung eines einzelnen Partikels getroffen werden. Dies ist jedoch zum besseren Verständnis der physikalischen Vorgänge hilfreich.

## 18.2 Instationäre Bewegung von Partikeln

Die Bewegung einzelner Partikel in einem Strömungsfeld kann mit der Lagrangeschen Betrachtungsweise beschrieben werden. Dadurch kann die Bewegung von Partikeln bestehend aus Feststoffkörnern, Flüssigkeitstropfen oder Gasblasen beschrieben werden. Diese Betrachtungsweise ist beispielsweise von Vorteil, wenn der Trocknungsvorgang einer Suspension betrachtet wird. Diese wird in einzelne Tropfen aufgelöst, um eine möglichst große spezifische Oberfläche zu erzeugen, welche den Stoffaustausch begünstigt.

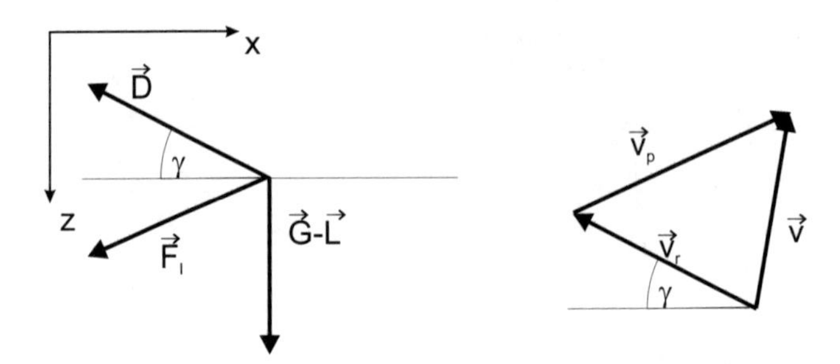


Im Folgenden werden die Gleichungen zur Beschreibung der Partikelbahnen hergeleitet. Unter der Voraussetzung, dass das strömende Fluid unendlich ausgedehnt sei und sich die Bewegung der einzelnen kugelförmigen Partikel nicht gegenseitig behindert, entspricht die Trägheitskraft $\vec{F}_I$ eines Partikels der Summe aus den angreifenden äußeren Kräften bestehend aus der Gewichtskraft $\vec{G}$, dem Auftrieb $\vec{L}$ und der Widerstandskraft $\vec{D} = c_D \; \rho \; (\vec{v}_r ||\vec{v}_r||)/2 \; A$ mit der Relativgeschwindigkeit $\vec{v}_r$ zwischen Partikel und Fluid

$$m_p \frac{d\vec{v}_p}{dt} = \vec{G} - \vec{L} + \vec{D} \qquad .$$

Gewichts- und Auftriebskraft wirken ausschließlich in senkrechter Richtung. Der Widerstandsbeiwert $c_D$ wurde bislang für stationäre Strömungen ermittelt, die daraus resultierenden Gesetze sind somit nicht unmittelbar anwendbar. Nach Bessel ist eine näherungsweise Lösung jedoch unter der Annahme möglich, dass neben der Partikelmasse auch ein Teil der das Teilchen umgebenden Fluidmasse $m_v$ mitbeschleunigt wird. Die Partikelmasse $m_p$ muss daher durch die beschleunigte Masse $m_b$ ersetzt werden

$$m_b = m_p + m_v = \frac{\pi}{6} d_p^3 \left(\rho_p + \alpha \rho\right) \qquad .$$

Für das Volumenverhältnis $\alpha = V/V_p$ der mitbewegten Fluidmasse der Dichte $\rho$ wurde bei einer Vielzahl von Experimenten ein Wert von 0.5 ermittelt. Wird die Bewegungsgleichung in die einzelnen Komponenten aufgeteilt, so muss neben der Widerstandskraft $\vec{D}$ auch die Absolutgeschwindigkeit der Partikel $\vec{v}_p$ in die einzelnen

Komponenten $v_{p,x}$ und $v_{p,z}$ aufgeteilt werden. Es folgt

$$\begin{aligned} m_b \frac{dv_{p,x}}{dt} &= c_D \, \rho \, \frac{||\vec{v}_r||^2}{2} \frac{\pi}{4} d_p^2 \, \cos\gamma \\ m_b \frac{dv_{p,z}}{dt} &= \frac{\pi}{6} d_p^3 g \, (\rho_p - \rho) + c_D \, \rho \, \frac{||\vec{v}_r||^2}{2} \frac{\pi}{4} d_p^2 \, \sin\gamma \end{aligned}$$

mit $\cos\gamma = v_{r,x}/||\vec{v}_r||$ und $\sin\gamma = v_{r,z}/||\vec{v}_r||$. Die Komponenten der instationären Relativbewegung des Partikels können durch $v_{r,x} = v_x - v_{p,x}$ und $v_{r,z} = v_z - v_{p,z}$ mit den Komponenten der Fluidgeschwindigkeit $v_x$ und $v_z$ ersetzt werden

$$\begin{aligned} \frac{dv_{p,x}}{dt} &= \frac{3}{4} \frac{c_D}{d_p} \frac{\delta}{1+\alpha\delta} \sqrt{(v_x - v_{p,x})^2 + (v_z - v_{p,z})^2} \, (v_x - v_{p,x}) \\ \frac{dv_{p,z}}{dt} &= \frac{3}{4} \frac{c_D}{d_p} \frac{\delta}{1+\alpha\delta} \sqrt{(v_x - v_{p,x})^2 + (v_z - v_{p,z})^2} \, (v_z - v_{p,z}) + g \frac{1-\delta}{1+\alpha\delta} \end{aligned} \quad .$$

Das Verhältnis der Dichten von Partikel und Fluid wird mit $\delta = \rho/\rho_p$ bezeichnet. Für den Widerstandsbeiwert wird eine Formulierung verwendet, welche eine für viele technische Anwendung ausreichende Genauigkeit bis $Re < 3 \cdot 10^5$ aufweist. Kaskas folgend können die experimentellen Werte durch

$$c_D = \frac{2}{5} + \frac{24}{Re} + \frac{4}{\sqrt{Re}}$$

angenähert werden, wobei die Reynoldszahl $Re = ||\vec{v}_r|| d_p/\nu$ lautet. Um die Partikelbahnen zu berechnen, wird

$$\begin{aligned} v_{p,x} &= \frac{dx}{dt} \quad \text{und} \quad \frac{dv_{p,x}}{dt} = \frac{d^2x}{dt^2} \\ v_{p,z} &= \frac{dz}{dt} \quad \text{und} \quad \frac{dv_{p,z}}{dt} = \frac{d^2z}{dt^2} \end{aligned}$$

eingesetzt. Somit ergibt sich

$$\frac{d^2x}{dt^2} = \left\{ 18 + 3 \left( \frac{d_p^2}{\nu^2} \left[ \left( v_x - \frac{dx}{dt} \right)^2 + \left( v_z - \frac{dz}{dt} \right)^2 \right] \right)^{\frac{1}{4}} \right.$$
$$\left. + \frac{3}{10} \sqrt{\frac{d_p^2}{\nu^2} \left[ \left( v_x - \frac{dx}{dt} \right)^2 + \left( v_z - \frac{dz}{dt} \right)^2 \right]} \right\} \frac{v_x - \frac{dx}{dt}}{1 + \alpha\delta} \frac{\nu\delta}{d_p^2}$$
$$\frac{d^2z}{dt^2} = \left\{ 18 + 3 \left( \frac{d_p^2}{\nu^2} \left[ \left( v_x - \frac{dx}{dt} \right)^2 + \left( v_z - \frac{dz}{dt} \right)^2 \right] \right)^{\frac{1}{4}} \right.$$
$$\left. + \frac{3}{10} \sqrt{\frac{d_p^2}{\nu^2} \left[ \left( v_x - \frac{dx}{dt} \right)^2 + \left( v_z - \frac{dz}{dt} \right)^2 \right]} \right\} \frac{v_z - \frac{dz}{dt}}{1 + \alpha\delta} \frac{\nu\delta}{d_p^2} + g \frac{1 - \delta}{1 + \alpha\delta} \quad .$$

Die gekoppelten inhomogenen nichtlinearen Differentialgleichungen zweiter Ordnung sind nur mit Hilfe von numerischen Verfahren lösbar. Nur für den Sonderfall $Re < 1$ kann das Stokessche Widerstandsgesetz mit $c_D = 24/Re$ verwendet werden. Dann ergeben sich Differentialgleichungen, die sich in geschlossenener Form integrieren lassen

$$\frac{d^2x}{dt^2} = 18 \frac{\nu}{d_p^2} \frac{\delta}{1 + \alpha\delta} \left( v_x - \frac{dx}{dt} \right)$$
$$\frac{d^2z}{dt^2} = 18 \frac{\nu}{d_p^2} \frac{\delta}{1 + \alpha\delta} \left( v_z - \frac{dz}{dt} \right) + g \frac{1 - \delta}{1 + \alpha\delta} \quad .$$

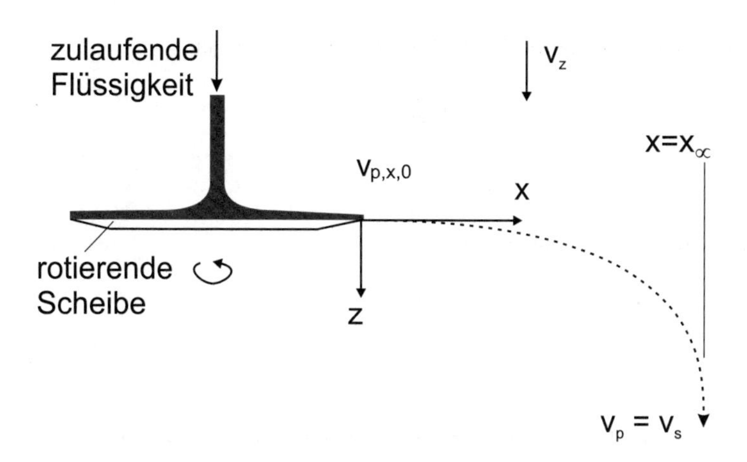


Unter dieser Voraussetzung lassen sich einige verfahrenstechnische Anlagen auslegen. So wird bei der Zerstäubungstrocknung auf eine rotierende Scheibe die zu zerstäubende Flüssigkeit im Scheibenmittelpunkt aufgegeben.

Auf der Scheibe bildet sich ein Flüssigkeitsfilm aus, in dem das Fluid zum Scheibenrand transportiert wird. Dort bilden sich Tropfen, welche tangential weggeschleudert werden. Der Weg in radialer $x$-Richtung ergibt sich aus der Integration der Differentialgleichung unter Berücksichtigung der Anfangsbedingungen

$$t = 0 : \ x = x_0 = R$$
$$\frac{dx}{dt} = v_{p,x,0}$$

mit konstantem $v_x$ zu

$$x = x_0 + v_x t + \frac{v_{p,x,0} - v_x}{k_1}\left(1 - e^{-k_1 t}\right)$$
$$\text{mit} \quad k_1 = 18\, \frac{\nu}{d_p^2}\frac{\delta}{1 + \alpha\delta} \qquad .$$

Ist die Fluidgeschwindigkeit in radialer Richtung $v_x = 0$, gilt

$$x = x_0 + \frac{v_{p,x,0}}{k_1}\left(1 - e^{-k_1 t}\right) \quad .$$

In axialer Richtung ergibt sich mit

$$t = 0: \; z = z_0 = 0$$
$$\frac{dz}{dt} = 0$$

unter Berücksichtigung der Gewichtskraft und einer konstanten Fluidgeschwindigkeit $v_z$

$$z = \left(v_z + \frac{k_2}{k_1}\right)\left(t + \frac{e^{-k_1 t} - 1}{k_1}\right)$$
$$\text{mit } k_2 = g\,\frac{1-\delta}{1+\alpha\delta} \quad .$$

Der Radius $x_r$ eines solchen Trocknungsturms lässt sich für $t \to \infty$ aus

$$x_r = x_0 + \frac{v_{p,x,0}}{k_1}$$

berechnen, wobei $x_0 = R$ dem Radius der rotierenden Scheibe zur Tropfenzerstäubung entspricht und $v_{p,x,0}$ die Geschwindigkeit des die Scheibe verlassenden Tropfens in radialer Richtung ist.

Für die Dicke des Flüssigkeitsfilms $d$ auf einer Zerstäuberscheibe wurde eine Abhängigkeit von dem zugeführten Volumenstrom $\dot{V}$, dem Radius, der Winkelgeschwindigkeit $\omega$ und der kinematischen Viskosität des zu zerstäubenden Fluids $\nu_p$ festgestellt

$$d = \left(\frac{3\dot{V}\nu_p}{2\pi r^2\omega^2}\right)^{1/3} = \left(\frac{3\nu_p^2}{r\omega^2}\right)^{1/3} Re_r^{1/3} \quad .$$

Die vom Radius $r$ abhängige Reynoldszahl ist $Re_r = \dot{V}/(2\pi r \nu_p)$. Daraus folgt für die radiale, über die Filmdicke gemittelte Komponente der Geschwindigkeit $\bar{v}_r$

$$\bar{v}_r = \left(\frac{r\omega^2 \nu_p}{3}\right)^{1/3} Re_r^{2/3} \quad .$$

Die genannten Gleichungen gelten für den laminaren Strömungszustand bis zu $Re_r \leq 400$. Wird die Strömung turbulent, so bildet sich ein Film der Dicke $d_t$ aus

$$d_t = 0.302 \left(\frac{3\nu_p}{r\omega^2}\right)^{1/3} Re_r^{8/15} \quad .$$

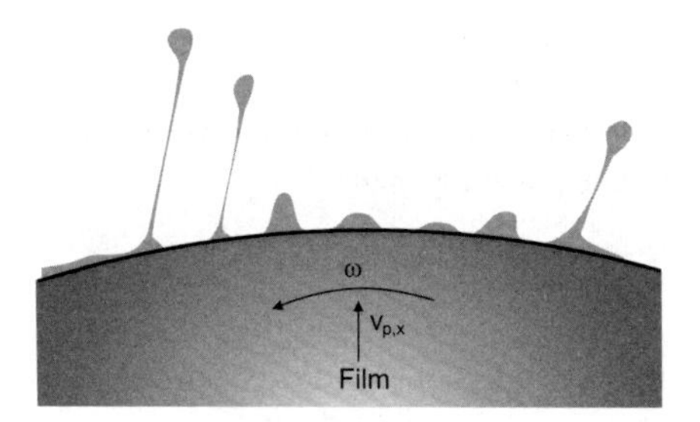


*Tropfenablösung*

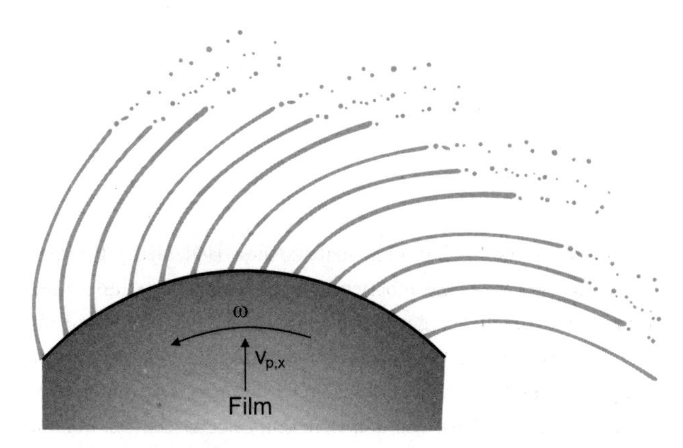


*Fadenablösung*

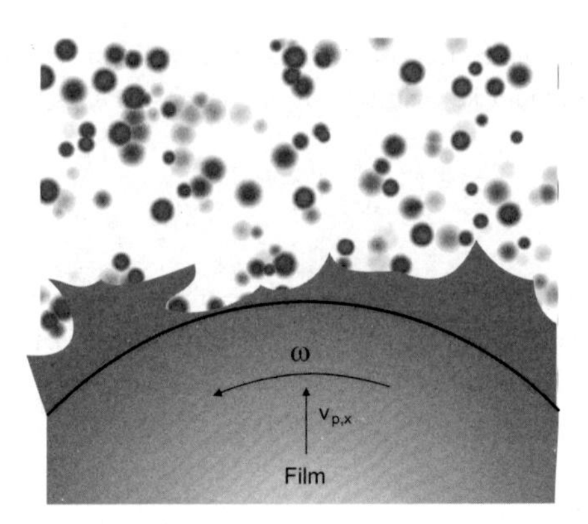


*Lamellenablösung*

Die Filmdicke wurde empirisch aus experimentellen Ergebnissen bestimmt. Die mittlere radiale Filmgeschwindigkeit $\bar{v}_{r,t}$ ist dann

$$\bar{v}_{r,t} = 3.315 \left( \frac{r\omega^2 \nu_p}{3} \right)^{1/3} Re_r^{7/15} \quad .$$

Der Flüssigkeitsfilm hat eine maßgebende Bedeutung für die Tropfenbildung am Scheibenrand. Um eine möglichst enge Tropfenverteilung zu erzielen, ist es erforderlich eine möglichst geringe Filmdicke einzustellen. Eine untere Grenze für die Filmdicke besteht jedoch in der Benetzung der Scheibe. Bei nur teilweiser Benetzung der Scheibe entstehen einzelne Flüssigkeitssträhnen, die sehr große Tropfen zur Folge haben. Diese von den Benetzungseigenschaften abhängige Grenze ist noch nicht bekannt.

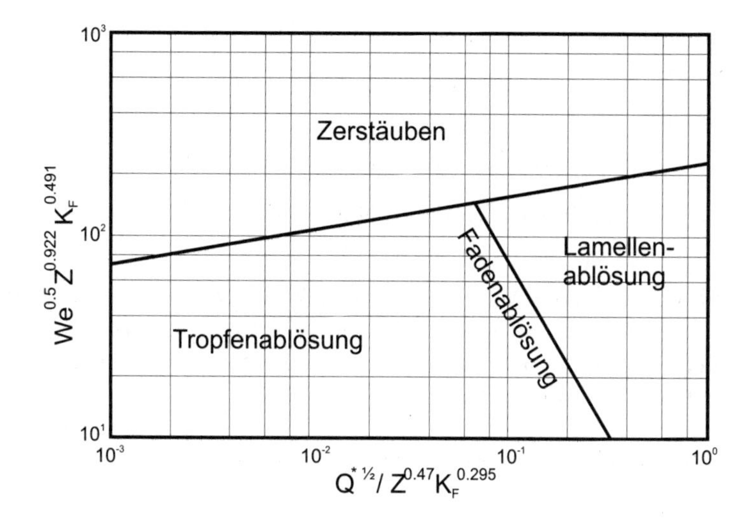


Die Tropfenentstehung ist vom Volumenstrom abhängig und lässt sich in die Bereiche der Tropfenablösung, der Fadenablösung und der Lamellenablösung unterteilen. Bei der Tropfenablösung entstehen die kleinsten Tropfen mit der engsten Größenverteilung, was für den Phasenübergang erwünscht ist, da die spezifische Oberfläche dann maximal ist und die Tropfen aufgrund ihrer engen Größenverteilung annähernd gleiche Eigenschaften aufweisen. Die Tropfen werden direkt am Scheibenrand gebildet. Bei der Fadenablösung entstehen Flüssigkeitsfäden, die in einzelne Tropfen zerfallen. Beim Lamellenzerfall bilden sich am Rand der abgelösten Flüssigkeitslamelle wiederum Fäden aus, die wiederum in Tropfen zerfallen.

Aus Experimenten mit unterschiedlichen Flüssigkeiten und Scheibendurchmessern konnte in einer Darstellung mit dimensionslosen Kennzahlen eine Einteilung der verschiedenen Bereiche der Flüssigkeitsauflösung gefunden werden. Dazu müssen die

$$\text{Weberzahl } We = \rho_p \omega^2 d_s^3/\sigma \quad ,$$
$$\text{die Zerstäuberkennzahl } Z = \eta_p^2/(\rho_p \sigma d_s) \quad ,$$
$$\text{die Volumenstromkennzahl } \dot{V}^* = \rho_p \dot{V}^2/(\sigma d_s^3) \quad ,$$
$$\text{und die Flüssigkeitskennzahl } K_F = \frac{\rho_p \sigma^3}{g \eta_p^4}$$

gebildet werden, wobei $\sigma$ die Oberflächenspannung ist und $d_s$ den Scheibendurchmesser bezeichnet. Aus einer geeigneten Kombination dieser Kennzahlen wurden von zusätzlichen Parametern unabhängige Grenzen für die Bereiche des Zerstäubens sowie der Faden- und Lamellenablösung ermittelt.

Der mittlere Tropfendurchmesser bei der erwünschten Zerstäubung wurde empirisch aus Experimenten zu

$$\bar{d_p} = 0.425 \left( \frac{\sigma}{n^2 R \rho_p} \right)$$

bestimmt, wobei $n$ die Scheibendrehzahl und $R$ der Scheibenradius ist. Damit sind alle für die Auslegung des Trocknungsturms benötigten Größen bekannt.

## 18.3 Widerstand von Blasen

Die oben bereits erläuterten Widerstandsgesetze für Partikel lassen sich auf Blasenbewegungen nur bedingt anwenden. Neben der Formänderung, die bei Blasenbewegungen eine wichtige Rolle spielt, ist die Oberflächenbewegung ebenfalls von Bedeutung. Dadurch kann im Innern der Blase eine Zirkulationsströmung entstehen, welche die Bewegung derselben beeinflusst.

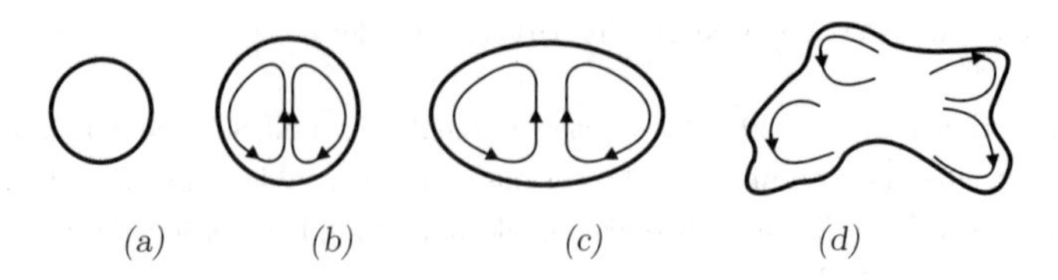

Der Widerstandsbeiwert $c_D$ einer Blase lässt sich durch Experimente aus der Steiggeschwindigkeit $v_s$ bestimmen. Sie lässt sich für den stationären Fall unter Berücksichtigung eines geeigneten Partikeldurchmessers berechnen, wenn Auftriebs-, Widerstands- und Gewichtskraft im Gleichgewicht sind. Es ist

$$v_s = \sqrt{\frac{4}{3}\left(1 - \frac{\rho_p}{\rho}\right)\frac{g d_p}{c_D}}$$

mit $\rho_p$ als Blasendichte und $d_p$ als Blasendurchmesser. Ist $\rho_p \ll \rho$, gilt näherungsweise

$$c_D = \frac{4}{3}\frac{g d_p}{v_s^2} \quad .$$

Aus Experimenten werden dann empirisch Gesetze in dimensionsloser Form hergeleitet.

Nur bei sehr kleinen Blasendurchmessern ergibt sich eine starre Kugelblase *(a)* ohne innere Zirkulation. Die Durchmessergrenze für solche Blasen liegt beispielsweise in Wasser bei 0.2 mm. Es gilt dann

$$c_{D,a} = \frac{24}{Re}$$

mit den Grenzen $0 < Re < 2.2$.

Bei zunehmendem Blasendurchmesser nimmt auch die Beweglichkeit der Phasengrenzfläche zu. Durch die auftretende Zirkulationsströmung im Inneren der Blase *(b)* ist der Geschwindigkeitsgradient an der Grenzfläche kleiner als bei starren Partikeln, damit ist auch der Widerstand kleiner als der starrer Partikel. Eine aufsteigende kugelförmige Blase existiert in Wasser bis ca. 2 mm Blasendurchmesser. Empirisch wurde aus Experimenten die Steiggeschwindigkeit näherungsweise zu

$$v_s = 0.146\sqrt{\frac{g^{2/3} d_p^{5/2}}{\nu}}$$

bestimmt. Damit kann

$$c_{D,b} = \frac{18.7}{Re^{0.68}}$$

innerhalb des Gültigkeitsbereichs $2.2 < Re < 4.02 \cdot K_F^{0.214}$ unter Berücksichtigung der Flüssigkeitskennzahl

$$K_F = \frac{\rho\sigma^3}{g\eta^4} = \frac{Re^4 Fr}{We^3} \quad \text{mit} \quad Fr = \frac{v_s^2}{gd_p} \quad \text{und} \quad We = \frac{\rho v_s^2 d_p}{\sigma}$$

angegeben werden. Die obere Grenze dieses Bereichs ist somit bereits von der Oberflächenspannung abhängig.

Bei größeren ellipsoidischen Blasen *(c)* nimmt der Widerstand mit zunehmendem Durchmesser zu und ist höher als bei einer kugelförmigen Blase mit vergleichbarem Volumen. Aufgrund der periodisch auftretenden Wirbel hinter einer solchen Blase weist deren Aufstiegsbahn einen schraubenförmigen Verlauf auf. Für die Aufstiegsgeschwindigkeit wurde

$$v_s = 1.91 \sqrt{\frac{\sigma}{\rho d_p}}$$

und für das Widerstandsgesetz

$$c_{D,c} = 0.366 \frac{\rho g d_p^2}{\sigma} = 0.366 \frac{We}{Fr}$$

empirisch ermittelt. In diesem Bereich bleibt die Weberzahl $We$ näherungsweise konstant ($We = 3.64$), so dass auch

$$c_{D,c} = \frac{13.32}{Fr}$$

verwendet werden kann. Dieses Gesetz gilt bis ungefähr $Re = 3.1\, K_F^{1/4}$.

Oberhalb dieser Grenze wird die Blasenbewegung im Wesentlichen durch Auftriebs- und Trägheitskräfte bestimmt. Noch größere Blasen treten in nahezu regelloser Form auf *(d)*. Sie besitzen jedoch oft Ähnlichkeit mit einem Schirm und werden daher auch Schirmblasen genannt. Sie führen stete Formänderungen durch, die Einfluss auf die Bewegungsrichtung haben. Es gilt

$$v_s = 0.714\sqrt{gd_p} \quad ,$$

so dass die Steiggeschwindigkeit $v_s$ mit wachsendem Blasendurchmesser zunimmt. Für den Widerstandsbeiwert wurde ein konstanter Wert $c_{D,d} = 2.61$ aus Experimenten bestimmt.

## 18.4 Bewegung von Partikelschwärmen

Die Bewegung von Partikeln im Schwarmverband bei höheren Konzentrationen weist ein von der Bewegung eines einzelnen Partikels abweichendes Verhalten auf. Dabei spielen zwei Effekte eine Rolle, die am Beispiel eines Sedimentationsvorgangs erläutert werden.

Bei der Sedimentation werden meist körnige Feststoffe aus Flüssigkeiten oder Gasen entweder durch den Einfluss der Schwerkraft oder durch die Zentrifugalkraft in einer Zentrifuge abgeschieden. Die in Experimenten beobachtete Sinkgeschwindigkeit ist abhängig von der Konzentration der Partikel und liegt unter der Sinkgeschwindigkeit eines einzelnen Partikels $v_s$.

Der Volumenstrom der absinkenden Körner bewirkt aus Gründen der Kontinuität einen entgegen der Partikelbewegung gerichteten Fluidstrom, da die absinkenden Feststoffpartikel das Fluid verdrängen. Jedes einzelne Korn sinkt damit in einem aufwärts gerichteten Flüssigkeitsstrom ab, eine Korrektur der Geschwindigkeit erfolgt über den Korrekturfaktor $\varphi_g$. Neben diesem Effekt muss der erhöhte Impulsaustausch berücksichtigt werden. Dieser Einfluss kann anhand der Bewegung einer Kugel in einer aufwärts strömenden Flüssigkeit analysiert werden. Wie bei der Kugelumströmung in einem engen Kanal bewirken die benachbarten Partikel in einem Schwarmverband größere Geschwindigkeitsgradienten um das betrachtete Einzelpartikel. Daraus resultiert ein erhöhter Widerstand, der durch den Korrekturfaktor $\varphi_i$ berücksichtigt wird. Es ergibt sich für die Sinkgeschwindigkeit $v_{ss}$ eines Partikelschwarms

$$\frac{v_{ss}}{v_s} = \underbrace{\frac{v'_{ss}}{v_s}}_{\varphi_g} \underbrace{\frac{v_{ss}}{v'_{ss}}}_{\varphi_i} .$$

Die aufgrund der verursachten Gegenströmung veränderte Sinkgeschwindigkeit wird mit $v'_{ss}$ bezeichnet. Die Sinkgeschwindigkeit $v_s$ eines Einzelpartikels bei Gültigkeit des Stokesschen Widerstandsgesetzes ist

$$v_s = \frac{1}{18}\left(\frac{1-\delta}{\delta}\right)\frac{gd_p^2}{\nu} \quad .$$

Im Allgemeinen handelt es sich nicht um Gleichkornsuspensionen, d. h. Suspensionen mit Partikeln eines Durchmessers. Um den Einfluss der Größenverteilung zu veranschaulichen, werden hier Zweikornsuspensionen betrachtet und die jeweiligen Größen mit dem Index 1 und 2 gekennzeichnet. Im Folgenden soll der Einfluss des durch die Sedimentation verursachten Gegenstroms geklärt werden. Der aufwärts gerichtete Volumenstrom $\dot{V}$ berechnet sich aus

$$\dot{V} = \dot{V}_{p1} + \dot{V}_{p2} \quad .$$

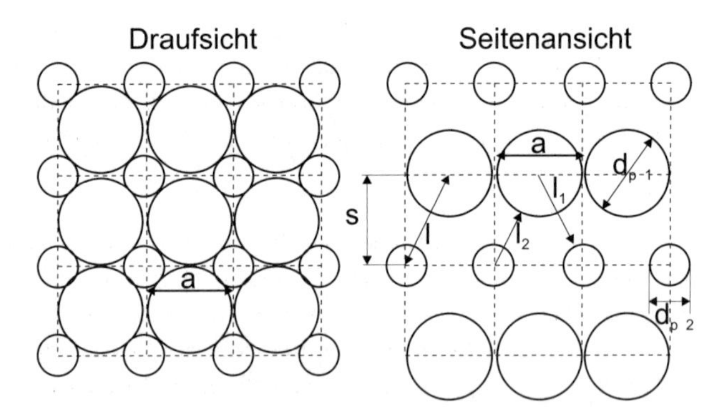


Suspensionsmodell für eine Zweikornsuspension

Zur weiteren Analyse führen wir den Begriff der Konzentration ein $c = V_p/V$, wobei $V_p$ das Partikelvolumen und $V$ das Suspensionsvolumen darstellt. Anhand des Modells erkennt man

$$c = \frac{\pi/12((d_{p1})^3 + (d_{p2})^3)}{a^2 s} = \frac{\pi}{12}\,\frac{\phi^3+1}{\phi^3 \bar{a}^2 \bar{s}} \quad ,$$

sofern auf dimensionslose Größen $\phi = d_{p1}/d_{p2}$, $\bar{a} = a/d_{p1}$ und $\bar{s} = s/d_p$ zurückgegriffen wird. Geht man von $\bar{a} = 1$ aus, ergibt sich

$$c = \frac{\pi}{12}\,\frac{1}{s}\,\frac{\phi^3+1}{\phi^3} = c_1\,\frac{\phi^3+1}{\phi^3} \quad .$$

Unter Einführung von $c = c_1 + c_2$ erhält man für die Konzentration der großen und der kleinen Körner $c_1, c_2$

$$c_1 = c\frac{\phi^3}{\phi^3+1}$$
$$c_2 = c\frac{1}{\phi^3+1} \quad .$$

Mit den relevanten Querschnittsflächen $c_1F$, $c_2F$ und $(1-c)F$ für die Partikel sowie die Flüssigkeit lassen sich die Volumenströme ausdrücken

$$\dot{V}_{p1} = c_1 F v'_{p1}$$
$$\dot{V}_{p2} = c_2 F v'_{p2}$$
$$\dot{V} = (1-c)F\bar{v} \quad ,$$

aus den für die mittlere Aufstiegsgeschwindigkeit $\bar{v}$ bei Verwendung von $v'_{p1} = v'_{ss1}$ und $v'_{p2} = v'_{ss2}$ folgt

$$(1-c)\bar{v} = c_1 v'_{ss1} + c_2 v'_{ss2} \quad .$$

Es folgt aus obigen Gleichungen

$$\frac{\phi^3}{1+\phi^3}\left(\frac{v'_{ss1}}{\bar{v}} - \frac{v'_{ss2}}{\bar{v}}\right) + \frac{v'_{ss2}}{\bar{v}} = \frac{1-c}{c} \quad .$$

Berücksichtigt man den Zusammenhang zwischen stationärer Sinkgeschwindigkeit eines Einzelkorns $v_s$, der aufgeprägten Aufwärtsgeschwindigkeit $\bar{v}$ und der durch den Gegenstrom im Schwarm reduzierten Sinkgeschwindigkeit $v'_{ss}$

$$v_{s1} = v'_{ss1} + \bar{v}$$
$$v_{s2} = v'_{ss2} + \bar{v}$$

und die oben angeführte Formulierung für die Sinkgeschwindigkeit $v_s$ aus der folgt

$$\frac{v_{s1}}{v_{s2}} = \phi^2 \quad ,$$

so ergibt sich

$$\frac{v'_{ss2}}{\bar{v}} = \frac{1}{\phi^2}\left(\frac{v'_{ss_1}}{\bar{v}} + 1\right) - 1$$
$$\frac{v'_{ss1}}{\bar{v}} = \phi^2\left(\frac{v'_{ss_2}}{\bar{v}} + 1\right) - 1 \quad .$$

Man erhält für die aufgrund des Gegenstroms veränderte Sinkgeschwindigkeit

$$\begin{aligned}\frac{v'_{ss1}}{v'} &= (1-c)\frac{\frac{1-c}{c}\phi^2(\phi^3+1)+\phi^2-1}{\phi^5+1}\\ \frac{v'_{ss2}}{v'} &= (1-c)\frac{\frac{1-c}{c}(\phi^3+1)+\phi^3-\phi^5}{\phi^5+1}\end{aligned} \quad ,$$

wobei die mittlere Flüssigkeitsgeschwindigkeit $\bar{v}$ durch die größte Flüssigkeitsgeschwindigkeit $v' = \bar{v}/(1-c)$ ersetzt wurde, da sie maßgebend für die Kornbewegung ist. Mit $v' = v_{si} - v'_{ssi}$ lassen sich dann die Korrekturfaktoren $\varphi_{gi}$ berechnen

$$\begin{aligned}\varphi_{g1} &= \frac{v'_{ss1}}{v_{s1}} = \frac{1}{1+\dfrac{\phi^5+1}{(1-c)\left(\dfrac{1-c}{c}\phi^2(\phi^3+1)+\phi^2-1\right)}}\\ \varphi_{g2} &= \frac{v'_{ss2}}{v_{s2}} = \frac{1}{1+\dfrac{\phi^5+1}{(1-c)\left(\dfrac{1-c}{c}(\phi^3+1)+\phi^3-\phi^5\right)}}\end{aligned} \quad .$$

Um den verstärkten Impulsaustausch zu berücksichtigen wird ein Ansatz verwendet, der aus Untersuchungen der Kugelbewegung in einem Rohr resultiert

$$\begin{aligned}\frac{v_{ss1}}{v'_{ss1}} &= \frac{1}{1+1.2d_{p1}/l_1}\\ \frac{v_{ss2}}{v'_{ss2}} &= \frac{1}{1+1.2d_{p2}/l_2}\end{aligned} \quad .$$

In Abhängigkeit von der Größe der Partikel im Suspensionselement lassen sich Formulierungen für $l_1$ und $l_2$ finden, welche dem kleinsten Abstand vom Kornmittelpunkt zur Oberfläche des benachbarten Korns der jeweils anderen Größenklasse entsprechen. Ist $\phi \leq 2.415$, dann gilt

$$\begin{aligned}l_1 &= d_{p1}\left[\sqrt{\frac{1}{4}\left(\frac{1+\phi}{\phi}\right)^2+\left(\frac{s}{d_{p1}}\right)^2}-\frac{1}{2\phi}\right]\\ l_2 &= d_{p1}\left[\sqrt{\frac{1}{4}\left(\frac{1+\phi}{\phi}\right)^2+\left(\frac{s}{d_{p1}}\right)^2}-\frac{1}{2}\right]\end{aligned} \quad .$$

Ist $\phi \geq 2.415$, gilt

$$l_1 = d_{p1}\left[\sqrt{\frac{1}{2}+\left(\frac{s}{d_{p1}}\right)^2}-\frac{1}{2\phi}\right]$$
$$l_2 = d_{p1}\left[\sqrt{\frac{1}{2}+\left(\frac{s}{d_{p1}}\right)^2}-\frac{1}{2}\right] \quad .$$

Die Ergebnisse für $v_{ssi}/v'_{ssi}$ beruhen auf Untersuchungen für eine ruhende Wand. Um den Einfluss der sich mit der Sinkgeschwindigkeit bewegenden Körner ebenfalls zu berücksichtigen, wird zur Korrektur der Faktor $(1-c)$ eingeführt. Für $\phi \leq 2.415$ ergibt sich damit

$$\varphi_{i1} = \frac{1-c}{1+\frac{1.2}{\sqrt{\frac{1}{4}\left(\frac{1+\phi}{\phi}\right)^2+\left(\frac{\pi}{12c}\right)^2}-\frac{1}{2\phi}}}$$
$$\varphi_{i2} = \frac{1-c}{1+\frac{1.2}{\sqrt{\frac{1}{4}\left(\frac{1+\phi}{\phi}\right)^2+\left(\frac{\pi}{12c}\right)^2}-\frac{1}{2}}}$$

und für $\phi \geq 2.415$

$$\varphi_{i1} = \frac{1-c}{1+\frac{1.2}{\sqrt{\frac{1}{2}+\left(\frac{\pi}{12c}\right)^2}-\frac{1}{2\phi}}}$$
$$\varphi_{i2} = \frac{1-c}{1+\frac{1.2}{\sqrt{\frac{1}{2}+\left(\frac{\pi}{12c}\right)^2}-\frac{1}{2}}} \quad ,$$

wobei $s/d_{p1} = \pi/12c$ eingesetzt wurde.

Fasst man die Einflüsse von verursachtem Gegenstrom und zusätzlichem Impulsaustausch zusammen, so ergibt sich die Sinkgeschwindigkeit eines Partikelschwarms. Für $\phi \leq 2.415$ gilt dann

$$\frac{v_{ss1}}{v_{s1}} = \varphi_{g1}\varphi_{i1} = \frac{1-c}{\left[1+\frac{\phi^5+1}{(1-c)\left(\frac{1-c}{c}\phi^2(\phi^3+1)+\phi^2-1\right)}\right]\left[1+\frac{1.2}{\sqrt{\frac{1}{4}\left(\frac{1+\phi}{\phi}\right)^2+\left(\frac{\pi}{12c}\right)^2}-\frac{1}{2\phi}}\right]}$$
$$\frac{v_{ss2}}{v_{s2}} = \varphi_{g2}\varphi_{i2} = \frac{1-c}{\left[1+\frac{\phi^5+1}{(1-c)\left(\frac{1-c}{c}(\phi^3+1)+\phi^3-\phi^5\right)}\right]\left[1+\frac{1.2}{\sqrt{\frac{1}{4}\left(\frac{1+\phi}{\phi}\right)^2+\left(\frac{\pi}{12c}\right)^2}-\frac{1}{2}}\right]}$$

und für $\phi \geq 2.415$

$$\frac{v_{ss1}}{v_{s1}} = \frac{1-c}{\left[1+\frac{\phi^5+1}{(1-c)\left(\frac{1-c}{c}\phi^2(\phi^3+1)+\phi^2-1\right)}\right]\left[1+\frac{1.2}{\sqrt{\frac{1}{2}+\left(\frac{\pi}{12c}\right)^2}-\frac{1}{2\phi}}\right]}$$

$$\frac{v_{ss2}}{v_{s2}} = \frac{1-c}{\left[1+\frac{\phi^5+1}{(1-c)\left(\frac{1-c}{c}(\phi^3+1)+\phi^3-\phi^5\right)}\right]\left[1+\frac{1.2}{\sqrt{\frac{1}{2}+\left(\frac{\pi}{12c}\right)^2}-\frac{1}{2}}\right]} \quad .$$

Bei Zweikornsuspensionen hat das Durchmesserverhältnis $\phi$ nur einen geringen Einfluss auf die Sinkgeschwindigkeit der großen Partikel. Allerdings kann sich die Bewegungsrichtung der kleinen Körner bei entsprechenden Konzentrationen und Durchmesserverhältnissen umdrehen, d. h. kleine Körner können aufsteigen und lagern sich nicht wie die großen Körner in der Suspension ab. Deshalb wird eine kritische Konzentration $c_{\mathrm{kr}}$ definiert, bei der $v_{ss2}/v_{s2} = 0$ ist

$$c_{\mathrm{kr}} = \frac{1}{\frac{\phi^5-\phi^3}{\phi^3+1}+1} \quad .$$

Bei großen Durchmesserverhältnissen nimmt die kritische Konzentration stark ab. So wird $c_{\mathrm{kr}}$ bei $\phi = 10$ schon bei einer Konzentration von 1 % erreicht. Für Gleichkornsuspensionen lassen sich die angegebenen Gleichungen vereinfachen indem $\phi = 1$ gesetzt wird. Dann berechnet sich die Partikelgeschwindigkeit im Schwarm aus

$$\frac{v_{ss}}{v_s} = \varphi_g \varphi_i = \frac{1-c}{\left[1+\frac{c}{(1-c)^2}\right]\left[1+\frac{1.2}{\sqrt{1+\left(\frac{\pi}{12c}\right)^2}-\frac{1}{2}}\right]} \quad .$$

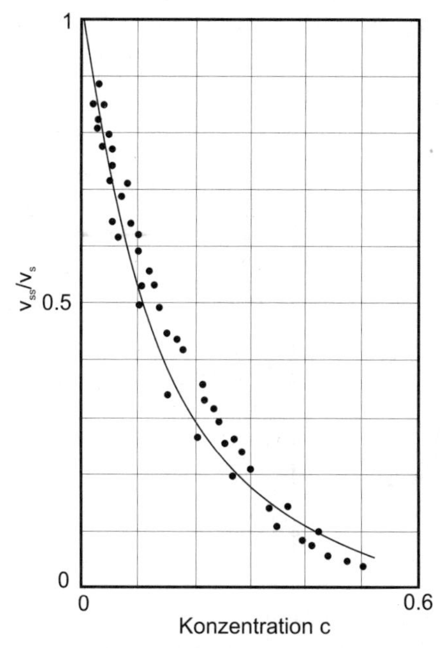


Vergleich von berechneter Sinkgeschwindigkeit einer Gleichkornsuspension mit experimentellen Ergebnissen

Eine Überprüfung der hergeleiteten Gleichungen erfolgte durch einen Vergleich mit experimentellen Ergebnissen, welche mit Hilfe von Gleichkornsuspensionen erzielt wurden. Sie zeigen eine gute Übereinstimmung für die oben angegebene Gleichung.

## 18.5 Filmströmung

Stoffaustauschvorgänge werden in der Verfahrenstechnik benötigt, um beispielsweise Flüssigkeiten zu trennen. Oft wird dabei der Phasenübergang in einer senkrechten Rohranordnung gewählt. Drei Fälle können für die Gas-Film-Strömung genannt werden: Bei der Kondensation von Dämpfen sind Gas- und Filmströmung meist abwärts gerichtet, während man beispielsweise bei der Rektifikation oder der Absorption dem abwärts laufenden Film eine entgegengerichtete Gasströmung aufprägt. Zur Förderung von Flüssigkeiten wird oft ein aufwärts gerichteter Gasstrom verwendet, der einen ebenfalls aufwärts gerichteten Film zur Folge hat.

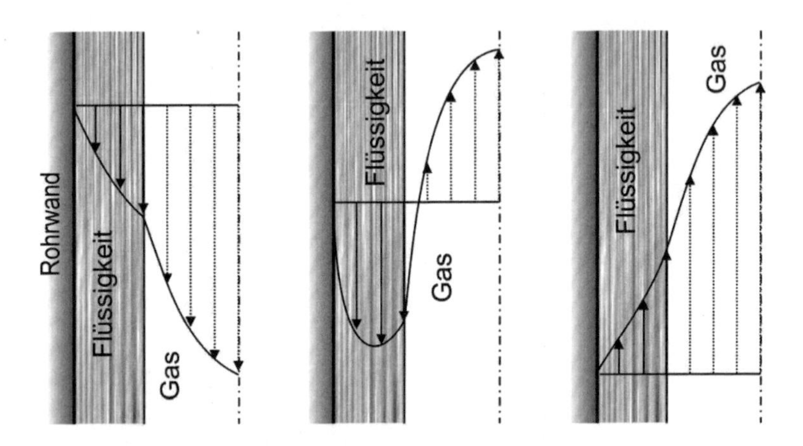


Unter der Voraussetzung, dass keine Druck- und Beschleunigungskräfte im Film auftreten und die Filmdicke klein gegenüber dem Rohrradius ist, gilt aufgrund des Gleichgewichts zwischen Reibungs- und Gravitationskraft die Differentialgleichung

$$\frac{d^2v}{dy^2} = -\frac{g}{\nu} \quad ,$$

wobei $y$ dem Wandabstand entspricht. Neben der Haftbedingung

$$y = 0 : \quad v = 0$$

sind Gas- und Filmströmung über die Grenzflächenschubspannung $\tau_\delta$ miteinander gekoppelt. Bezeichnet $\delta$ die Filmdicke, gilt

$$y = \delta : \quad \frac{dv}{dy} = -\frac{\tau_\delta}{\eta} \quad .$$

Die Integration der Differentialgleichung liefert

$$v = \frac{g\delta^2}{\nu}\left(\frac{y}{\delta} - \frac{1}{2}\left(\frac{y}{\delta}\right)^2 - \frac{\tau_\delta}{\rho g\delta}\frac{y}{\delta}\right) \quad .$$

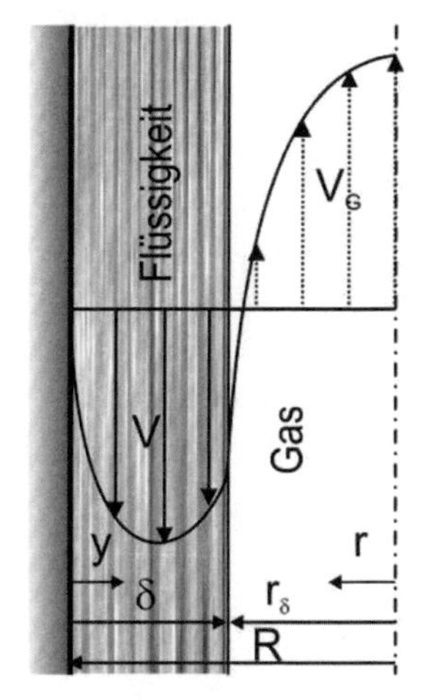

Koordinaten zur Berechnung einer Gas-Filmströmung

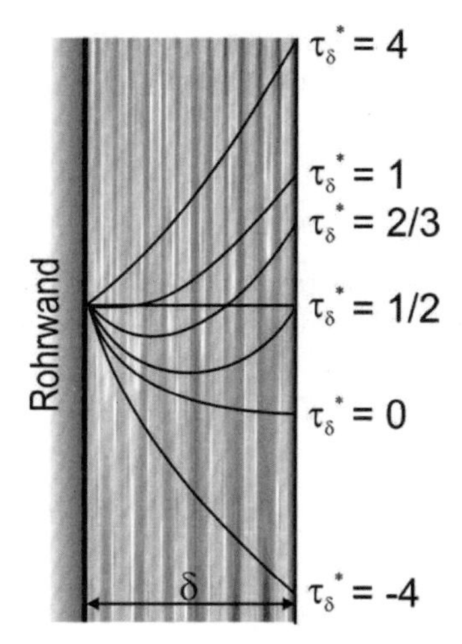

Geschwindigkeitsprofile in Abhängigkeit von $\tau_\delta^*$

Demnach erhält man für die Filmgeschwindigkeit an der Filmoberfläche bei $y = \delta$

$$v_\delta = \frac{g\delta^2}{\nu}\left(\frac{1}{2} - \frac{\tau_\delta}{\rho g \delta}\right) \quad .$$

Die Grenzflächenschubspannung lässt sich durch $\tau_\delta^* = \tau_\delta/(\rho g \delta)$ dimensionslos darstellen. Ist die Gasströmung vernachlässigbar und damit $\tau_\delta^* = 0$, so ergibt sich der Sonderfall des Rieselfilms, bei dem die Geschwindigkeitsverteilung die Form einer Halbparabel aufweist. Dies ist der Grenzfall des abwärts gerichteten Gleichstroms.

Gegenstrom existiert für $0 \leq \tau_\delta^* \leq 2/3$, wobei bei $\tau_\delta^* = 1/2$ das Geschwindigkeitsprofil parabelförmig und die Oberflächengeschwindigkeit des Films null ist. Bei $\tau_\delta^* = 2/3$ ist die mittlere Filmgeschwindigkeit null.

Der aufwärts gerichtete Gleichstrom entsteht bei $\tau_\delta^* \geq 2/3$. Obwohl die mittlere Filmgeschwindigkeit aufwärts gerichtet ist, existieren abhängig von $\tau_\delta^*$ wandnahe abwärts gerichtete Bereiche.

Die Differentialgleichung zur Ermittlung der Gasgeschwindigkeit folgt aus dem Gleichgewicht von Reibungs- und Druckkräften. Sie lautet

$$\frac{dv_G}{dr} = -\frac{\Delta p}{L\,\eta_G}\frac{r}{2}$$

mit der Geschwindigkeit und Viskosität des Gases $v_G$ und $\eta_G$, dem Druckverlust $\Delta p$ und der Rohrlänge $L$. An der Filmoberfläche gilt

$$r = r_\delta : \quad v_G = v_\delta \qquad .$$

Die Integration der Differentialgleichung liefert

$$v_G = \frac{\Delta p}{4\,L\eta_G}\left(r_\delta^2 - r^2\right) + v_\delta \qquad .$$

An der Phasengrenze müssen sich die Schubspannungen entsprechen.

$$-\,\eta_G\frac{dv_G}{dr}\bigg|_{r=r_\delta} = -\frac{\Delta p}{L}\;\frac{r_\delta}{2} = \tau_\delta \qquad .$$

Es folgt

$$v_G = \frac{\tau_\delta}{2\;r_\delta\eta_G}\left(r_\delta^2 - r^2\right) + v_\delta$$

und unter Verwendung der abgeleiteten Beziehung für die Grenzflächengeschwindigkeit $v_\delta$ ergibt sich

$$v_G = \frac{\tau_\delta}{2\;r_\delta\eta_G}\left(r_\delta^2 - r^2\right) + \frac{g\delta^2}{\nu}\left(\frac{1}{2} - \frac{\tau_\delta}{\rho g\delta}\right) \qquad .$$

Der Vergleich mit der Einphasenströmung zeigt bereits für diese einfachen Zusammenhänge den deutlichen Komplexitätszuwachs im Rahmen der Mehrphasenströmung.

# 19 Kompressible Strömung

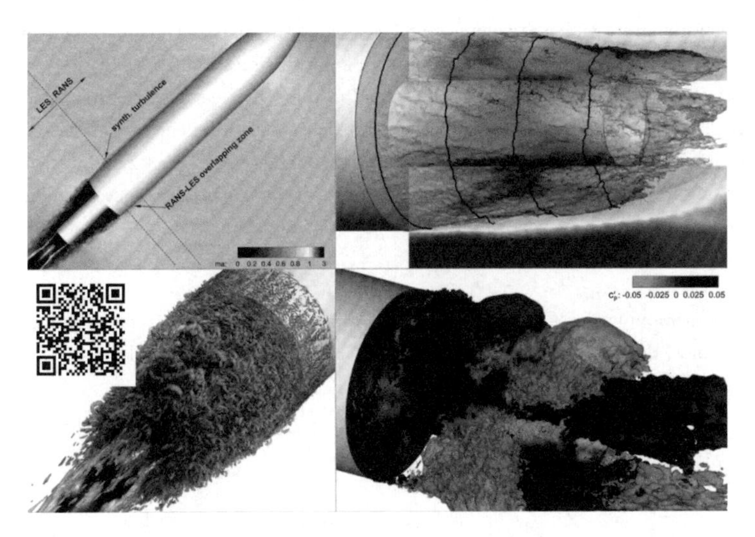


*Transonisches Strömungsfeld entlang einer rotationssymmetrischen Raketenkonfiguration inklusive supersonischer Düsenströmung (oben links). Darstellung der turbulenten Heckströmung (unten links), der gefilterten Geschwindigkeits- (oben rechts) und Druckfelder (unten rechts), die mit der Raketendüse in Wechselwirkung stehen. (Das Urheberrecht des mit dem QR Code verbundenen Films liegt beim Aerodynamischen Institut der RWTH Aachen. Der QR Code ist ein eingetragenes Handelszeichen von DENSO WAVE INCORPORATED.)*

In den bisherigen Ausführungen sind Dichteänderungen aufgrund von Druckvariationen vernachlässigt worden. Im Folgenden werden wir grundlegende Eigenschaften von Strömungen, in denen Kompressibilitätseffekte eine Rolle spielen, untersuchen. Das Gebiet, welches sich mit kompressiblen Strömungen auseinandersetzt, wird Gasdynamik genannt. Es umfasst sowohl externe Strömungen, z. B. über Flugzeuge oder Wiedereintrittskörper, als auch interne Strömungen durch Düsen und Diffusoren, die in Raketen- und Flugzeugtriebwerken betrachtet werden. In dieser Einführung werden wir uns auf stationäre eindimensionale reibungsfreie kompressible Strömungen eines idealen Gases beschränken.

## 19.1 Schallgeschwindigkeit

In einer inkompressiblen Strömung sind Druckänderungen wie in einem festen Körper sofort überall im Medium zu bemerken. Ein kompressibles Fluid verhält sich jedoch elastisch, d. h. ein verdrängtes Teilchen komprimiert ein benachbartes Partikel, das seine Lage ändert und die Kompression auf das nächste Teilchen weiterleitet etc. Die Störung wandert in Form einer elastischen Welle, einer Druckwelle, durch das Medium. Je fester das Medium ist, desto größer ist die Ausbreitungsgeschwindigkeit der Welle. Wellen, die eine infinitesimale Amplitude aufweisen, werden akustische oder Schallwellen genannt.

Zur Bestimmung der Geschwindigkeit der Schallausbreitung betrachten wir einen Druckpuls, der sich mit der Geschwindigkeit $c$ in ein ruhendes Fluid bewegt.

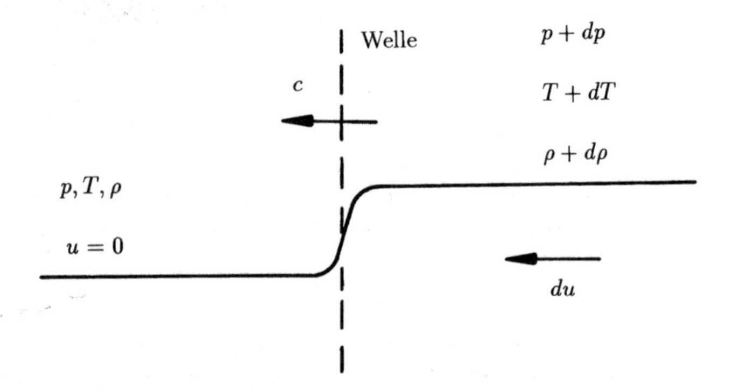


Die Größen vor der Welle sind $p, T, \rho$ und $u = 0$, hinter der Welle $p + dp, T + dT, \rho + d\rho$ und $du \neq 0$. Um ein stationäres Problem zu erhalten, überlagern wir eine Geschwindigkeit $c$, die in die entgegengesetzte Ausbreitungsrichtung weist und vom Betrag mit der Geschwindigkeit der Druckwelle übereinstimmt. In diesem Fall tritt das Fluid mit der Geschwindigkeit $c$ in die Welle ein und verlässt sie mit $c - du$.

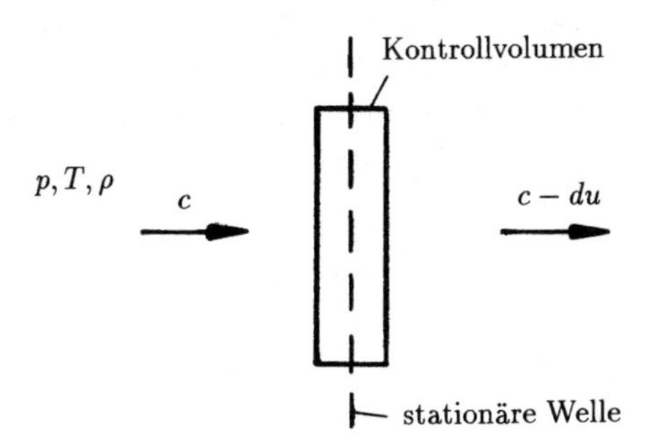


Für den ein- und austretenden Massenstrom über eine Fläche $A$ gilt

$$A\,\rho\,c = A(\rho + d\rho)(c - du) \quad .$$

Wir vernachlässigen die Terme zweiter Ordnung, da die Amplitude klein angenommen wird. Dies führt auf

$$du = c\,\frac{d\rho}{\rho} \quad .$$

Somit ist $du > 0$, sofern $d\rho > 0$. Das heißt eine Kompressionswelle ($d\rho > 0$) ruft eine Geschwindigkeit in Richtung der Wellenausbreitung hervor, eine Expansionswelle ($d\rho < 0$) in die entgegengesetzte Richtung.

Die Impulsgleichung liefert

$$A\,\rho\,c\,(c - du) - A\,\rho\,c\,c = p\,A - (p + dp)\,A$$

bzw.

$$dp = \rho\,c\,du \quad .$$

Eliminiert man $du$ mittels der Massenerhaltung, folgt

$$c^2 = \frac{dp}{d\rho} \quad .$$

Sofern die Amplitude der Welle infinitesimal ist, unterliegt jedes Teilchen einer isentropen Zustandsänderung, da die irrevesible Entropieproduktion dem Quadrat der Geschwindigkeits- und Temperaturgradienten proportional und somit für schwache Wellen vernachlässigbar ist. Daher erhält man die Schallgeschwindigkeit $c$, indem man den Ausdruck $dp/d\rho$ durch die partielle Ableitung bei konstanter Entropie ersetzt

$$c^2 = \left(\frac{\partial p}{\partial \rho}\right)_{s=\text{konst}} \quad .$$

Für ein ideales Gas ergibt sich mit der Isentropenbeziehung $p/\rho^\gamma = \text{konst}$ und der Gasgleichung $p = \rho\, R\, T$

$$\left(\frac{\partial p}{\partial \rho}\right)_s = \text{konst}\ \gamma\ \rho^{\gamma-1} = \frac{p}{\rho^\gamma}\ \gamma\ \rho^{\gamma-1} = \frac{p}{\rho}\ \gamma = \gamma\ R\ T \quad ,$$

so dass

$$c = \sqrt{\gamma\ \frac{p}{\rho}} = \sqrt{\gamma\ R\ T}$$

gilt. Im Falle von Luft bei $15°C$ ist $c = 340$ m/s.

Anhand der Machzahl $M = u/c$ ergibt sich ein Entscheidungskriterium, ob Kompressibilitätseffekte zu berücksichtigen sind. Die eindimensionale Kontinuitätsgleichung lautet

$$u \frac{\partial \rho}{\partial x} + \rho \frac{\partial u}{\partial x} = 0 \quad .$$

Die Annahme der Inkompressibilität erfordert

$$u \frac{\partial \rho}{\partial x} \ll \rho \frac{\partial u}{\partial x}$$

bzw.

$$\frac{\Delta \rho}{\rho} \ll \frac{\Delta u}{u} \quad .$$

Aus der Definition der Schallgeschwindigkeit ergibt sich näherungsweise für die Druckänderungen

$$\Delta p \approx c^2\ \Delta \rho \quad .$$

Weiterhin besagt die Euler-Gleichung

$$u\,\Delta u \;\approx\; \frac{\Delta p}{\rho} \qquad ,$$

so dass

$$\frac{\Delta \rho}{\rho} \;\approx\; \frac{u^2}{c^2}\,\frac{\Delta u}{u} \qquad .$$

Das bedeutet, dass Dichteänderungen vernachlässigbar sind, sofern

$$\frac{u^2}{c^2} \;=\; M^2 \;\ll\; 1$$

ist. Aufgrunddessen werden Strömungen für $M < 0.3$ als inkompressibel angesehen. In der Literatur ist die Grenze nicht eindeutig, sie schwankt i. a. zwischen 0.3 und 0.4.

Kompressible Strömungen werden häufig anhand der Machzahl $M$ in folgende Bereiche eingeteilt.

Inkompressible Strömung: $M < 0.3$, Dichteänderungen aufgrund von Druckvariationen sind zu vernachlässigen.

Subsonische Strömung: $0.3 < M < 1$, die lokale Geschwindigkeit und die Schallgeschwindigkeit $u, c$ sind von vergleichbarer Ordnung, wobei $u < c$. Änderungen von $M$ werden wesentlich durch Änderungen von $u$ bestimmt.

Transonische Strömung: $0.8 < M < 1.2$, die Differenz zwischen $u$ und $c$ ist klein im Vergleich zu $u$ oder $c$. Änderungen in $u$ und $c$ sind von ähnlicher Ordnung.

Supersonische Strömung: $1 < M < 3$, deutliche Änderungen in $u$ und $c$ führen zu Änderungen in $M$.

Hypersonische Strömung: $M > 3$, Änderungen der Machzahl werden überwiegend durch Änderungen in $c$ hervorgerufen. Extreme Geschwindigkeiten $u$ verursachen extreme Temperaturen in der Grenzschicht, wodurch chemische Effekte von Interesse sind.

Das Phänomen, dass sich Störungen in supersonischen Strömungen nur in einem begrenzten Gebiet ausbreiten können, wird anhand einer von einer Punktquelle ausgehenden Druckwelle erläutert. Die Druckwellen breiten sich mit der Geschwindigkeit $c$ kugelförmig aus. Der Radius $r$ der zum Zeitpunkt $t_w$ initiierten Welle zur Zeit $t$ ist

$$r = (t - t_w)\, c \qquad .$$

Im Falle einer stationären Punktquelle sind die Druckwellen konzentrische Kreise. Wird die Punktquelle mit einer konstanten Geschwindigkeit nach links bewegt, ergeben sich abhängig von der Machzahl $M = u/c$ verschiedene Wellenmuster.

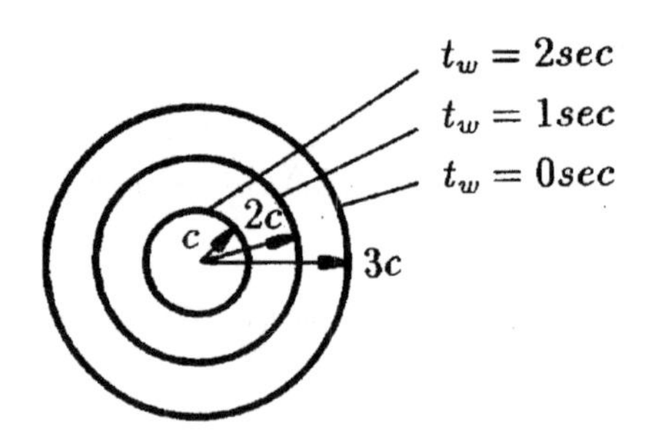


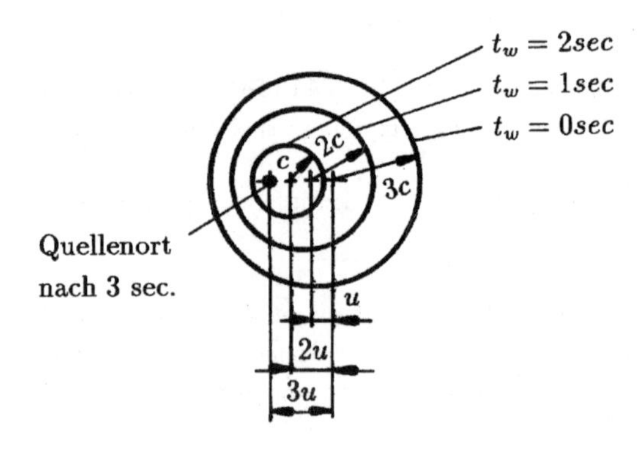

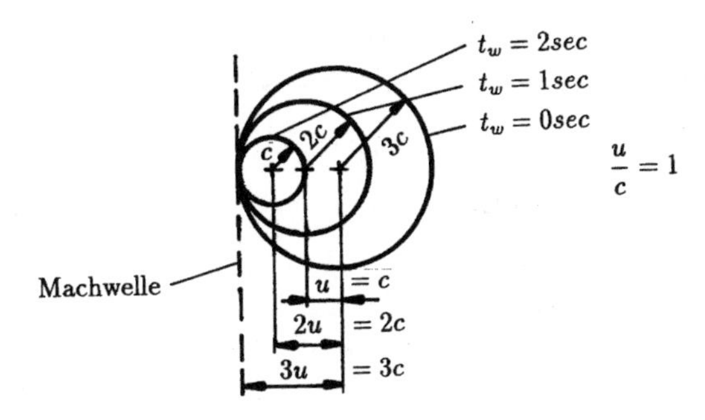


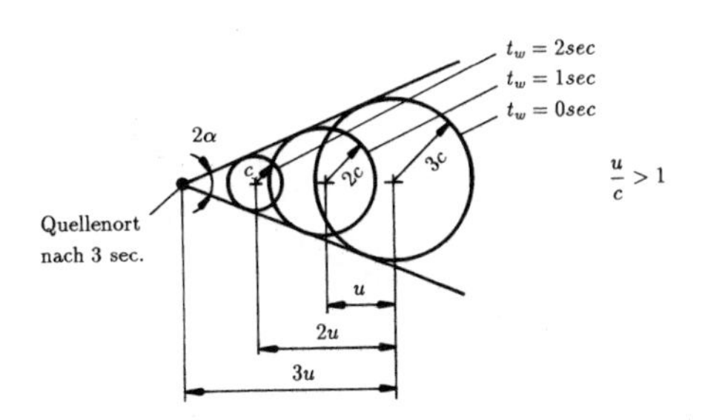


Im Falle $u/c < 1$ breitet sich der Schall schneller aus, als sich die Punktquelle bewegt. Ein stationärer Beobachter nimmt abhängig von seinem Standort unterschiedliche Frequenzen wahr, da das Wellenmuster asymmetrisch ist. Dies entspricht dem sogenannten Dopplereffekt.

Ist $M = u/c = 1$, existieren keine Druckwellen stromauf der Punktquelle. Die Strömung wird sonisch genannt. Links von der Machwelle sind keine Störungen vorhanden, dort herrscht Ruhe. Sofern die Strömung supersonisch ist $M = u/c > 1$, breiten sich die Druckstörungen innerhalb eines Kegels, des Machkegels, aus. Außerhalb des Machkegels werden keine Störungen bemerkt. Die Kontur dieses Kegels ist die Einhüllende, die sich tangential an die Druckwellen legt. Der Öffnungswinkel des Kegels beträgt

$$\sin\alpha = \frac{c}{u} = \frac{1}{M} \quad .$$

Somit ist es möglich, im Falle supersonischer Strömungen die Machzahl anhand des Öffnungswinkels $\alpha$, der auch als Machscher Winkel bezeichnet wird, zu bestimmen.

## 19.2 Hugoniot-Gleichung

Anhand der isentropen Strömung durch ein Rohr mit veränderlichem Querschnitt können einige interessante Konsequenzen der Kompressibilität verdeutlicht werden. Die Kontinuitätsgleichung lautet

$$\dot{m} = \rho\, u\, A = \text{konst} \quad .$$

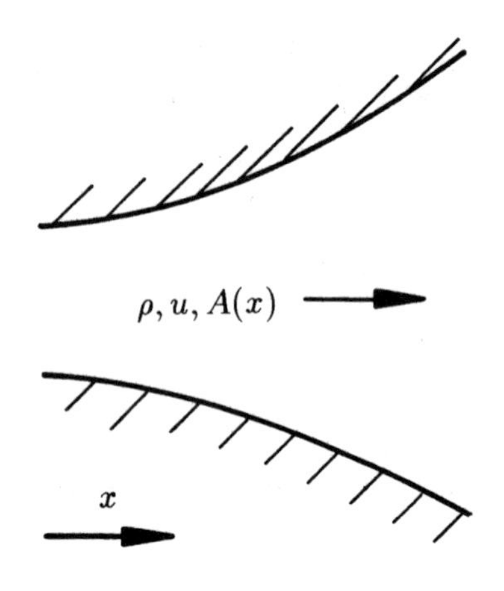


Die Differentiation der logarithmierten Kontinuitätsgleichung

$$\ln \rho + \ln u + \ln A = \text{konst}$$

liefert

$$\frac{d\rho}{\rho} + \frac{du}{u} + \frac{dA}{A} = 0 \quad .$$

Für reibungsfreie Strömungen ergibt die Euler-Gleichung

$$u\,du = -\frac{dp}{\rho} = -\frac{dp}{d\rho}\frac{d\rho}{\rho} = -c^2\frac{d\rho}{\rho} \quad ,$$

wobei wir auf die Gültigkeit von $c^2 = dp/d\rho$ in einer isentropen Strömung zurückgegriffen haben. Setzt man

$$\frac{d\rho}{\rho} = -M^2\frac{du}{u}$$

in die differenzierte Kontinuitätsgleichung ein, erhält man

$$\frac{du}{u} = -\frac{dA}{A}\frac{1}{1-M^2} \quad .$$

Aus dieser Flächen-Geschwindigkeits-Beziehung, die als Hugoniot-Gleichung bezeichnet wird, lassen sich folgende Schlüsse ziehen.

Bei subsonischer Strömung bewirkt eine Querschnittsabnahme eine Geschwindigkeitszunahme. Eine subsonische Düse ist demnach konvergent, ein Unterschalldiffusor divergent geformt. Für $M > 1$ ändert der Ausdruck $1 - M^2$ sein Vorzeichen. Dadurch entspricht eine Flächenvergrößerung einer Geschwindigkeitserhöhung. Dies ist der Fall, da für $M > 1$ die Dichte schneller abnimmt als die Geschwindigkeit wächst $d\rho/\rho = -M^2\,du/u$, so dass die Fläche in einer beschleunigenden Strömung zunehmen muss, um $A\,\rho\,u =$ konst zu erfüllen. Der supersonische Teil einer Düse ist divergent, derjenige eines Diffusors konvergent.

Beim Übergang vom konvergenten zum divergenten Düsenteil ist die Machzahl 1, denn $du$ kann im Hals nur für $M = 1$ ungleich null sein. Das heißt lediglich im Halsquerschnitt einer Düse oder eines Diffusors kann $M = 1$ erreicht werden. Abhängig von den Randbedingungen kann die Geschwindigkeit im $dA = 0$ Querschnitt jedoch auch größer oder kleiner als die Schallgeschwindigkeit sein; in diesem Fall weist die Geschwindigkeit in diesem Querschnitt ein lokales Extremum ($du = 0$) auf.

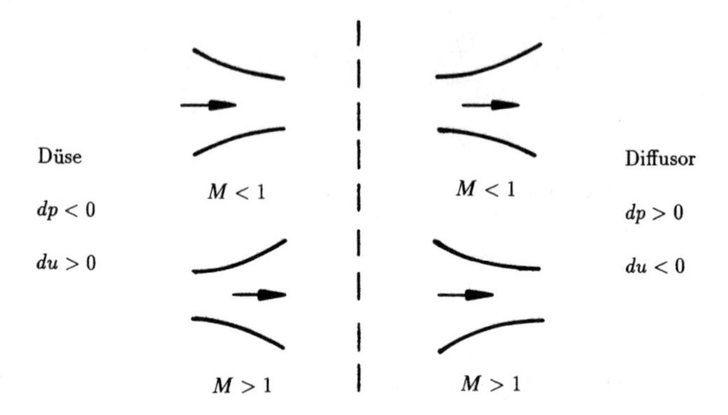


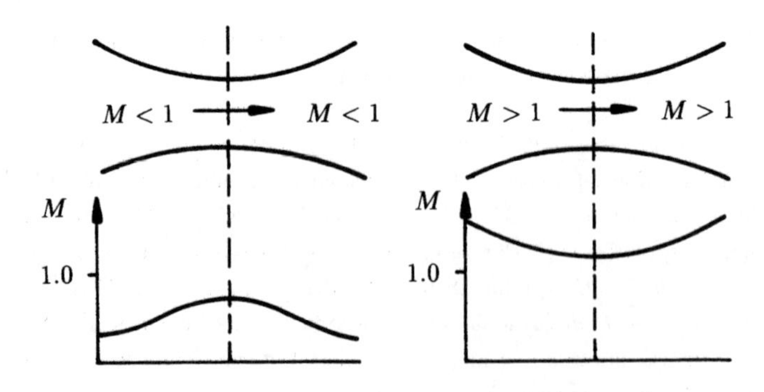


## 19.3 Ruhe- und kritische Größen

Bei der Berechnung kompressibler Strömungen hat sich der Ruhezustand als sinnvoller Referenzzustand erwiesen. Dabei ist der Zustand, der bei isentroper Verzögerung der Strömung auf die Geschwindigkeit null erreicht wird, als Ruhezustand definiert. Die Größen in diesem Bezugszustand werden mit dem Index 0 versehen.

In adiabater Strömung ist die Energiegleichung

$$h + \frac{u^2}{2} = \text{konst} \quad .$$

Angewendet auf den Ruhezustand erhält man

$$h_0 = h + \frac{u^2}{2} \quad .$$

Dies ergibt für ein ideales Gas mit $h = c_p\,T$

$$c_p\,T_0 = c_p\,T + \frac{u^2}{2}$$

bzw. mit $c_p = \gamma R/(\gamma - 1)$

$$\begin{aligned} \frac{T_0}{T} &= 1 + \frac{u^2}{2\,c_p\,T} = 1 + \frac{u^2}{2}\,\frac{\gamma - 1}{\gamma\,R\,T} \\ \frac{T_0}{T} &= 1 + \frac{\gamma - 1}{2}\,M^2 \quad . \end{aligned}$$

Anhand der Isentropenbeziehungen $p_0/p = (T_0/T)^{\frac{\gamma}{\gamma-1}}$ und $\rho_0/\rho = (T_0/T)^{\frac{1}{\gamma-1}}$ lassen sich die Ausdrücke $p_0/p$ sowie $\rho_0/\rho$ als Funktion der Machzahl darstellen

$$\begin{aligned} \frac{p_0}{p} &= \left(\frac{T_0}{T}\right)^{\frac{\gamma}{\gamma-1}} = \left[1 + \frac{\gamma - 1}{2}\,M^2\right]^{\frac{\gamma}{\gamma-1}} \\ \frac{\rho_0}{\rho} &= \left(\frac{T_0}{T}\right)^{\frac{1}{\gamma-1}} = \left[1 + \frac{\gamma - 1}{2}\,M^2\right]^{\frac{1}{\gamma-1}} \quad . \end{aligned}$$

In einer allgemeinen Strömung können die Ruhegrößen im gesamten Strömungsfeld variieren. Ist die Strömung jedoch adiabat, nicht unbedingt isentrop, gilt $h + u^2/2 = \text{konst}$, so dass $h_0, T_0$ und auch die Schallgeschwindigkeit im Ruhezustand $c_0 = \sqrt{\gamma R T_0}$ konstant sind, selbst wenn Reibung zu berücksichtigen ist.

Weiterhin liefert die Energiegleichung einen Zusammenhang zwischen Geschwindigkeit und Druck

$$\begin{aligned} c_p\,T + \frac{u^2}{2} &= c_p\,T_0 \\ u^2 &= \frac{2\gamma}{\gamma-1}\,R\,T_0\left(1 - \frac{T}{T_0}\right) \\ u &= \left\{\frac{2\gamma}{\gamma-1}\,\frac{p_0}{\rho_0}\left[1 - \left(\frac{p}{p_0}\right)^{\frac{\gamma-1}{\gamma}}\right]\right\}^{\frac{1}{2}} \quad . \end{aligned}$$

Sofern der Gegendruck verschwindet, d. h. Vakuum vorliegt, wird die maximale Geschwindigkeit $u_{\max}$

$$u_{\max} = \left[\frac{2\gamma}{\gamma - 1}\,\frac{p_0}{\rho_0}\right]^{\frac{1}{2}}$$

erreicht. Dividiert man den Ausdruck für die Geschwindigkeit $u$ durch die Schallgeschwindigkeit $c$, ergibt sich die Machzahl in Abhängigkeit vom Druck

$$M = \left(\frac{u^2}{c^2}\right)^{\frac{1}{2}} = \left(\frac{u^2}{\gamma\,R\,T}\right)^{\frac{1}{2}} = \left\{\frac{2}{\gamma - 1}\left[\left(\frac{p_0}{p}\right)^{\frac{\gamma-1}{\gamma}} - 1\right]\right\}^{\frac{1}{2}} \quad ,$$

die im Vakuum $p \to 0$ gegen unendlich geht $M \to \infty$.

Die Hugoniot-Gleichung besagt, dass bei ausreichend niedrigem Gegendruck die Geschwindigkeit im Halsquerschnitt der Schallgeschwindigkeit entspricht, d. h. $M = 1$ ist. Neben dem Ruhezustand ist dieser „$M = 1$ Zustand“, der als kritischer Zustand bezeichnet wird, als weiterer Referenzzustand geeignet, da die dort herrschende Schallgeschwindigkeit eine für die gesamte isentrope Strömung konstante Größe ist. Der kritische Zustand wird mit $*$ bezeichnet. Sofern $M = 1$ im engsten Querschnitt erreicht wird, ergeben sich folgende Verhältnisse der kritischen und Ruhegrößen

$$\begin{aligned} \frac{T^*}{T_0} &= \frac{2}{\gamma + 1} \quad , \\ \frac{p^*}{p_0} &= \left(\frac{T^*}{T_0}\right)^{\frac{\gamma}{\gamma - 1}} = \left(\frac{2}{\gamma + 1}\right)^{\frac{\gamma}{\gamma - 1}} \quad , \\ \frac{\rho^*}{\rho_0} &= \left(\frac{T^*}{T_0}\right)^{\frac{1}{\gamma - 1}} = \left(\frac{2}{\gamma + 1}\right)^{\frac{1}{\gamma - 1}} \quad , \end{aligned}$$

so dass sich die ∗-Größen von den Ruhewerten lediglich durch verschiedene Konstanten unterscheiden. Für Luft mit $\gamma = 1.4$ erhält man

$$\frac{T^*}{T_0} = 0.833 \quad , \quad \frac{p^*}{p_0} = 0.528 \quad , \quad \frac{\rho^*}{\rho_0} = 0.634 \quad .$$

Anhand der Massenerhaltung kann eine Beziehung zwischen dem Verhältnis der kritischen zur lokalen Fläche $A^*/A$ und der lokalen Machzahl $M$ aufgestellt werden.

$$\begin{aligned} \rho\, u\, A &= \rho^*\, u^*\, A^* \\ \frac{A^*}{A} &= \frac{\rho}{\rho^*}\,\frac{u}{u^*} \\ \frac{A^*}{A} &= \frac{\rho}{\rho_0}\,\frac{\rho_0}{\rho^*}\,\frac{u}{c}\,\frac{c}{c_0}\,\frac{c_0}{u^*} \quad . \end{aligned}$$

Mit

$$\frac{\rho}{\rho_0} = f(M), \qquad \frac{\rho_0}{\rho^*} = f(\gamma), \qquad M = \frac{u}{c},$$

$$\frac{c}{c_0} = \left(\frac{T}{T_0}\right)^{\frac{1}{2}} = f(M), \qquad \frac{c_0}{u^*} = \frac{c_0}{c^*} = \left(\frac{T_0}{T^*}\right)^{\frac{1}{2}} = f(\gamma)$$

erhält man

$$\begin{aligned} \frac{\rho}{\rho_0}\,\frac{\rho_0}{\rho^*} &= \frac{1}{\left[\left(1 + \frac{\gamma - 1}{2}\, M^2\right)\frac{2}{\gamma + 1}\right]^{\frac{1}{\gamma - 1}}} \\ \left(\frac{T}{T_0}\,\frac{T_0}{T^*}\right)^{\frac{1}{2}} &= \frac{1}{\left[\left(1 + \frac{\gamma - 1}{2}\, M^2\right)\frac{2}{\gamma + 1}\right]^{\frac{1}{2}}} \end{aligned}$$

bzw.

$$\frac{A^*}{A} = \frac{M}{\left[\left(1 + \frac{\gamma - 1}{2}\, M^2\right)\frac{2}{\gamma + 1}\right]^{\frac{\gamma + 1}{2(\gamma - 1)}}} \quad .$$

Mit Hilfe von

$$\frac{\rho_0}{\rho^*}\left(\frac{T_0}{T^*}\right)^{\frac{1}{2}} = \frac{1}{\left(\frac{2}{\gamma + 1}\right)^{\frac{\gamma + 1}{2(\gamma - 1)}}}$$

$$\frac{\rho}{\rho_0}\cdot\left(\frac{T}{T_0}\right)^{\frac{1}{2}} = \left(\frac{p}{p_0}\right)^{\frac{1}{\gamma}}\left(\frac{p}{p_0}\right)^{\frac{\gamma - 1}{2\gamma}}$$

$$M = \left(\frac{2}{\gamma - 1}\right)^{\frac{1}{2}}\left(\frac{p_0}{p}\right)^{\frac{\gamma - 1}{2\gamma}}\left[1 - \left(\frac{p}{p_0}\right)^{\frac{\gamma - 1}{\gamma}}\right]^{\frac{1}{2}}$$

ergibt sich ebenfalls der Zusammenhang $A^*/A = f(\gamma, p/p_0)$

$$\frac{A^*}{A} = \frac{\left(\frac{p}{p_0}\right)^{\frac{1}{\gamma}}\left[1 - \left(\frac{p}{p_0}\right)^{\frac{\gamma - 1}{\gamma}}\right]^{\frac{1}{2}}}{\left[\frac{\gamma - 1}{2}\left(\frac{2}{\gamma + 1}\right)^{\frac{\gamma + 1}{\gamma - 1}}\right]^{\frac{1}{2}}} \quad .$$

Für $p/p_0 \to 1$ bzw. $M \to 0$ ist $A^*/A = 0$, erreicht den maximalen Wert $A^*/A = 1$ bei $M = 1$ bzw. $p/p_0 = p^*/p_0 = 0.528$ und strebt wiederum gegen null für $p/p_0 \to 0$ bzw. $M \to \infty$.

Der Halsquerschnitt $A^*$ muss nicht notwendigerweise tatsächlich existieren. Die kritischen Variablen sind als Bezugsgrößen zu verwenden, wenn die Strömung den sonischen Zustand isentrop erreicht. Solange die Isentropiebedingung nicht verletzt wird, bleibt der kritische Querschnitt konstant.

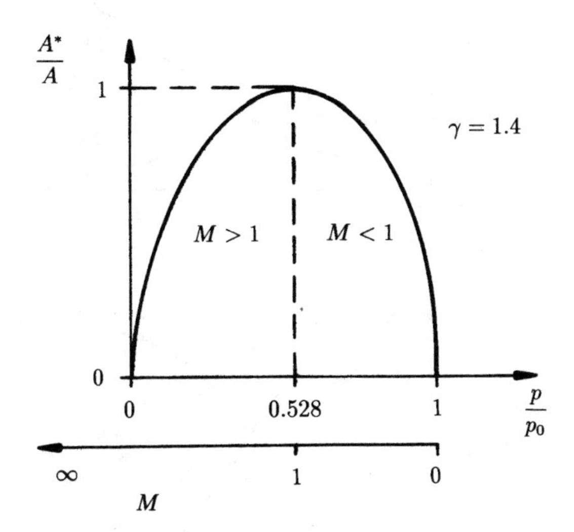


Anhand des Querschnittsverhältnisses $A^*/A$ kann die Verteilung der Machzahl und der Verlauf des Druckverhältnisses und des Temperaturverhältnisses für ein Fluid bestimmt werden. Für einen Radius $r$ von

$$r = \left[\left(0.1 + x^2\right)/\pi\right]^{\frac{1}{2}}$$

sind diese Verläufe im Folgenden beispielhaft dargestellt.

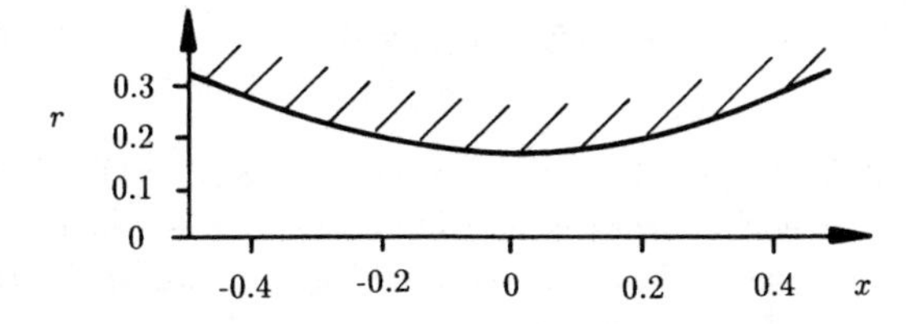

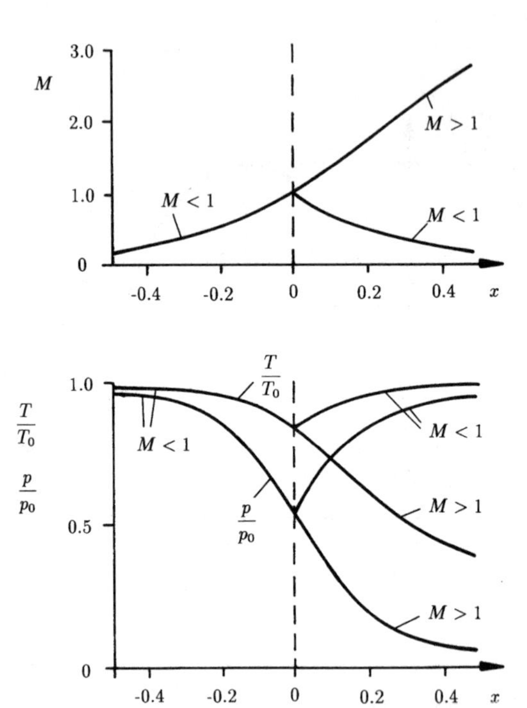


Der Bereich, der zwischen $p/p_0(M > 1)$ und $p/p_0(M < 1)$ liegt, kann durch keine isentrope Strömung erreicht werden. Sofern der Gegendruck in diesem Intervall liegt, ändern sich die Zustandsgrößen $p, \rho, T$ sprungartig. Dieses Phänomen wird Verdichtungstoß genannt.

## 19.4 Senkrechter Verdichtungsstoß

Ein Verdichtungsstoß – auch Stoßwelle genannt – ist einer Schallwelle ähnlich. Er kann als Diskontinuität mit einer endlichen Stärke aufgefasst werden. Die starken Gradienten haben eine Entropieproduktion zur Folge, so dass die Isentropenbeziehungen über den Stoß nicht mehr gültig sind.

Um Beziehungen zwischen den Zuständen vor und hinter dem Stoß, der senkrecht zur Strömungsrichtung angenommen wird, abzuleiten, betrachten wir ein infinitesimal dünnes Kontrollvolumen, d. h. die Änderung der Fläche zwischen Zustand 1 und Zustand 2 kann vernachlässigt werden.

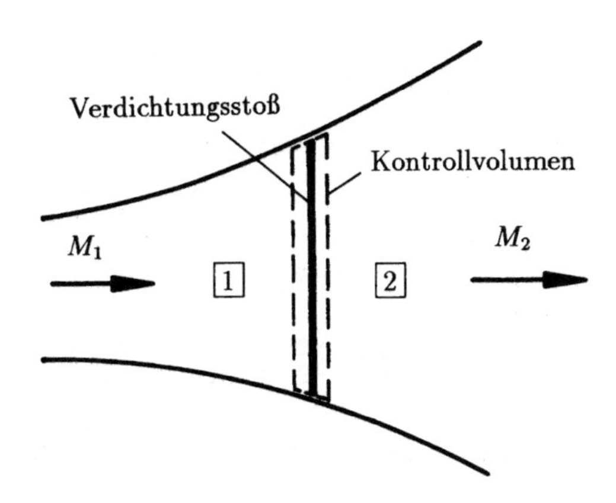


Die Gleichungen der Massen-, Impuls- und Energieerhaltung lauten

$$\rho_1\, u_1 = \rho_2\, u_2$$
$$\rho_2\, u_2^2 - \rho_1\, u_1^2 = p_1 - p_2$$
$$h_1 + \frac{u_1^2}{2} = h_2 + \frac{u_2^2}{2} \quad .$$

Zur Berechnung der Geschwindigkeitsänderung über den senkrechten Verdichtungsstoß formen wir die Impulsgleichung mit $\rho u$ um

$$u_2 - u_1 = \frac{p_1}{\rho_1\, u_1} - \frac{p_2}{\rho_2\, u_2} = \frac{c_1^2}{\gamma\, u_1} - \frac{c_2^2}{\gamma\, u_2}$$

bzw.

$$\gamma(u_2 - u_1) = \left(\frac{c_1}{u_1}\right)^2 u_1 - \left(\frac{c_2}{u_2}\right)^2 u_2 \quad .$$

Als Bezugszustand greifen wir auf den Schallzustand zurück. In diesem lautet die Energiegleichung

$$\frac{u^2}{2} + \frac{c^2}{\gamma - 1} = c^{*2}\frac{\gamma + 1}{\gamma - 1}\frac{1}{2} \quad ,$$

woraus sich ein Zusammenhang zwischen der Machzahl $M$ und der kritischen Machzahl $M^*$ ergibt

$$\begin{aligned} \left(\frac{c^*}{u}\right)^2 &= \left[\left(\frac{c}{u}\right)^2 + \frac{\gamma - 1}{2}\right]\frac{2}{\gamma + 1} \\ M^{*2} &= \frac{\gamma + 1}{(\gamma - 1) + \frac{2}{M^2}} \quad . \end{aligned}$$

Man erkennt, dass für $M = 0$ $M^* = 0$ ist, für $M = 1$ $M^* = 1$ ist und für $M \to \infty$ $M^*$ begrenzt ist, d. h.

$$\lim_{M \to \infty} M^{*2} = \frac{\gamma + 1}{\gamma - 1} \quad .$$

Darüber hinaus gilt, dass im Unterschall $M^* < 1$ und im Überschall $M^* > 1$ ist.

Ersetzt man die Kehrwerte der Machzahlen der Zustände 1 und 2, erhält man für die umgeformte Impulsgleichung

$$\begin{aligned} \gamma(u_2 - u_1) &= u_1\left[\left(\frac{c^*}{u_1}\right)^2\frac{\gamma + 1}{2} - \frac{\gamma - 1}{2}\right] - u_2\left[\left(\frac{c^*}{u_2}\right)^2\frac{\gamma + 1}{2} - \frac{\gamma - 1}{2}\right] \\ (u_2 - u_1)\frac{\gamma + 1}{2} &= c^{*2}\left(\frac{1}{u_1} - \frac{1}{u_2}\right)\frac{\gamma + 1}{2} \end{aligned}$$

bzw.

$$\begin{aligned} c^{*2} &= u_1\, u_2 \\ M_1^*\, M_2^* &= 1 \quad . \end{aligned}$$

Dabei wurde berücksichtigt, dass $h_0$ bzw. $T_0$ und demnach ebenfalls $T^*$ bzw. $c^*$ über die Stoßwelle konstant sind, somit stromauf und stromab vom Verdichtungsstoß den gleichen Wert aufweisen. Da vor dem Verdichtungsstoß die Strömung supersonisch ist $M_1^* > 1$, herrscht hinter dem senkrechten Verdichtungsstoß stets subsonische Strömung $M_2^* = 1/M_1^* < 1$.

Das Verhältnis der Dichten über den Stoß $\rho_2/\rho_1$ ergibt sich aus der Kontinuitätsgleichung und der Definition der kritischen Machzahl $M^*$

$$\frac{\rho_2}{\rho_1} = \frac{u_1}{u_2} = \frac{u_1^2}{u_1\, u_2} = \frac{u_1^2}{c^{*2}} = M_1^{*2} = \frac{(\gamma + 1)M_1^2}{(\gamma - 1)\, M_1^2 + 2} \quad .$$

Die Impulsgleichung liefert nach Division durch $p_1$ sowie nach Einführung des Geschwindigkeitsverhältnisses $u_2/u_1$

$$\begin{aligned} \frac{p_2}{p_1} &= 1 + \gamma\, M_1^2 \left(1 - \frac{u_2}{u_1}\right) \\ &= 1 + \gamma\, M_1^2 \left(1 - \frac{(\gamma - 1) + \dfrac{2}{M_1^2}}{\gamma + 1}\right) \\ &= 1 + \frac{2\gamma}{\gamma + 1}\left(M_1^2 - 1\right) \quad . \end{aligned}$$

Verwendet man die ideale Gasgleichung, ergibt sich für das Temperaturverhältnis

$$\frac{T_2}{T_1} = \frac{\rho_1}{\rho_2}\frac{p_2}{p_1} = 1 + \frac{2(\gamma - 1)}{(\gamma + 1)^2}\,\frac{\gamma M_1^2 + 1}{M_1^2}\,(M_1^2 - 1) \quad ,$$

während sich die Machzahl $M_2$ hinter dem Stoß aus

$$M_1^{*2}\, M_2^{*2} = 1$$

zu

$$M_2^2 = \frac{2 + (\gamma - 1)\, M_1^2}{2\gamma M_1^2 - (\gamma - 1)}$$

berechnet.

Somit können die Verhältnisse der thermischen Zustandsgrößen sowie die Machzahl hinter dem senkrechten Verdichtungsstoß unmittelbar bei Kenntnis der Machzahl vor der Stoßwelle bestimmt werden. Diese Gleichungen werden Rankine-Hugoniot-Beziehungen genannt.

Eine Aussage über die Entropieänderung erhält man aus der $Tds$-Beziehung

$$T\,ds = dh - \frac{1}{\rho}\,dp \quad .$$

Die Integration ergibt

$$\frac{s_2 - s_1}{R} = \frac{c_p}{R}\ln\left(\frac{T_2}{T_1}\right) - \ln\frac{p_2}{p_1}$$

eine Gleichung für die Entropiedifferenz als Funktion der Machzahl vor dem Verdichtungsstoß

$$\frac{s_2 - s_1}{R} = \ln\left[\left(\frac{\rho_2}{\rho_1}\right)^{-\frac{\gamma}{\gamma-1}}\left(\frac{p_2}{p_1}\right)^{\frac{1}{\gamma-1}}\right]$$

$$\frac{s_2 - s_1}{R} = \ln\left\{\left[\frac{(\gamma+1)\,M_1^2}{(\gamma-1)\,M_1^2+2}\right]^{-\frac{\gamma}{\gamma-1}}\left[1+\frac{2\gamma}{\gamma+1}\,(M_1^2-1)\right]^{\frac{1}{\gamma-1}}\right\} \quad .$$

Anhand der Forderung $s_2 - s_1 > 0$ erkennt man, dass Verdichtungsstöße nur in supersonischen Strömungen auftreten können. Darüber hinaus zeigt $s_2 - s_1 > 0$ aufgrund von

$$s_2 - s_1 = s_{0_2} - s_{0_1} = c_p \ln\frac{T_{0_2}}{T_{0_1}} - R\,\ln\frac{p_{0_2}}{p_{0_1}} \quad ,$$

dass der Ruhedruck über den Stoß abnehmen muss $p_{0_2} < p_{0_1}$, da $T_{0_1} = T_{0_2} = T_0$ eine Erhaltungsgröße in adiabater Strömung darstellt, so dass der Logarithmus des Ruhetemperaturverhältnisses verschwindet. Weiterhin folgt aus der idealen Gasgleichung, dass aufgrund der Konstanz der Ruhetemperatur $T_0$ in einer „Stoßströmung" neben dem Ruhedruck $p_0$ auch die Ruhedichte $\rho_0$ über die Stoßwelle abnehmen muss. Je größer die Machzahl vor dem Stoß, desto größer der Ruhedruckverlust bzw. die Entropieerhöhung, desto deutlicher der Energieverlust.

Aufgrund des zweiten Gesetzes der Thermodynamik muss die Entropie über einen Stoß ansteigen. Welche physikalischen Erscheinungen sind jedoch verantwortlich für diese Erhöhung? Ein Verdichtungsstoß besitzt eine Dicke, die in der Größenordnung der mittleren freien Weglänge ist. Das heißt die Änderungen der Zustandsgrößen, der Geschwindigkeiten etc. verlaufen innerhalb des Stoßes nahezu diskontinuierlich. Die Geschwindigkeits- und Temperaturgradienten sind extrem groß, wodurch die Reibung und Wärmeleitung sehr ausgeprägt in der Stoßwelle auftreten. Diese Mechanismen sind dissipativ und irreversibel, sie erhöhen immer die Entropie. Demnach führt Reibung und Wärmeleitung innerhalb der Stoßfront zum Entropiezuwachs.

## 19.5 Schräger Verdichtungsstoß

In den meisten Fällen sind Verdichtungsstöße nicht orthogonal zur Strömung ausgerichtet, sondern sie sind gegenüber der Strömungsrichtung geneigt. Man spricht anstatt von senkrechten oder normalen Verdichtungsstößen von schrägen Verdichtungsstößen. Unter Berücksichtigung der Bezeichnungen in folgender Darstellung

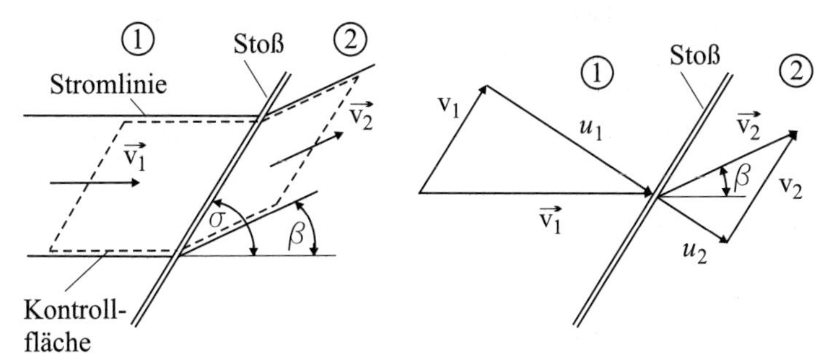


lauten die Kontinuitätsgleichung, die Impulsgleichungen und die Energiegleichung über den schrägen Verdichtungsstoß

Kontinuität

$$\rho_1 u_1 = \rho_2 u_2$$

Impulssatz tangential zum Verdichtungsstoß

$$\rho_1 u_1 v_1 = \rho_2 u_2 v_2$$

Impulssatz normal zum Verdichtungsstoß

$$\rho_2 u_2^2 - \rho_1 u_1^2 = p_1 - p_2$$

Energiesatz

$$\frac{||\vec{v_2}||^2}{2} - \frac{||\vec{v_1}||^2}{2} = c_p(T_1 - T_2) \quad .$$

Der Impulssatz in tangentialer Richtung zeigt, dass die tangential zum Verdichtungsstoß verlaufende Geschwindigkeitskomponente über den Verdichtungsstoß konstant ist. Demnach ist es ohne Einschränkung der Allgemeinheit möglich, die Analyse über den schrägen Verdichtungsstoß derart vorzunehmen, dass man der Strömung stromauf (Zustand 1) und stromab (Zustand 2) eines senkrechten Verdichtungsstoßes ein Geschwindigkeitsfeld $v = v_1 = v_2$ parallel zum Verdichtungsstoß überlagert.

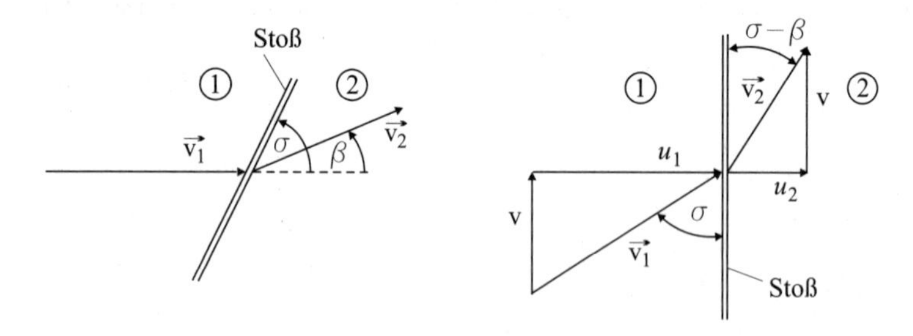


Die Geschwindigkeit im Zustand 1 ist

$$||\vec{v_1}|| = \sqrt{u_1^2 + v^2} \quad ,$$

sie bildet mit dem Verdichtungsstoß den Stoßwinkel $\sigma$

$$\sigma = \tan^{-1}(u_1/v) \quad .$$

Stromab vom Stoß beträgt die Geschwindigkeit

$$||\vec{v_2}|| = \sqrt{u_2^2 + v^2} \quad .$$

Der Winkel zwischen $\vec{v_2}$ und dem Stoß ist

$$\sigma - \beta = \tan^{-1}(u_2/v) \qquad ,$$

wobei $\beta$ als Umlenkwinkel bezeichnet wird. Die Umlenkung wird aufgrund von $u_2 < u_1$ hervorgerufen, wodurch die Strömung um den Winkel $\beta$ zum Stoß hin abgelenkt wird.

Für die Machzahlen normal zum Verdichtungsstoß erhält man

$$\begin{aligned} M_{n1} &= u_1/c_1 = M_1 \sin\sigma > 1 \\ M_{n2} &= u_2/c_2 = M_2 \sin(\sigma - \beta) < 1 \qquad . \end{aligned}$$

Da die Überlagerung des uniformen Geschwindigkeitsfeldes keine Auswirkungen auf die statischen Eigenschaften der Strömung hat, können die für den normalen Verdichtungsstoß abgeleiteten Ergebnisse für die Druck-, Dichte-, Temperatur- und Entropieänderung auf den schrägen Verdichtungsstoß übertragen werden, sofern die Machzahl $M_1$ durch $M_{n1}$ bzw. $M_1 \sin\sigma$ ersetzt wird. Demnach liefert die Analyse der Erhaltungsgleichungen folgende Verhältnisse für den schrägen Verdichtungsstoß

$$\begin{aligned} \frac{p_2}{p_1} &= 1 + \frac{2\gamma}{\gamma+1}(M_1^2 \sin^2\sigma - 1) \\ \frac{\rho_2}{\rho_1} &= \frac{(\gamma+1)M_1^2 \sin^2\sigma}{(\gamma-1)M_1^2 \sin^2\sigma + 2} = \frac{u_1}{u_2} = \frac{\tan\sigma}{\tan(\sigma-\beta)} \\ \frac{T_2}{T_1} &= 1 + \frac{2(\gamma-1)}{(\gamma+1)^2} \frac{\gamma M_1^2 \sin^2\sigma + 1}{M_1^2 \sin^2\sigma}(M_1^2 \sin^2\sigma - 1) \\ \frac{s_2 - s_1}{R} &= \ln\left[\left(\frac{\rho_2}{\rho_1}\right)^{-\frac{\gamma}{\gamma-1}} \left(\frac{p_2}{p_1}\right)^{\frac{1}{\gamma-1}}\right] \qquad . \end{aligned}$$

Die Verallgemeinerung der Beziehung für das Produkt der Normalkomponenten der Geschwindigkeit, die sogenannte Prandtl-Beziehung, folgt aus dem Energiesatz

$$c_p T_1 + \frac{u_1^2 + v^2}{2} = c_p T_2 + \frac{u_2^2 + v^2}{2} = c_p T_0 \qquad .$$

Mit $c_p = \gamma R/(\gamma - 1)$ ergibt sich

$$\frac{\gamma}{\gamma-1}\ \frac{p_1}{\rho_1} + \frac{u_1^2 + v^2}{2} = \frac{\gamma}{\gamma-1}\ \frac{p_2}{\rho_2} + \frac{u_2^2 + v^2}{2} = \frac{\gamma}{\gamma-1}\ \frac{p_0}{\rho_0} \qquad .$$

Berücksichtigt man den Zusammenhang zwischen Ruhe- und kritischen Größen

$$c^{*2}\frac{\gamma+1}{2(\gamma-1)} = c_0^2\frac{1}{\gamma-1} = \frac{\gamma}{\gamma-1}\ \frac{p_0}{\rho_0}$$

erhält man für $p_1$ und $p_2$

$$p_1 = \rho_1\left[\frac{\gamma+1}{2\gamma}c^{*2} - \frac{\gamma-1}{2\gamma}(u_1^2+v^2)\right]$$
$$p_2 = \rho_2\left[\frac{\gamma+1}{2\gamma}c^{*2} - \frac{\gamma-1}{2\gamma}(u_2^2+v^2)\right] \quad ,$$

wodurch die Druckdifferenz im Impulssatz in Normalenrichtung ausgedrückt wird

$$\rho_1\left[\frac{\gamma+1}{2\gamma}(u_1^2+c^{*2}) - \frac{\gamma-1}{2\gamma}v^2\right] = \rho_2\left[\frac{\gamma+1}{2\gamma}(u_2^2+c^{*2}) - \frac{\gamma-1}{2\gamma}v^2\right] \quad .$$

Unter Verwendung der Kontinuitätsgleichung folgt die Prandtl-Beziehung

$$u_2 u_1 = c^{*2} - \frac{\gamma-1}{\gamma+1}v^2 \quad ,$$

die für $v = 0$ in die für den senkrechten Verdichtungsstoß aufgestellte Gleichung $u_2 u_1 = c^{*^2}$ übergeht, die besagt, dass hinter einem senkrechten Verdichtungsstoß Unterschallströmung herrscht. Eine Beziehung zwischen den Machzahlen stromauf und stromab des Verdichtungsstoßes ergibt sich, wenn man in der Gleichung für den senkrechten Stoß $M_2 = f(M_1,\gamma)$, $M_1$ und $M_2$ jeweils durch die Normalkomponenten der Machzahlen $M_1 \sin\sigma$ und $M_2\sin(\sigma-\beta)$ ersetzt

$$M_2^2\sin^2(\sigma-\beta) = \frac{(\gamma-1)M_1^2\sin^2\sigma + 2}{2\gamma M_1^2\sin^2\sigma - (\gamma-1)} \quad .$$

Aus dem Dichteverhältnis $\rho_2/\rho_1$ erhält man bei Einführung des Additionstheorems für $\tan(\sigma-\beta)$

$$\tan(\sigma-\beta) = \frac{\tan\sigma - \tan\beta}{1+\tan\sigma\ \ \tan\beta} \quad ,$$

für eine gegebene Machzahl $M_1$ einen Zusammenhang zwischen dem Umlenkwinkel $\beta$ und dem Stoßwinkel $\sigma$

$$\tan\beta = 2\cot\sigma\frac{M_1^2\sin^2\sigma - 1}{M_1^2(\gamma + \cos 2\sigma) + 2} \quad .$$

Die Kurven in der Darstellung zeigen die Größe $\beta$ als Funktion von $\sigma$, unter Berücksichtigung der Machzahl der Anströmung $M_1$ als Parameter. Die Machzahl hinter dem Verdichtungsstoß $M_2$ variiert entlang der Kurve, wobei der Ort für $M_2 = 1$ angegeben ist. Anhand des Diagramms wird eine maximale Umlenkung $\beta_{\mathrm{max}}$ für eine bestimmte Machzahl $M_1$ deutlich. Zum Beispiel beträgt sie für $M_1 = 2$ $\beta_{\mathrm{max}} = 23°$. Die Umlenkung verschwindet $\beta = 0$, sofern $\sigma = \pi/2$ ist, d. h. für den senkrechten Verdichtungsstoß, und für $\sigma = \alpha = \sin^{-1}(1/M_1)$, d. h. wenn der Stoßwinkel dem Machschen Winkel $\alpha$ entspricht und der Verdichtungsstoß in eine Machsche Linie übergeht.

Für eine Umlenkung $\beta < \beta_{\mathrm{max}}$ und einen festen Wert $M_1$ ergeben sich zwei mögliche Lösungen: ein schwacher Stoß mit einem kleineren Stoßwinkel und ein starker Verdichtungsstoß mit einem größeren Stoßwinkel.

Die Bezeichnung „schwach“ bzw. „stark“ beruht auf der Tatsache, dass bei einer festen Machzahl $M_1$ der größere Stoßwinkel eine größere Normalkomponente $M_{n1}$ hervorruft, wodurch ein größeres Druckverhältnis resultiert. Das heißt das Gas wird bei einem größeren Stoßwinkel stärker komprimiert, weshalb man von "starker“ bzw. bei einem kleineren Stoßwinkel von "schwacher“ Lösung spricht. Im Allgemeinen stellt sich in Strömungen die schwache Lösung ein, d. h. wenn man einen schrägen Verdichtungsstoß beobachtet, lässt sich das Strömungsfeld durch die schwache Lösung beschreiben. Im Falle des starken Stoßes bzw. der starken Lösung ist die Strömung stromab vom Stoß immer subsonisch, während sich bei der schwachen Lösung i. a. eine supersonische Strömung einstellt. Lediglich in einem Umlenkbereich, in dem $\beta \approx \beta_{\mathrm{max}}$ ist, ist die Strömung ebenfalls subsonisch. Unterliegt die Umströmung einer Umlenkung $\beta > \beta_{\mathrm{max}}$, existiert keine geschlossene Lösung für einen schrägen Verdichtungsstoß.

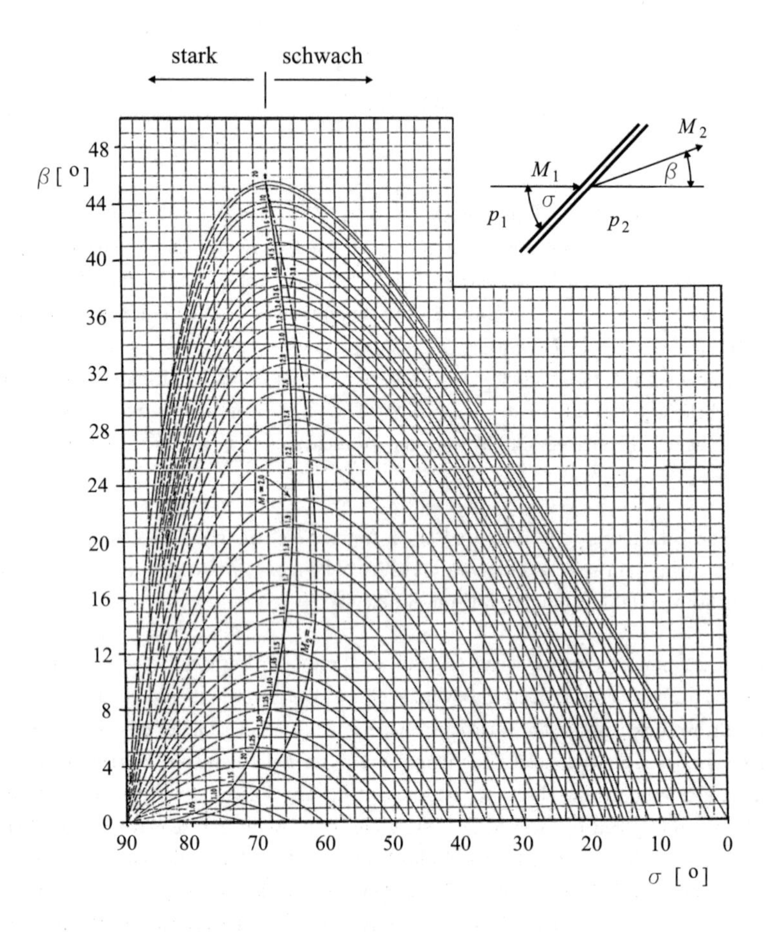
stark
schwach
$\beta$ [°]
$\sigma$ [°]
$M_1$
$M_2$
$p_1$
$p_2$
$\sigma$
$\beta$
48
44
40
36
32
28
24
20
16
12
8
4
0
90
80
70
60
50
40
30
20
10
0

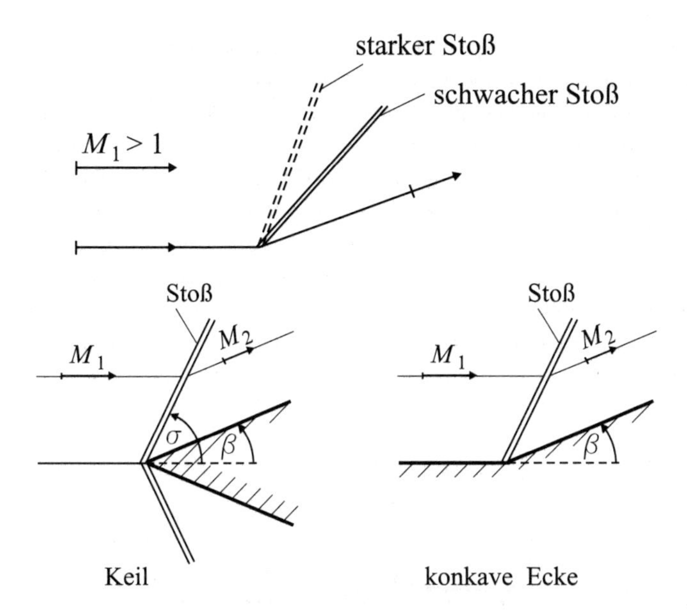


Wie entstehen schräge Verdichtungsstöße? Trifft eine reibungsfreie supersonische Strömung mit einer Machzahl $M_1$ auf einen Keil mit einem Umlenkwinkel $\beta < \beta_{\max}$ erfährt sie eine Ablenkung um den Winkel $\beta$, so dass die Strömung parallel zur Kontur des Keils verläuft. Aus dem Zusammenhang zwischen $\beta$ und $\sigma$ lässt sich der Stoßwinkel und somit die Lage des Verdichtungsstoßes, der an der Keilspitze seinen Ursprung hat, ermitteln. Die auf die Keilspitze treffende Stromlinie kann in einer reibungsfreien Strömung auch als Konturstromlinie aufgefasst werden, so dass bei der Überschallströmung über eine konkave Ecke mit der Umlenkung $\beta$ ein zur oberen – oder unteren – Hälfte der Keilströmung analoges Strömungsbild entsteht. Sofern die Umlenkung verschwindet, geht der Stoßwinkel $\sigma$ in den Machschen Winkel $\alpha$ über.

Im Gegensatz zur potentialtheoretischen Unterschallströmung, in der die Geschwindigkeit in einer konkaven oder konvexen Ecke entweder null oder unendlich ist, besitzt die Überschallströmung eine endliche Geschwindigkeit in einer Ecke. Darüber hinaus sind die Stromlinien in der Keil- oder Eckenströmung stromauf und stromab des Verdichtungsstoßes gerade, parallele Linien, wodurch die Berechnung des Strömungsfeldes verhältnismäßig einfach ist. In einer Unterschallströmung sind die Stromlinien gekrümmt, weshalb die Analyse der Strömung aufwendiger ist. Der Grund für dieses unterschiedliche Verhalten liegt in den variierenden Ausbreitungseigenschaften der Störungen in super- und subsonischen Strömungen. In Überschallströmungen wandern Störungen nicht stromauf, so dass sich das Strömungsfeld Schritt für Schritt stromab entwickelt. Im Gegensatz dazu haben Störungen in Unterschallströmungen sowohl einen Stromauf- als auch einen Stromabeinfluss, wodurch die Lösung in jedem Punkt des kompletten Strömungsfeldes unmittelbar von dem Verhalten der Strömung in sämtlichen anderen Punkten bestimmt wird. Ist die Umlenkung $\beta$ größer als $\beta_{\max}$, kann der schräge Verdichtungsstoß nicht mehr anliegen. Es bildet sich ein gekrümmter Verdichtungsstoß aus, der vor dem Körper steht.

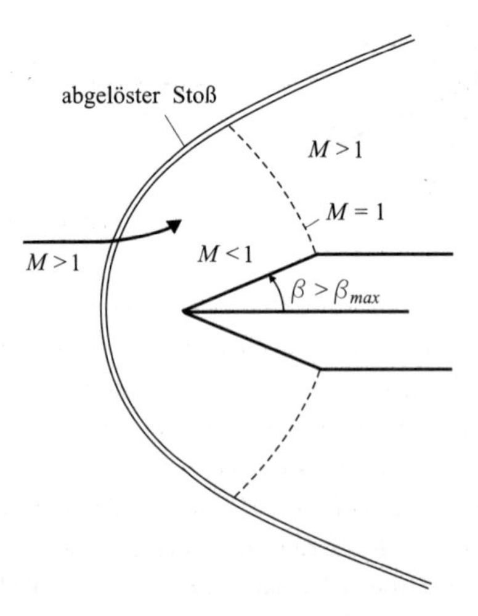


Die Stromlinie in der Symmetrieebene passiert einen senkrechten Verdichtungsstoß, wodurch eine Unterschallströmung im Nasenbereich des Körpers erzeugt wird. In diesem Gebiet lässt sich für jedes Segment des Stoßes die starke Lösung des $\beta, \sigma$-Zusammenhangs heranziehen. Entfernt man sich von der Symmetrieebene, nimmt der Stoßwinkel ab und man erreicht den Gültigkeitsbereich der schwachen Lösung. Im Falle eines stumpfen Körpers ist der Verdichtungsstoß immer abgelöst, wobei der Abstand zwischen Stoßlage und Staupunkt von der Machzahl der Strömung abhängt. Je größer $M_1$ ist, desto kleiner wird dieser Stoßabstand.

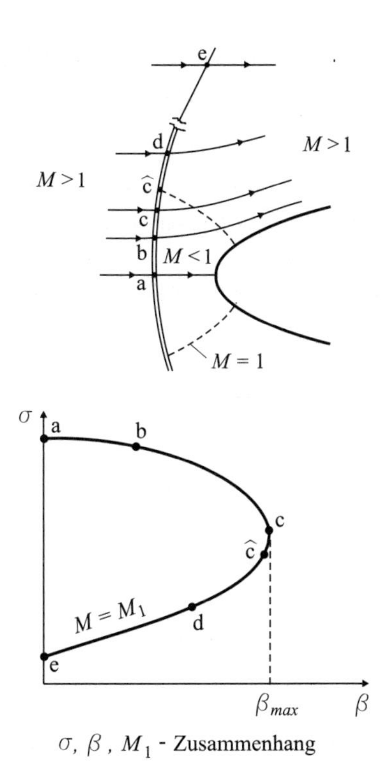


$\sigma$, $\beta$, $M_1$ - Zusammenhang

Im Folgenden wird der abgelöste Verdichtungsstoß genauer analysiert. Im Punkt „a“ ist der Verdichtungsstoß senkrecht zur Stromlinie, so dass die Strömung keine Umlenkung $\beta = 0$ erfährt. In großer Entfernung vom Körper wird der Verdichtungsstoß immer schwächer. Er geht in eine Machsche Linie über, weshalb die Strömung im Punkt „e“ ebenfalls nicht umgelenkt wird. Zwischen den Punkten „a“ und „e“ ergeben sich für die Machzahl $M_1$ sämtliche mögliche Lösungen für schräge Verdichtungsstöße. Unmittelbar oberhalb der Symmetrielinie im Punkt „b“ unterliegt der Stoß der starken Lösung. Die Strömung wird geringfügig nach oben abgelenkt. Wandert man von Punkt „b“ nach „c“, erhöht sich die Umlenkung, bis im Punkt „c“ die maximale Umlenkung erreicht ist. Zwischen den Punkten „c“ und „e“ durchläuft die Strömung die schwache Lösung. Im Punkt „ĉ“ liegt stromab vom Stoß der Schallzustand vor, während zwischen „ĉ“ und „e“ die Strömung hinter dem Stoß supersonisch ist. Aufgrund der Existenz von Unter- und Überschallbereichen zwischen Verdichtungsstoß und Körper ist die detaillierte Analyse des Strömungsfeldes äußerst schwierig.

Anhand der Beziehung zwischen dem Stoßwinkel $\sigma$, dem Umlenkwinkel $\beta$ und der Machzahl der Anströmung $M_1$ können abschließend folgende Approximationen für schräge Verdichtungsstöße aufgestellt werden. Im Falle sehr großer Überschallströmungen, sogenannter Hyperschallströmungen, d. h. es gilt $M_1^2 \sin^2\sigma \gg 1$ mit $\sin\sigma \ll 1$, vereinfacht sich die Gleichung

$$\frac{\tan(\sigma - \beta)}{\tan\sigma} = \frac{u_2}{u_1} = \frac{\rho_1}{\rho_2}$$

zu

$$\frac{\sigma - \beta}{\sigma} = \frac{\gamma - 1}{\gamma + 1}$$

bzw.

$$\sigma = \frac{\gamma + 1}{2}\beta \quad .$$

Demnach ist in Hyperschallströmungen der Stoßwinkel dem Umlenkwinkel direkt proportional. Mit anderen Worten die Stoßlage fällt näherungsweise mit der Kontur zusammen.

Ein weiterer nützlicher und einfacher Ausdruck ergibt sich für die Druckänderung über einen schwachen Stoß unter der Annahme eines kleinen Umlenkwinkels $\beta$. Im Falle $\beta \longrightarrow 0$ strebt der Stoßwinkel $\sigma$ gegen den Machschen Winkel $\alpha_1 = \sin^{-1}(1/M_1)$, so dass wir in der Beziehung $\beta = f(\sigma, M_1)$ außer im Zähler die Größe $\sigma$ durch $\alpha_1$ ersetzen

$$\tan\beta \approx 2\cot\alpha_1 \frac{M_1^2\sin^2\sigma - 1}{M_1^2(\gamma + \cos 2\alpha_1) + 2} \quad .$$

Berücksichtigt man

$$\tan\beta \approx \beta$$
$$\cot\alpha_1 = \sqrt{M_1^2 - 1}$$
$$\cos 2\alpha_1 = 1 - 2\sin^2\alpha_1 = 1 - 2/M_1^2 \quad ,$$

ergibt sich

$$M_1^2 \sin^2\sigma - 1 \approx \frac{M_1^2(\gamma+1)}{2\sqrt{M_1^2-1}}\beta \quad .$$

Somit folgt aus der Gleichung $p_2/p_1 = f(M_1, \sigma)$ die relative Druckänderung

$$\frac{p_2 - p_1}{p_1} \approx \frac{\gamma M_1^2}{\sqrt{M_1^2-1}}\beta \quad ,$$

die dem Umlenkwinkel direkt proportional ist. Diese Gleichung ist für eine schwache Kompressionswelle und für eine schwache Expansionswelle gültig. Das bedeutet, der Druckanstieg durch eine geringe konkave Umlenkung der Strömung entspricht der Druckabnahme aufgrund einer konvexen Umlenkung. Dies ist der Fall, da die Entropieänderung über einen Stoß stärker gegen null strebt als die Druckänderung

$$\frac{s_2 - s_1}{R} \approx \frac{\gamma+1}{12\gamma^2} \left(\frac{p_2 - p_1}{p_1}\right)^3 = \frac{\gamma+1}{12\gamma^2}\left(\frac{\gamma M_1^2}{\sqrt{M_1^2-1}}\right)^3 \beta^3 \quad ,$$

so dass schwache Stöße näherungsweise als isentrop bzw. reversibel angesehen werden können. Die Beziehungen für schwache Kompressionswellen können demnach ebenfalls unter Anpassung der Vorzeichen auf schwache Expansionswellen angewendet werden.

Die Ausführungen zu den kompressiblen Strömungen sind als Propädeutik der Gasdynamik zu verstehen, die von großer Bedeutung in zahlreichen technischen Problemstellungen in der Energie- und Fahrzeugtechnik ist. Eine detaillierte Darstellung der Zusammenhänge kann im Rahmen eines grundlegenden Textes zur Fluidmechanik nicht gegeben werden, weshalb an dieser Stelle auf weiterführende Literatur – Anderson, Becker, Oertel, Zierep etc. – verwiesen wird.

# 20 Literatur

Truckenbrodt, E., "*Fluidmechanik*", Springer, Berlin, 1980

Wieghardt, K., "*Theoretische Strömungslehre*", Teubner, Stuttgart, 1965

Schlichting, H., "*Grenzschichttheorie*", Braun, Karlsruhe, 1965

Becker, E., "*Gasdynamik*", Teubner, Stuttgart, 1965

Zierep, J., "*Theoretische Gasdynamik*", Braun, Karlsruhe, 1976

Aris, R., "*Vectors, Tensors and the Basic Equations of Fluid Mechanics*", Prentice-Hall, Englewood Cliffs, New Jersey, 1962

White, F. M., "*Fluid Mechanics*", Mc Graw-Hill, New York, 1986

von Kármán, T., "*Aerodynamics*", Mc Graw-Hill, New York, 1954

Liepmann, H. W., Roshko, A., "*Elements of Gasdynamics*", Wiley, New York, 1951

Anderson, J. D., "*Introduction to Flight*", Mc Graw-Hill, New York, 1989

Anderson, J. D., "*Modern Compressible Flow*", Mc Graw-Hill, New York, 1990

Anderson, J. D., "*Hypersonic and High Temperature Gas Dynamics*", Mc Graw-Hill, New York, 1989

Batchelor, G. K., "*An Introduction to Fluid Dynamics*", Cambridge University Press, Cambridge, 1967

Oertel, H., "*Stossrohre*", Springer, New York, 1966

Brauer, H., "*Grundlagen der Einphasen- und Mehrphasenströmungen*", Sauerländer, Frankfurt a.M., 1971

Grassmann, P., "*Physikalische Grundlagen der Verfahrenstechnik*", Otto Salle, Frankfurt a.M., 1983

# Index

Der Text setzt sich eingehend mit den Grundlagen der Strömungsmechanik dichtebeständiger und dichteveränderlicher Fluide auseinander. Die detailliert hergeleiteten Ausgangsgleichungen bilden die Basis der Diskussion der für die ingenieurwissenschaftliche Praxis relevanten Strömungen - u. a. der laminaren und turbulenten Rohrströmung, der Wirbelströmungen, der Potentialströmungen, der Grenzschichtströmungen und der Mehrphasenströmungen. Trotz der mathematischen Darstellung vermittelt der beschreibende Text den ummittelbaren Bezug zur alltäglichen technischen Aufgabenstellung. Ziel der Ausführungen ist, das Interesse des Lesers für die Analyse strömungsmechanischer Probleme zu wecken und ihm darüber hinaus die Breite der technischen Anwendung der Fluidmechanik zu zeigen. Die Dynamik der Strömungen wird in dem Manuskript anhand von Filmen, die über den QR Code, der ein Handelszeichen von DENSO WAVE INCORPORATED ist, eingebunden sind, verdeutlicht. Das Urheberrecht dieser Filme liegt beim Aerodynamischen Institut der RWTH Aachen.